国家自然科学基金项目（52074293）（51934008）
河北省自然科学基金项目（E2020402041）

破坏区煤层综采岩层控制理论与技术

李杨　著

扫一扫查看全书数字资源

北　京
冶　金　工　业　出　版　社
2022

内 容 提 要

本书共分9章，内容包括概论、破坏区煤层开采概况、破坏区煤岩体物理力学性质、破坏区煤层综采关键技术、破坏区煤层综采支架与围岩关系研究、破坏区煤层综采数值模拟研究、破坏区煤层综采矿压显现规律实测研究、破坏区煤层孤岛工作面综采数值模拟研究、破坏区煤层孤岛工作面矿压显现规律实测。

本书可供从事破坏区煤层安全生产的技术人员、科研人员以及高等院校相关专业的师生阅读，也可供资源及环保相关专业的研究人员参考。

图书在版编目(CIP)数据

破坏区煤层综采岩层控制理论与技术/李杨著.—北京：冶金工业出版社，2022.5

ISBN 978-7-5024-9138-3

Ⅰ.①破…　Ⅱ.①李…　Ⅲ.①倾斜煤层—地下采煤—岩层控制—采煤技术—研究　Ⅳ.①TD823.21

中国版本图书馆CIP数据核字(2022)第069497号

破坏区煤层综采岩层控制理论与技术

出版发行　冶金工业出版社　　**电　　话**　(010)64027926

地　　址　北京市东城区嵩祝院北巷39号　　**邮　　编**　100009

网　　址　www.mip1953.com　　**电子信箱**　service@mip1953.com

责任编辑　王　颖　美术编辑　彭子赫　版式设计　郑小利

责任校对　石　静　责任印制　禹　蕊

北京虎彩文化传播有限公司印刷

2022年5月第1版，2022年5月第1次印刷

710mm×1000mm　1/16；12.25印张；238千字；186页

定价99.90元

投稿电话　(010)64027932　投稿信箱　tougao@cnmip.com.cn

营销中心电话　(010)64044283

冶金工业出版社天猫旗舰店　yjgycbs.tmall.com

(本书如有印装质量问题，本社营销中心负责退换)

前　言

本书是中国矿业大学（北京）与开滦（集团）有限责任公司崔家寨矿共同合作项目科研课题的研究成果。我国的小煤窑曾经乱采乱挖、越界开采现象频发，降低了煤层的资源回收率，残留与现存巷道交错纵横，形成大量的煤层破坏区，给工作面安全、高效开采带来了严重困难。

残留空巷的存在造成煤层的原岩应力重新分布，破坏了原岩应力的初始平衡状态，同时，由于空巷的存在，破坏区煤层工作面开采的应力分布规律不同，其中，平行揭露空巷是顶板最难控制的一种情况，平行揭露空巷会由于超前支护不足悬露跨度太大出现冒顶和大面积压架事故，给工作面安全高效开采带来了很大的威胁。因此，工作面揭露平行空巷时“支架–围岩”关系对工作面能否安全揭露空巷至关重要。

本书以崔家寨矿东三采区 E13105、E13103、E13107（孤岛）工作面为研究背景，详细分析和探讨了综采工作面过破坏区平行空巷的关键技术，提出了综采工作面“摆动调斜”揭露平行空巷的方法，得到了破坏区煤层揭露空巷的“支架–围岩”关系，分析了综采工作面“摆动调斜”揭露平行空巷应力分布的时空演化特征，以期为类似情况下的煤炭资源安全高效开采提供借鉴。

本书内容所涉及的研究以及编辑出版获得国家自然科学基金项目“多层采空区影响下近距离煤层群开采覆岩运动与智能岩层控制研究”(52074293)、“深埋弱胶结薄基岩厚煤层开采岩层运动与控制研究”(51934008)，河北省自然科学基金项目“水体下开采覆岩承载结构与导裂隙发育机理研究”（E2020402041）的资助，书中所述项目在研究过程中得到了开滦（集团）有限责任公司崔家寨矿与中国矿业大学（北京）的大力支持。为增强实用性，本书在编写过程中参考了有关文献与技术资料，在此对文献作者和支持本书出版的所有人员表示衷心感谢。

由于编者水平所限，书中难免存在疏漏与不妥之处，恳请广大读者批评指正。

李　杨

2022年1月

目　　录

1 概　　论

1.1　矿山压力研究现状

1.1.1　国外矿山压力研究现状

地下的自然原岩体在遭到开挖以前，原岩岩体的应力处于自然平衡状态。在地下进行挖掘巷道以及开采矿产资源过程中，必然破坏地下自然岩体的原始应力平衡状态，从而造成岩体内部的应力重新分布，直到形成新的平衡状态，这些原岩体开挖后又重新平衡的过程就是矿山压力的研究范畴。从 20 世纪初，西方国家的一些学者就开始研究地下开采压力，取得了一些成果。中国的相关研究开始较晚，但经过几十年的发展取得了良好的理论成果。从 20 世纪初开始，国内外学者针对地下开采的矿山压力现象提出了各种各样的假说，不断完善相关的矿山压力理论。经过长期的研究和探索，国内外学者在地下开采矿山压力领域取得了很多较为成熟的理论成果。

在地下煤矿开采领域最早被提出的假说是“压力拱”假说与“悬臂梁”假说[1]。随后，随着开采实践以及矿压理论的深入研究，采矿领域的专家学者又相继提出了“铰接岩块”假说和“预成裂隙”假说[2]。在总结国外前人理论研究的基础上我国学者提出的“砌体梁”结构模型和“传递岩梁”结构模型等[3,4]，得到了国内外专家同行的认可并将理论应用到实践中，对地下开采工作面及巷道支护提供了理论基础。

1.1.1.1　压力拱假说

1928 年，德国人哈克与吉里策尔提出了“压力拱假说”。此假说认为，煤层开采后，工作空间上方由于自然平衡的结果形成了一个“压力拱”，如图 1-1 所示。在工作面前方煤体内的支承点称为前拱脚，工作面后方采空区已垮落的矸石或采空区充填体上的支承点称为后拱脚，前后两个拱脚共同支承起工作面部分的岩层。前、后拱脚的位置也是动态的，它们也随着工作面向前推进而向前移动。于是在工作面前方煤体与工作面后方的采空压实区就产生了应力增高区，而工作面存在于应力降低区。在 a、b 拱脚间，底板和顶板中部均处于减压区，采场内支架的作用被认为只支承降低区域内的岩层重量。

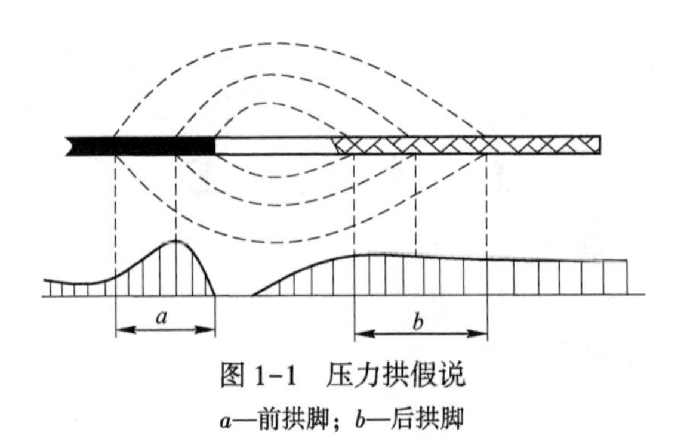

图 1-1 压力拱假说

a—前拱脚；b—后拱脚

1.1.1.2 悬臂梁假说

1916 年，德国人施托克提出了“悬臂梁假说”。此假说认为，工作面和采空区上方的顶板可视为梁，一段固定在岩体内，另一端悬露。当工作面上方的顶板岩层由几个岩层组成时，形成一个组合悬臂梁。工作面开采煤层后，悬臂梁悬臂的长度随着工作面开采不断增加，直到达到顶板岩层的极限悬露长度时，悬臂梁折断，造成工作面来压。随着工作面继续向前推进，又会产生新的悬臂梁结构，周而复始，形成了工作面顶板周期折断的现象，这种假说解释了工作面周期来压的现象。

虽然这种假说对工作面顶板活动的规律做了进一步的阐述，但并没有对顶板上覆岩层具体的活动规律做出理论分析，也没有对工作面支架的支护阻力的计算做出理论分析。因此，按此种假说所做的理论计算与实际的支架阻力相差较大。

1.1.1.3 预成裂隙假说

比利时学者 A. 拉巴斯在 20 世纪 50 年代提出了“预成裂隙假说”。此假说认为：工作面在回采的过程中会对上覆岩层产生破坏作用，在回采工作面周围形成应力降低区、应力增高区和采动影响区[2,5]。随着工作面的推进，这三个区域也同时向前移动，如图 1-2 所示。

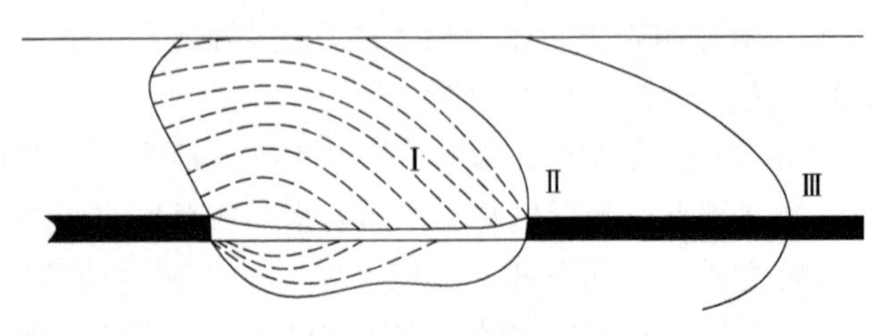

图 1-2 预成裂隙假说

Ⅰ—应力降低区；Ⅱ—应力增高区；Ⅲ—采动影响区

1.1.2 国内矿山压力研究现状

我国学者在总结预成裂隙假说和铰接岩块假说的基础上，以及在大量生产实践及对岩层内部移动进行现场观测的基础上，在 20 世纪 70 年代末 80 年代初提出了采场上覆岩层砌体梁力学模型，进而形成“砌体梁”理论[6]。以钱鸣高院士为首的老一辈煤炭领域的科研工作者，“砌体梁”理论认为，采场上方顶板破断后可以在自身几何变形或者回转的条件下能够形成稳定的结构，并探讨了“砌体梁”结构形成的原因与破坏失稳的条件。根据“砌体梁”理论初步建立了工作面液压支架支护阻力的计算理论，为工作面矿压研究奠定了理论基础。

进入 20 世纪 90 年代以后，我国学者在总结之前研究的基础上，进一步深入研究了“砌体梁”理论，并相继提出了相关理论对“砌体梁”理论进一步完善。主要给出了砌体梁结构受力的理论解和岩层内部移动曲线定量解；建立了砌体梁结构关键块体的“S-R”稳定理论[7,8]；提出了工作面支架合理支护的阻力确定的理论计算模型，并对支架的受力做出了合理解释；提出了采场上覆岩层中的关键层理论；特别是完成了“砌体梁”结构模型的力学分析与应用。至此，我国学者完成了“砌体梁”理论的初步系统化完善。经过近几十年不懈的研究与完善，“砌体梁”的相关理论从提出假说，到定性分析再到建立力学模型给出一个体统的理论科学分析，初步完成了一个理论的不断发展完善的循环[9~11]。

宋振骐院士在结合现场矿压观测的基础上结合前人的研究理论提出“传递岩梁”假说。这种假说认为，理论研究应建立在矿压实测的基础上，并且应以理论服务于现场应用为出发点做出了一系列的研究成果。这些研究理论均以实用性为首要目的，并且提出了集预测预报、控制设计、控制效果判断为一体的理论体系，解决了当时矿井工作面支护设计的一些难题[4,12]。该理论体系认为，采场内对工作面支架支护阻力起决定性作用的是基本顶的顶板，而直接顶在随工作面回采后不断的破碎冒落在工作面后方的采空区内，且不再对前方及煤壁产生力的作用，因此基本顶可视为一组可以传递力的岩梁，工作面上方的岩层活动对基本顶岩梁产生作用，进而影响工作面的矿压显现与支架的支护阻力。通过这种分析，认为工作面通过控制给定基本顶一定的活动变形量，可以使工作面在某一位态方程内基本顶达到一种平衡状态，从而使工作面在安全可控的顶板压力下进行回采工作。

综上所述，大采高工作面、厚煤层综放工作面、孤岛工作面、超长工作面、平行过空巷工作面、浅埋煤层工作面、深部开采工作面的矿山压力研究很多，而在工作面调斜开采过小煤窑空巷的矿山压力分布的研究非常少。小煤窑空巷是由于以前乱垦乱采历史遗留的具有破坏性的巷道。小煤窑空巷的存在说明在当前工作面开采之前就已经存在采空区，巷道围岩的原岩应力已经受到扰动。工作面过平行空巷时，矿山压力的分布会在以前围岩受扰动的基础上再次叠加，其分布规律与无空巷的情况存在明显的不同，而调斜过平行空巷的矿压分布规律会更加复杂。在工作面推进至空巷并开始调斜后以及调斜过空巷过程中对矿压分布规律的研究，对防止煤壁片帮、顶板冒顶、两巷非同步的超前支护等安全高效调斜过空巷的意义重大。

1.2 支承压力的研究现状

在岩体内开掘巷道后，巷道硐室围岩必然出现应力重新分布，一般将巷道硐室围岩两侧改变后的切向应力增高部分称为支承压力。地下空间开挖后必然造成原岩应力的重新分布，煤层开采也同样如此。地下空间在遭到开挖后，会对原岩体造成破坏，进而原岩应力的初始状态也遭到破坏，从而使原岩应力重新分布，煤层开采后形成的支承压力正是煤岩体遭到开挖破坏后的应力重新分布的结果。支承压力的研究范畴多在支承压力影响范围、支承压力峰值点位置、支承压力应力集中系数以及支承压力的影响因素等几个方面。早在20世纪80年代初，我国学者就对工作面支承压力的分布规律展开相关的研究。20世纪80年代初到90年代我国专家学者对支承压力研究多停留在理论分析与实测研究方面，通过理论分析来指导实测研究的工作，实测研究来佐证理论分析的正确性。而到了21世纪初，我国的专家学者开始引入数值模拟的相关研究方法，为支承压力分布及矿山压力研究提供了新的方法，数值模拟以其造价低、可重复使用、计算精确、可模拟的条件多等方面的优势，逐渐被采矿领域引进应用。数值模拟分析，成为矿山压力研究中不可缺少的一种研究分析方法。

煤层开采从开切眼开始，随着工作面不断地向前推进，地应力在工作面前方、采空区两侧及后方都会形成支承压力。长期以来，采煤工作面周围尤其是工作面前方支承压力分布规律的研究一直是采矿工程学科研究的核心内容，也是工作面顶板控制和顶板管理的基础[13,14]。我国学者在支承压力研究领域有丰硕的研究成果。

在支承压力理论研究方面，姜福兴、马其华等，对非充分采动阶段的顶板破断过程进行力学分析，从顶板破断的角度探讨了非充分采动阶段，顶板破断与支承压力之间的动态关系；认为在一般的开采深度及地层条件下，工作面支承压力最大的位置是在工作面自开切眼推进到1.27倍的采深距离的位置[15]。

靳钟铭教授以煤体的弹塑性理论为基础，建立了综放工作面超前支承压力分布相关参数的计算方程[16]。

塑性区：

$$\sigma_z = \frac{K_1 K_2 S_1}{(2K_1 + K_2)M} \tag{1-1}$$

弹性区：

$$\sigma_z = K\gamma H\exp\left[\frac{2f}{M\beta}(x_0 - x)\right] \tag{1-2}$$

式中 K_1——直接顶的刚度；

K_2——煤体的刚度；

M——煤层厚度；

S_1——直接顶的初次下沉量；

K——应力集中系数；

f——内摩擦系数；

x_0——支承压力峰值与煤壁之间的距离；

β——系数，计算如下：

$$\beta = \frac{1-\mu}{\mu}\left[1 + \frac{M^2/2}{(x - x_0 + M^2/2) - (M/2)^2}\right] \tag{1-3}$$

可以根据上式来计算综放开采支承压力分布的相关理论计算。

在矿压实测研究方面，张农、韩昌良等人对深井开采支承压力分布规律的实测研究中认为，深井开采与一般开采相比，工作面支承压力的峰值与影响范围均要大于一般开采深度的工作面，且支承压力的峰值随着开采深度的增加而增加[17]。刘金海、姜福兴、王乃国等人对新龙矿 1301 工作面的支承压力的实测研究结果表明，支承压力变化可分为应力稳定区、应力增加区、应力峰值区、应力降低区、二次应力升高区和应力蠕变区[18]。徐文全、王恩源、沈荣喜等人，对软煤层孤岛工作面超前支承压力的分布规律进行的实测研究，研究结果认为，孤岛工作面在煤层中产生的支承压力的影响范围要比普通工作面大得多，支承压力的范围与煤层的软硬程度有关，煤质越硬支承压力影响范围越小，裂隙发育程度也较低。刘金海、姜福兴、朱斯陶通过相关的支承压力与顶板活动规律的实测研究，提出了煤层回采工作面会出现动态、静态支承压力的观点[19]。这种观点认为，工作面的静态支承压力是煤体上方顶板岩层载荷转移到煤层上方而引起的，动态支承压力是由于顶板周期性破断造成支承压力在煤层上方动态变化的结果。谢福星等通过实测与数值模拟研究，确定了大采高工作面超前支承压力峰值位置与支承压力的影响范围[20]。

在支承压力数值模拟研究方面，支承压力的研究多采用 FLAC 3D 软件进行模分析。通过数值模拟可以清楚地直接观察到工作面在开采过程中支承压力的变化，并且能够通过软件提取出相关的数据，进行数据分析。通过数据分析可以进一步量化支承压力分布的规律。

司荣军、王春秋、谭云亮通过模拟煤层的开挖，提取数据分析得出工作面支承压力峰值与回采工作面推进距离有负指数关系的结论[21]。其研究结果表明，孤岛工作面在正常回采阶段比初采阶段支承压力的极限平衡区的宽度大，而支承压力应力峰值集中系数也较普通回采工作面大，这与实测研究基本相符。刘金海、姜福兴、冯涛采用数值模拟的方法模拟了孤岛工作面在开采过程中的支承压力动态演化过程，其研究结论揭示了工作面前方煤体中的应力呈“C”形分布的规律，且孤岛工作面的支承压力影响范围是普通工作面 3~5 倍[22]。任艳芳、宁宇利用数值模拟软件，模拟了浅埋煤层工作面开采过程中支承压力变化规律。其研究结果表明，浅埋煤层在开采后工作面超前支承压力的基本规律与普通埋深的煤层有着相似的规律，而支承压力的变化特征则有所不同。采高相同的情况下，浅埋煤层的工作面超前支承压力有着周期性的变化特征，而普通工作面则没有类似特征[23]。刘家云、胡耀青以 RFPA 软件模拟有空巷和空巷间煤柱存在的煤层在回采过程中支承压力的分布及变化特征。其结果表明，在煤柱的边缘侧会出现应力集中现象，而支承压力的应力集中系数随着空巷的跨度增加而增加[24]。

浦海等[25] 将 RFPA 软件应用在岩层控制的关键层理论中，模拟了综采放顶煤工作面受采动影响的覆岩垮落规律，分析了围岩内部支承压力的动态分布规律，进一步得到了综放采空区支承压力分布。同时将采空区破碎冒落覆岩划分为三个区，即自然堆积区、结构支承区和压实稳定区，指导了老塘破碎岩体进入压实状态后的描述和渗流特征的分析。孟召平[26]、张通[27] 等诸多学者在支承压力分布方面有过大量研究。

综上所述，对大采高工作面、厚煤层综放工作面、孤岛工作面、超长工作面、浅埋煤层工作面、深部开采工作面支承压力分布特征的研究较多[28,29]，而针对综采工作面过小煤窑空巷时支承压力的分布规律的理论分析与研究相对较少。小煤窑空巷是以前小煤窑无序开采时，采用以掘代采的方式所遗留下的空巷。由于空巷的存在，综采工作面开采煤层前，空巷周围煤体及顶底板原岩应力就已经受到扰动，所以综采工作面过空巷时支承压力分布规律与开采未受扰动煤层时的支承压力分布规律有不一样的特征。尤其是在工作面逐步推进至空巷附近时，研究工作面支承压力分布规律，对工作面两巷超前支护距离的确定、防止工作面围岩动力灾害的发生以及工作面安全高效的推过空巷具有十分重要的意义。

1.3 工作面过破坏区空巷研究现状

近年来，我国许多矿井的资源接近枯竭，如何提高矿井的服务年限，已经是摆在了煤矿工作者的面前一大艰巨的课题[30~34]。而某些资源重新整合后的矿井，由于历史的原因很多都存在小煤窑破坏区，小煤窑开采区内分布着诸多残存巷道。为了提高资源回收率不得不在这些破坏区内开采，开采过程也必然要揭露这些空巷。到目前为止，国内外相关专家学者在有关工作面过空巷方面做了不同程度的研究，这些研究多停留在技术方面，而有关工作面过空巷顶板破断与支承压力演化规律的研究并不是很多。

柏建彪、侯朝炯在针对工作面过残存遗弃的空巷过程中首先要探讨了空巷顶板与空巷支护阻力的关系。利用前人的矿压理论基本顶关键块体理论分析了工作面过空巷过程中顶板来压的计算力学模型，并以此模型计算了工作面的最低支护强度[35]。提出使用充填高水材料过空巷的技术措施，高水材料的应用可以确保将空巷四周破碎煤岩胶结成一个整体，对顶板有更好的支承能力。水灰比2.5：1的高水材料能够达到支护要求，保证顶板不会出现回转和滑落两种失稳形式。其研究结果认为，充填空巷是工作面过空的一个有效方法。在理论上，为空巷支护参数的确定提供了一定的依据。首次提出利用充填材料充填空巷，并且对空巷进行加固以确保工作面揭露空巷时不会产生巷道变形破坏，从而使工作面顺利的推过空巷，这种理论是建立在保持空巷围岩稳定的基础上做出的分析。而实际的残存空巷一般都是年久失修的空巷，空巷内支护状态基本处于失效状态。因此此种理论有一定的局限性且由于提出了充填加固空巷的措施，虽然对工作面过空巷有利，但在考虑到经济效果和现场实施这种理论与实施方法又有一定的局限性。

谢生荣副教授等在针对综放工作面过空巷顶板稳定性研究中，针对工作面过空巷顶板破断问题提出“跨空巷长关键块体”理论[36]。研究认为，工作面在揭露空巷前由于煤柱在某个时空节点出会发生失稳，失稳后上方的顶板结构由原来的常规关键块体力学模型，变成了跨空长关键块体的平衡结构，并对此结构做出了力学分析计算，推导了相关的计算关系式。对实际的工作面过空巷过程提出了综合的控制技术与停采等压的方法，也是从加强支护空巷与工作面让压的角度去控制空巷围岩使工作面安全顺利推过空巷。

吴士良、马资敏、杜科科在总结神东矿区以往工作面过空巷的经验和方法的基础上，从围岩能量释放的角度提出了“小煤柱等压”过空巷技术[37,38]。他们在理论分析中认为工作面在揭露空巷前应采取等压的措施，等压就是在工作面揭露空巷前某一最佳的位置，工作面不再继续向前推进，等上一段时间后释放顶板的压力再进行回采，从而达到避开高应力释放的时间节点。在他们的研究成果中认为，最佳的等压位置为工作面距离小煤窑空巷3~4m之间，而最佳的等压时间是4~8h，这样就会避免工作面在揭露空巷时由于高支承压力在底板中的传播而形成工作面大面积来压的现象。

刘畅、弓培林、王开等在相关的研究中提出工作面揭露平行口空巷后顶板破断的块体会产生较大的块体，在工作面揭露口空巷后顶板的纵向跨度变大自然支架的支护阻力也必须增加[39]。提出了过空巷过程要加强支架支护阻力的观点，并且对揭露空巷后顶板破断加大块体的力学结构模型进行了力学分析，给出了支架支护阻力的计算方法。

周海丰通过对工作面过小煤窑空巷期间顶板岩层运动特征、空巷支护强度计算、工作面周期来压规律进行分析，认为切顶事故的主要原因是空巷的实际支护强度比理论强度低；空巷两帮支护强度不够才导致空巷两帮发生大面积片帮；工作面过空巷期间由于采场的周期来压影响才导致工作面出现切顶现象发生。他们认为，通过加强空巷实际支护强度，加强两帮支护，采取等压措施，准确地预测周期来压等现象才能防止工作面发生切顶等大面积来压现象的发生[40]。

任建峰[41] 在对斜沟煤矿大采高工作面过空巷的研究中，用 Ansys 数值模拟软件对工作面过空巷进行了数值模拟分析。其研究结果表明，在工作面过空巷的开采过程中，空巷的变形与应力分布在开采过程中是不对称分布的，空巷一侧的应力与变形较另一侧大[38]。随着工作面继续推进，空巷工作面之间的煤体逐渐变成塑性状态，在塑性破坏状态下的煤柱由于承载力低的原因，工作面的支承压力转移到空巷的另一侧煤体上。

段春生在对沙坪煤矿小煤窑空巷区的实测研究中得出的结果认为，在空巷支护的条件下，得出顶板下沉量与工作面空顶的面积成正比例关系，与工作面的开采进度速度成反比[42]。

郑文翔[43] 分析了工作面上覆岩层物理力学性质，建立了顶板稳定性力学模型，分析了顶板稳定性随煤柱稳定性变化关系，进行了数值计算，现场观测也得到验证。分析得出其余条件相同时采高越大、顶板控顶距越大，顶板自身下沉量越大；工作面过空巷时顶板结构的稳定性与煤柱支承力和支架支承力存在耦合关系，两支承力共同影响顶板的稳定。

张自政等[44] 分析了过空巷顶板关键块 B 结构并建立了力学模型，计算出关键块滑落失稳时的临界支护阻力，通过使用充填高水材料完善了过空巷的支护措施。高水材料与围岩形成一个支护整体，更好地实现了对顶板的支承；高水材料水灰比优化设计为 2.5 ∶ 1，保证关键块不会出现回转和滑落失稳。研究结果表明，使用充填材料过空巷是一个有效方法。

邓保平、王宏伟等[45] 利用瞬变电磁法精细探测破坏区地质条件，并建立相似模型，分析在动压条件下，破坏区内煤柱受力状态的演化规律。得出该条件下，煤柱弹性核承受高水平的压应力，据此提出了超前卸压技术，使煤柱回收安全高效。

郭富利[46] 提出了空巷围岩小结构的观点，研究了小结构的受力状态与变形特征，据此提出了高强度锚杆支护技术，建立了空巷围岩稳定性控制体系，成功应用于现场生产。

1.4 工作面调斜开采研究现状

王军国[47] 研究了“刀把”状综放工作面推进开采时出现的技术难题，对现场进行了观测和理论分析，针对非常大的旋转幅度，优化设计工作面，确定调斜角度和比例，设计调斜方案，优化现场“人、机、环”管理；在调斜的基础上实现了旋转开采，将此技术在大淑村煤矿 172104 工作面应用，使得回采速度提高，提升了经济效益，效果较好。

陆伟、杨科等[48] 为提升煤炭资源开采率，针对潘北煤矿大倾角（30°）三软厚煤层地质条件，用旋转开采的方法，在此技术方案中限定进刀比定为 1∶3。在运输巷和回风巷安装单体挑棚实现补充超前支护。设计使调整转载机和输送机方向方便调整的方式，使工作面一直等长。为使刮板输送机下滑量下降，将防滑千斤顶和锚链连接在支架与刮板运输机之间，以维持整体机组稳定性。为补充顶板支护，在架头连接工字钢，在顶板铺设链网，以防片帮、冒顶事故。经现场实践，实现了旋转开采技术在大倾角三软厚煤层的有效应用。旋转开采时日产量达正常开采时的 93.1%，实践证明经济效果良好。

孟国胜[49] 研究了马脊梁煤矿 14-3 号近距离煤层的 305 盘区，针对 8505 工作面过大断面空巷的重重困难。总结分析了 8507 面过大断面空巷集中出现的问题，通过对比、细节推理和实践反推等方法，优化设计出过大断面空巷开采方案，对过空巷的施工进行加强管控。经过以下 5 项综合技术的实践：优化掘进顶板支护、优化工作面加固支护、调斜开采、调节推进速度及加强施工管控，8505 面仅用 37h 就安全通过大断面空巷，大幅提高了过空巷效率。

宋立兵[50] 对神东矿区 22528 工作面进行了研究，此面是神东第一个调斜开采工作面，工作面进行中心调斜开采，实现了该面的顺利调斜开采。总结了中心调斜的方法、工艺流程和设备布置方式。对转载机和刮板机的布置角度进行调节，使之实现所要求的调斜开采方式，用端头扩帮的方法补充调斜开采，设计出符合调斜方案的开采技术措施。

李冬伟[51] 研究了金桥煤矿 2321 调斜工作面的回采巷道围岩，利用 FLAC 数值模拟分析回采巷道围岩矿压分布规律，实测统计分析了回采巷道的变形规律。研究分析得出：工作面经过调斜后使得两个回采巷道围岩矿压分布变得不对称、巷道变形不同步进行，先行调斜推进的巷道一次围岩压力及变形要先于并且大于不动一侧巷道围岩压力及变形，待调斜结束后正常回采时两采巷的矿压及变形才逐步趋向对称。用非均匀支护有针对性地解决了上述问题。

何晓青等[52] 研究了断层对王楼煤矿 11308 综采工作面布置的影响，由于上下巷道的布置长度不同，调斜将在推进 170m 后进行。结合现场实际情况，对工作面进行了虚旋转中心调斜，对溜头进行劈帮、对支架底盘进行调节、打上戗柱等来实现工作面安全调斜。

吴小国[53] 研究了综采大拐点调斜开采技术在提高煤产量、采出稳定性及工作面布置灵活性等方面的应用，实现了很好的经济效益。针对甲煤矿 11-209 工作面低综采工作面地质特性应用了虚中心协调进行开采。根据甲煤矿 11-209 工作面的概况，分析各种调斜开采优劣势，设计了适用性强的调斜开采方式。

宋杰[54] 在研究同煤集团马脊梁矿 8804 工作面时，提出了调斜开采该面的情况，针对该工作面巷道特殊布置特征，分析了各种调斜开采的方式，为加强调斜中心侧顶板管理并防止灾害事故，应用虚中心调斜方法设计了相关调斜参数设计。实践证明，调斜开采后经济效果显著提升。

1.5 调斜开采煤柱稳定性研究现状

A. H. Wilson[55] 在 1972 年提出了“两区约束理论”，该理论是“核区强度不等理论”的发展。Wilson 还根据煤柱形状提出其强度计算公式。

王宏伟等[56] 研究分析了工作面老窑破坏区围岩应力受动压的影响，重点分析了煤柱安全回采受弹性核的影响，确定了煤柱内部应力急剧升高时工作面与煤柱的位置关系。

贾岗、弓培林[57] 对长壁工作面过平行和斜交空巷过程中顶板围岩稳定性、支承压力分布等方面进行了理论计算，用相似模拟的方法总结了工作面过空巷过程顶板下沉规律。经研究，工作面过斜交空巷或调斜过空巷时围岩应力状态能相对改善，提高围岩控制能力。

李生生、李光勇[58] 对综采工作面调料开采技术进行了广泛深入的研究，改进了过空巷措施，提高了可靠性，实现了可靠的调斜开采生产和资源回收率的有效提高，为安全高效做出了贡献。

方新秋等[59] 以国阳一矿 8907 综放工作面为研究背景，针对端头顶板破断的特征，建立了端头三角结构力学模型，用计算和数值模拟对三角块煤体做了研究。经研究：三角煤稳定性受附近区域工作面采动影响，在煤体弹性区与塑性区过渡处产生应力集中，煤体破碎加大了控顶难度。侧端头围岩应力左右了三角煤的稳定性，煤柱尺寸的改变可重塑端头应力，如维持三角煤稳定性，需将护巷煤柱的宽度由 12m 再增加 8m。若不改动煤柱宽度，则需要用马丽散注浆对三角煤及围岩进行加固，该成果在 81101 工作面经实践证明效果明显。

罗辉等[60] 用岩体力学参数分布产生向量样本并随机发射，对盘区开采进行了有限元（FEM）数值模拟并进行全程分析，为神经网络（ANN）建模提供了参数向量和应力向量样本。依托摩尔-库仑准则，对每一个开挖步骤的矿柱稳定性建立自身的功能函数，同时构造功能函数附属函数。在分析每个开采步骤的可靠度时采用了蒙特卡罗模拟法，用曲线表述了矿柱动态模糊可靠度改变，优化了盘区开采的参数。该方法不用求解出概率密度函数，节省出大量计算时间。以云南昭通铅锌矿 I 号矿为研究对象，针对该矿的盘区式开采用动态模糊可靠度进行了计算和分析，计算出矿柱失效概率变化曲线，分析了矿柱稳定性变化状况。

郭晓胜、张明斌等[61] 重点研究分析了特殊旋转开采工作面在唐口煤矿 3303 面的应用，用数值模拟对 3303 工作面在初采时两个存在冲击危险的区域进行了预先的圈定分析，用 CT 探测技术探测并确定了两个危险区的危险性质，模拟和探测都对后续冲击地压防治提供了重要指导。

1.6 孤岛工作面开采研究现状

中国有许多矿区都残留有孤岛工作面，在开采过程中，矿压显现与普通工作面呈现出明显不同[62~65]。主要表现为支承压力大而且分布范围广；回采巷道围岩变形严重，支护困难；顶底板移近量显著增大，煤壁片帮现象严重；对于坚硬煤层，还有较强的冲击性，增加了发生冲击矿压的可能性[66~69]。近年来，许多专家学者针对孤岛工作面的开采做了许多研究，并取得了丰硕的成果[70~75]。

王恒斌[76] 对梧桐庄矿孤岛工作面侧向支承压力进行现场测试，并采用数值模拟手段，分析了仰采角度对矿压显现的影响，确定了片帮的主要形式，提出了超前预注浆加固技术，并成功运用于现场。

曹永模等[77,78] 通过建立相似模型，研究了孤岛工作面顶板下沉量，结果表明，孤岛工作面顶板下沉量比普通工作面大 30%；建立数值模型，分析了沿空巷道支承压力影响，并提出了增加超前支护强度，保障巷道围岩稳定。

刘长友等[79,80] 采用数值分析手段，分析了超长孤岛工作面的支承压力分布特征，得出了基本顶应力场变化规律。分析认为，孤岛工作面两端煤体应力集中应重点维护，工作面长度增加使支承压力峰值先增加后降低，应力集中程度随煤柱宽度减小而增加。

王同旭等[81] 针对孤岛工作面侧向支承压力问题，运用雷达探测、数值模拟等手段，分析了塑性破坏区演化规律，得出了孤岛工作面侧向支承压力的分布规律，确定了应力降低区范围，指导了巷道位置设计，改善了巷道受力条件。

秦忠诚等[82~84] 研究了支承压力分布及底板传递规律，得出了支承压力将在工作面两侧发生叠加，采空区内将会形成后方移动支承压力；底板应力将经历“升高—降低—恢复”的动态过程，随着工作面回采，附加应力大小和范围显著增加。

蒋凌强等[85] 通过理论分析与现场实测相结合的方法，得出了回采过程中基本顶的来压特征；得出超前支承压力峰值点的位置以及对实体煤的作用范围，据此得出煤壁前方加强支护的范围以及超前支护的距离，指导了工作面安全回采。

王沉等[86] 以王庄矿孤岛煤柱为工程背景，运用理论计算、数值分析、现场实测的方法研究了孤岛采场矿压显现特征；分析了上覆岩层的运动规律以及支承压力的分布形态。通过数值模拟，分析了影响矿压显现的主要因素，并对“孤岛”和“短壁”两个因素进行分析，结果与现场实测差距不大。

邓康宇[88] 通过建立数值模型，针对孤岛工作面不同开采阶段，分析了围岩应力分布特征、塑性区演化规律。结果显示，工作面处于应力集中区，煤柱受力状态差异明显，下端头煤柱应力明显大于上端头。

2　破坏区煤层开采概况

2.1　矿井概况

开滦（集团）蔚州矿业有限责任公司，地处河北省张家口市蔚县境内，东距北京160km，北距张家口150km，西距山西大同130km，下属崔家寨矿、单侯矿、南留庄矿、西细庄矿、兴源矿及郑沟湾矿6对生产矿井，分布在县城15km范围内，其中崔家寨矿属于“三低”矿井，已于2003年开始生产，单侯矿属于“低瓦斯、低煤尘”矿井，已于2009年1月1日正式生产。煤田可采储量9.1亿吨，服务年限为86年，且赋存条件好，适合机械化开采。

开滦（集团）蔚州矿业有限责任公司崔家寨矿位于河北省蔚县矿区北部，井田走向长11km，倾斜宽3km，煤层埋深约300m，井田内探明煤层共10层，其中主采煤层有6号、5号、1号三个煤层，现主要开采1号煤层，其中6号煤层平均厚度为3.1m，5号煤层平均厚度为4.2m，1号煤层平均厚度为4m，煤种主要以褐煤、长焰煤为主。

矿井开拓方式为立井开拓，有主井、副井、回风井三个井筒。矿井通风方式为中央并列式，通风方法为抽出式，主、副井进风，风井回风。矿井瓦斯等级鉴定为低瓦斯矿井，矿井绝对瓦斯涌出量为0.97m^3/min，相对瓦斯涌出量为0.19m^3/min，井田范围内无高瓦斯异常涌出区。

同时，煤尘具有爆炸性，爆炸指数分别为：6号煤层38.25%，5号煤层34.48%~35.80%，1号煤层41.10%。煤层内含水分约18%。各煤层均有自然发火危险，本矿井各煤层属于Ⅱ类自然发火煤层。从最近掌握情况看，崔家寨井田内共有小煤矿约30处，大部分均已越界。

2.2　工作面概况

E13105工作面同样位于崔家寨东三采区，工作面北部为E13107设计工作面，南部为E13103工作面，西部为东三1号煤层集中进、回风巷，东部为1号煤层小煤窑采空区，上覆65~85m局部存在5号煤层小窑破坏区、崔家寨矿5号煤层巷道及E13505工作面采空区。

E13103工作面位于东三采区，北部为E13105工作面，南部为E13101工作面（设计），西为东三1号煤层集中进、回风巷，东部为井田边界，上覆为E13501工作面（已回采）和E13501北部连采区（已回采）。E13103进风联巷

41.8m，回风巷 1290.9m，进风巷 1325.6m，切眼 110m，掘进工程量为 2768.3m。

E13107 工作面同样位于崔家寨东三采区，工作面北部为 E13109 工作面，区段保护煤柱宽度初期为 60m、后期为 25m，南部为 E13105 工作面，区段保护煤柱宽度为 25m。

E13105、E13103 和 E13107 工作面主采 1 号煤层，煤层埋深 306～320m，煤层水平标高+830m。煤层可采指数为 1.0，变异指数 1.6%，属于可采稳定煤层。E13103 工作面设计走向为 1086.5m，倾斜长 110m；E13105 工作面走向长度 769m，倾斜长度 115m。E13103 和 E13105 工作面布置如图 2-1 所示。E13107 工作面走向长度 734.5m，倾向长度为 112m，可采储量 43.99 万吨。

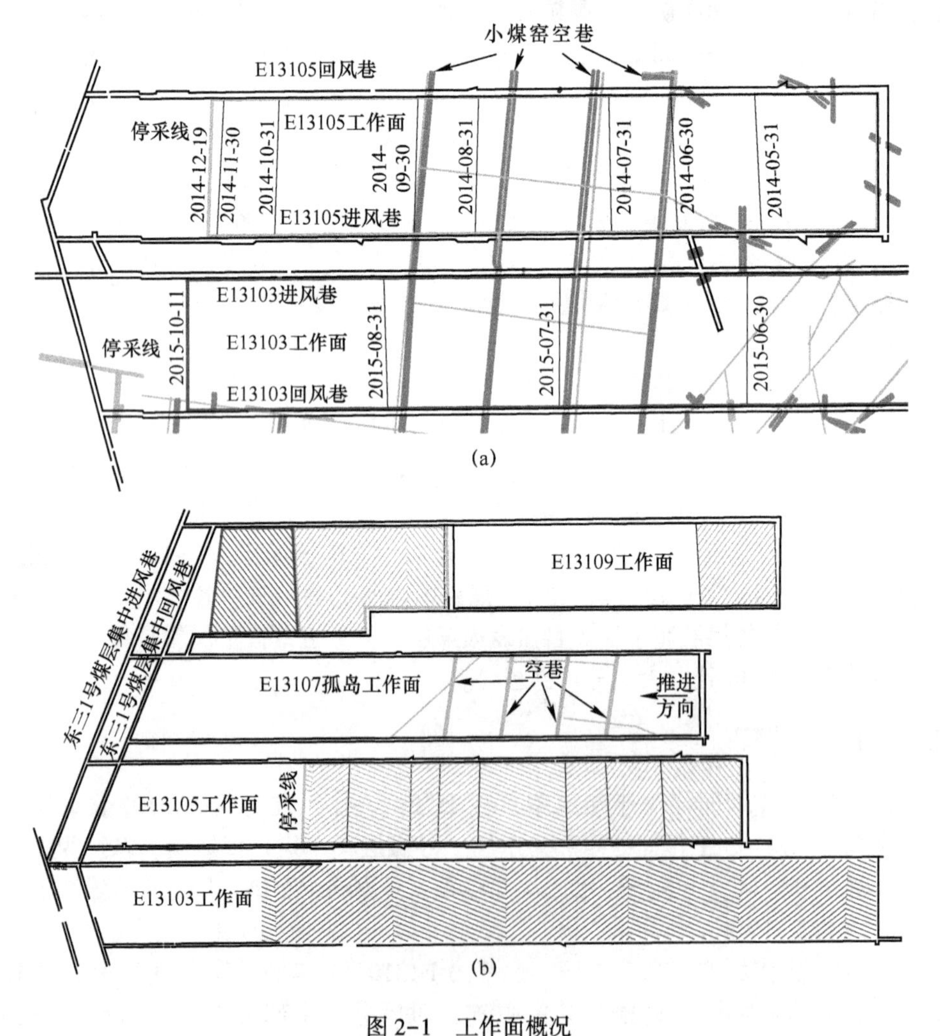

图 2-1 工作面概况

(a) E13105 和 E13103 工作面示意图；(b) E13107 工作面示意图

2.3 煤层概况

E13105 工作面煤层厚度范围 0.8~4.7m，平均 4.3m。煤层倾角 3°~45°，平均 8°。煤层以半亮型煤、亮煤为主，夹暗煤丝炭及镜煤条带，性脆易碎，油脂光泽，条痕黑褐色，顶部煤层略有污染，结构不清，夹 2~3 层黏土岩夹矸，煤层由西向东逐渐变薄，至切眼区域煤厚变薄至 0.8m。表 2-1 为 E13105 工作面煤层情况。

表 2-1 E13105 工作面煤层情况

煤层厚度/m	煤层结构	煤层倾角/(°)	可采指数	变异系数/%	稳定程度
4.3（平均值）	复杂	8（平均值）	1.0	1.6	稳定
0.8~4.7		3~45			

E13103 工作面煤层厚度范围 0.8~4.4m，平均 4.24m。煤层倾角 0°~21°，平均 7°。煤层质软，极易碎，呈碎块状及粉状，节理发育，阶梯状断口，条痕黑褐色，沥青及油脂光泽半亮型煤，以亮煤为主，夹暗煤条带，含丝炭薄层，顶部 0.4m 为块煤，煤层由西向东逐渐变薄，至切眼区域煤厚变薄至 0.8m。表 2-2 为 E13103 工作面煤层情况。

表 2-2 E13103 工作面煤层情况

煤层厚度/m	煤层结构	煤层倾角/(°)	可采指数	变异系数/%	稳定程度
4.24（平均值）	复杂	7（平均值）	1.0	1.6	稳定
0.8~4.4		0~21			

E13107 工作面煤层厚度范围 3.7~4.6m，平均 4.17m。煤层倾角 0°~18°，平均 8°。煤层以亮煤为主，顶部煤层略有污染，结构不清，存在黏土岩夹矸，夹矸厚度不一，平均约为 0.4m。该采面内煤层本身的煤质较佳，不过采面发育有两条小型断层和一个背斜构造，导致构造影响区域出矸，同时该区域伪顶发育，易离层冒落，进而也影响面内的总体煤质。表 2-3 为 E13107 工作面煤层情况。

表 2-3 E13107 工作面煤层情况

煤层厚度/m	煤层结构	煤层倾角/(°)	可采指数	变异系数/%	稳定程度
4.17（平均值）	复杂	8（平均值）	1.0	7.3	稳定
3.7~4.6		0~18			

2.4 工作面顶底板概况

2.4.1 E13105 工作面

E13105 工作面煤层厚度从 3.2~4.6m 不等，平均 4m。煤层倾角 7°~14°，平均 5°；属半亮型煤质，亮煤居多，夹暗煤丝炭及镜煤条带，脆性破碎，油性光泽，顶部煤层稍有污染，结构不清，夹 2~3 层黏土岩夹矸，煤层中部较厚并向两端逐渐变薄。

基本顶为粉砂岩，厚度 2.7m，坚硬，致密，钙质含量中等，断口较平，炭化植物碎屑沿层分布，面滑裂隙发育，下部为板状水平层理。直接顶为砂质页岩，厚度 1.5m，性脆，断口较平，具有滑面及裂隙，胶结性差，易产生离层。伪顶为黏土岩，厚度 0.1~0.2m，不均一性，性脆易碎，内含炭屑。

直接底为含炭黏土岩，厚度 0~5.93m，表面光滑、质地细腻，较软破碎，鳞片状产状，滑面发育完善，具有可塑性，块状无层理，光泽亮呈镜面，灰褐色条痕发育，小煤线局部夹杂，厚 0.03m 左右，向东逐渐消失。老底为鲕状黏土岩，厚度为 6.7~13.2m，坚硬、质地细腻，韧性大，鲕粒分布不均，由上至下含鲕粒渐增多，鲕粒含量约占 15%；底部为砾石，砾石成分为钙质黏土岩，断口呈现钟乳状。

图 2-2 为 E13105 工作面综合柱状图。

2.4.2 E13103 工作面

E13103 工作面煤层厚度范围 0.8~4.4m，平均 4.24m。煤层倾角 0°~21°，平均 7°。煤层煤质软，极易碎，呈碎块状及粉状，节理发育，阶梯状断口，条痕黑褐色，沥青及油脂光泽半亮型煤，以亮煤为主，夹暗煤条带，含丝炭薄层，顶部 0.4m 为块煤，煤层由西向东逐渐变薄，至切眼区域煤厚变薄至 0.8m。

直接顶为黏土岩，厚 1.35m，厚层状，较细腻且致密，断口平坦状，条痕灰白色，下部岩性偏粗，间夹粉砂条带。基本顶为粉砂岩，厚度 6.45m，坚硬，致密，含钙质，比重大。间夹黄灰色菱铁质薄层厚 0.1m 左右。断口平坦，页理发育，呈板状，上部岩性较细近黏土岩，含炭化植物碎屑及瓣鳃类动物化石。

直接底为黏土岩，厚度为 14.98m，细腻，质软，易碎，较性脆，易风化，风化破碎后呈片状及碎块状，微含炭质，富含炭化植物体夹镜煤条纹，断口次平坦，条痕褐灰色，局部具滑面。基本底为灰岩，厚度为 8.85m，坚硬，致密，厚层状，断口参差状，块状无层理，微显黄色，细粒状显晶质结构，砾状结构，胶结物为绿灰色泥质物，局部具银灰色缝合线且含黄铁矿散晶。图 2-3 为 E13103 工作面综合柱状图。

地层系统	柱状	层序号	累厚/m	层厚/m	岩石名称	岩性描述
下花园组		5	30.86	2.35	细砂岩	厚层状，岩性均一，凝灰质胶结，具水平层理，层面富集炭化植物碎屑及茎杆，局部具擦痕擦面光滑细腻，见有凝灰质岩屑
		6	33.96	3.10	黏土岩	厚层状，坚硬，性脆，水平层理，具滑面，夹褐色菱铁质薄层，厚0.10m左右，条痕浅灰色，断口次平坦及参差状，上部0.40m为粉砂岩，平炭质条纹
		7	34.86	0.90	炭质黏土岩	岩性均一，质软，性脆，条痕褐色，油脂光泽，含丝炭薄膜及炭化植物碎屑，块状无层理，含炭量20%左右，局部偶见擦痕
		8	35.56	0.70	3号煤层	块状无层理，半暗型煤，以暗煤为主夹镜煤条带，断口次平坦及阶梯状，节理发育，煤质较好，油脂光泽及沥青光泽
		9	40.26	4.70	黏土岩	坚硬、性脆，裂隙发育，部分无充填物，部分被方解石脉充填，含保存完好的瓣鳃类动物化石，化石个体1cm左右。该层由西向东逐渐变薄
		10	56.83	12.17	细砂岩	水平层理，泥质钙质胶结，坚硬，性脆，岩性均一，顶部0.30m具包卷层理，中、下部裂隙发育，多为直立开裂隙，裂隙长0.60m左右，部分被方解石充填，底部含有炭化植物碎屑及丝炭薄膜。岩性呈上粗下细，下部近黏土岩
		11	59.53	2.70	粉砂岩	坚硬，致密，含钙质，断口平坦，沿层面分布炭化植物碎屑，具滑面及裂隙，下部水平层理发育呈板状
		12	61.03	1.50	砂质页岩	性脆，断口平坦，具滑面及裂隙，胶结性差，易离层
		13	61.23	0.1~0.2	黏土岩	不均一，性脆易碎，内含炭屑
		14	65.05	$\frac{3.2\sim4.7}{4.00}$	1号煤层	半亮型煤，以亮煤为主，夹暗煤丝炭及镜煤条带，性脆易碎，油脂光泽，条痕黑褐色，顶部煤层劣有污染，结构不清，夹2~3层黏土岩夹矸，煤层由西向东逐渐变薄
		15	66.26	$\frac{0\sim5.93}{2.96}$	炭质黏土岩	光滑、细腻，质软、易碎，呈磷片状，滑面极其发育，显可塑性，块状无层理，镜面光泽，条痕灰褐色，局部夹小煤线，厚0.03m左右，向东逐渐尖灭
$J_{1-2}x^1$		16	73.37	$\frac{6.7\sim13.2}{9.8}$	鲕状黏土岩	坚硬、细腻，韧性较大，鲕粒分布不均，上部含鲕粒较少，向下渐增多，含鲕粒约占15%，底部为砾石，砾石成分为钙质黏土岩，断口钟乳状
$\in_3$		17	81.87	8.50	灰岩	坚硬，致密，具水平层理，薄层条带状灰岩，间夹绿灰色泥质灰岩薄层，厚0.30m左右，断口钟乳状及次平坦状，下部含有鲕粒，呈鱼籽状，分布不均并发育有斜坡状缝合线，倾角8°，局部含砾，成分为泥质灰岩

图 2-2 E13105 工作面综合柱状图

地层系统	柱状	层序号	累厚/m	层厚/m	岩石名称	岩性描述
下花园组 $J_{1-2}x^1$		1	6.95	6.95	细砂岩	厚层状，岩性均一，凝灰质胶结，具水平层理，层面富集炭化植物碎屑及茎杆，局部具擦痕擦面光滑细腻，见有凝灰质岩屑
		2	12.43	5.48	黏土岩	厚层状，坚硬，性脆，水平层理，具滑面，夹褐色菱铁质薄层，厚0.10m左右，条痕浅灰色，断口次平坦及参差状，上部0.40m为粉砂岩，平炭质条纹
		3	13.27	0.84	细砂岩	岩性均一，质软，性脆，条痕褐色，油脂光泽，含丝炭薄膜及炭化植物碎屑，块状无层理，含碳量20%左右，局部偶见擦痕
		4	13.84	0.75	3号煤层	块状及碎块状，半亮型煤，以亮煤为主，夹暗煤条带，沥青光泽，阶梯状断口，条痕褐黑色，节理发育，含有丝炭，煤质较好
		5	19.52	5.68	粉砂岩	坚硬，致密，厚层状，具水平层理，岩性较均一，断口平坦状，中部夹0.40m的细砂岩，局部具裂隙无充填物
		6	22.88	3.36	细砂岩	岩性均一，泥质胶结，薄层状具水平层理，上部夹0.20m的粉砂岩。含植物炭化体
		7	29.33	6.45	粉砂岩	坚硬，致密，含钙质，比重大。断口平坦，页理发育，呈板状，上部岩性较细近黏土岩，含炭化植物碎屑及瓣鳃类动物化石
		8	30.68	1.35	黏土岩	厚层状，较细腻且致密，断口平坦状，条痕灰白色，下部岩性偏粗，间夹粉砂条带，构成较清晰的水平层理，无充填物
		9	34.92	0.8~4.40 4.24	1号煤层	质软，极易碎，呈碎块状及粉状，节理发育，阶梯状断口，条痕黑褐色，沥青及油脂光泽，含丝炭薄层，顶部0.40m为块煤，煤层由西向东逐渐变薄，至切眼区域煤厚变薄至0.8m
		10	49.9	14.98	黏土岩	细腻，质软，易碎，较性脆，易风化，风化破碎后呈片状及碎块状，断口次平坦，条痕褐灰色，局部具滑面
$\in_3$		11	58.75	8.85	灰岩	坚硬，致密，厚层状，断口参差状，块状无层理，微显黄色，细粒状显晶质结构，砾状结构，胶结物为绿灰色泥质物，局部具银灰色缝合线且含黄铁矿散晶

图 2-3 E13103 工作面综合柱状图

2.4.3 E13107 孤岛工作面

E13107 孤岛工作面煤层厚度从 3.7~4.6m 不等，平均 4.17m。煤层倾角 0°~18°，平均 8°。煤层可采指数为 1.0，变异指数 7.3%，属于可采稳定煤层。属半亮型煤质，亮煤居多，夹暗煤丝炭及镜煤条带，脆性破碎，油性光泽，顶部煤层稍有污染，结构不清，夹 2~3 层黏土岩夹矸，煤层中部较厚并向两端逐渐变薄。

E13107 孤岛工作面基本顶岩层为 10.7m 的细砂岩，较为坚硬，比重大。间夹黄灰色菱铁质薄层厚 0.10m 左右。断口平坦，页理发育，呈板状，上部岩性较细近黏土岩，含炭化植物碎屑及瓣鳃类动物化石。直接顶为 5.15m 的砂质黏土岩，厚层状，较细腻且致密，断口平坦状，条痕灰白色，下部岩性偏粗，间夹粉砂条带，构成较清晰的水平层理，含炭化植物碎屑及叶片，局部具张性裂隙，无充填物。伪顶为 0.3~0.8m 的黏土岩，易碎，易离层冒落。直接底为 3.73m 的含碳黏土岩，微含炭质，富含炭化植物体夹镜煤条纹，断口次平坦，条痕褐灰色，局部具滑面。基本底为 9.95m 的鲕状黏土岩，致密，厚层状，断口参差状，块状无层理，微显黄色，细粒状显晶质结构，砾状结构，胶结物为绿灰色泥质物，局部具银灰色缝合线且含黄铁矿散晶。图 2-4 为 E13107 工作面综合柱状图。

地层系统	柱状	层序号	累厚/m	层厚/m	岩石名称	岩性描述
下花园组		1	5.10	5.10	5号煤层	厚层块状及碎块状，以暗煤为主，条痕深灰色，断口次平坦，及阶梯状夹镜煤薄层，上部煤柱较好，下部煤质较次，呈碎块状及粉状
		2	8.67	3.57	粉砂岩	水平层理，断口平坦，岩性欠均一，间夹黏土岩薄层及黑色炭条纹，中部夹0.2m的细砂岩，上部含炭化植物碎屑及保存完整的植物炭化石
		3	9.91	1.24	4号煤层	半暗性煤，以暗煤为主，间夹煤薄层，贝壳状断口，中部夹0.04m的粉砂岩，下部煤质较次，以粉状为主
		4	28.5	18.6	粉砂岩	岩性欠均一，间夹黏土岩及细砂岩薄层，粗细相间构成清晰的水平层理，含菱铁质结核，局部具滑面及摩擦
		5	30.8	2.35	细砂岩	厚层状，岩性均一，凝灰质胶结，具水平层理，层面富焦炭化植物碎屑及茎杆，局部具擦痕擦面光滑细腻，见有凝灰质岩屑
		6	33.9	3.10	黏土岩	厚层状，坚硬，性脆，水平层理，具滑面，夹褐色菱铁质薄层，厚0.1m，条痕浅灰色，断口次平坦及参差状，上部0.4m为粉砂岩
		7	34.8	0.90	炭质黏土岩	岩性均一，质软，性脆，条痕褐色，油脂光泽，含丝炭薄膜及碳化植物碎屑，块状无层理，含炭量20%左右，局部偶见擦痕
		8	35.5	0.70	3号煤层	块状无层理，半暗型煤，以暗煤为主夹镜煤条带，断口次平坦及阶梯状，节理发育，炭质较好，油脂光泽及沥青光泽
		9	40.2	4.70	黏土岩	坚硬，性脆，节理发育，部分无填充物，部分被方解石充填，含保存完好的动物化石，化石个体1cm左右，该层由西向东逐渐变薄
		10	50.9	10.7	细砂岩	坚硬，含钙质，断口平坦，沿层面分布炭质植物碎屑，具滑面及裂隙，下部岩性变细，水平层理发育，呈板状
		11	56.1	5.15	砂质黏土岩	性脆，断口平坦，具滑面及裂隙，胶结性差，易离层
		12	56.2	0.15	黏土岩	不均一，性脆易碎，内有炭屑
		13	60.4	4.17	1号煤层	半亮型煤，以亮煤为主，夹暗煤丝炭及镜煤条痕，性脆易碎，油脂光泽，条痕黑褐色，夹0.06~0.38m的黏土夹矸，夹矸由西向东变厚
		14	64.1	3.73	含炭黏土岩	光滑细腻，质软，易碎，呈鳞片状，滑面极其发育，显可塑性，块状无层理，镜面光泽，条痕灰褐色，局部有小煤线，厚度0.03m
		15	74.1	9.95	鲕状黏土岩	坚硬，细腻，韧性较大
		16	82.6	8.50	灰岩	坚硬，致密，具水平层理，薄层条带状灰岩，间夹绿灰色泥质薄层，厚0.03m，断口钟乳状及次平坦状

图 2-4 E13107 工作面综合柱状图

2.5 工作面地质概况

2.5.1 瓦斯涌出量

根据《崔家寨矿 2012 年度矿井瓦斯等级鉴定报告》参考邻近工作面瓦斯涌出量数据，E13105 工作面绝对瓦斯涌出量：CH_4 为 0.27m³/min，CO_2 为 0.75m³/min。

依据邻近煤层 E13105 掘进工作面实际揭露检测的数据统计分析，预测该工作面瓦斯绝对涌出量 0.2m³/min，二氧化碳绝对涌出量 0.3m³/min。

2.5.2 煤层爆炸指数及煤层发火期

E13105 工作面煤尘有爆炸性，煤尘爆炸指数 41.1%。该区域煤层自燃倾向性属Ⅱ类自燃型。

E13103 工作面也有煤尘有爆炸性，煤尘爆炸指数 41.92%。该区域煤层自燃倾向性属Ⅱ类自燃型，自然发火期 3~6 个月。

2.5.3 地质构造情况

根据《崔家寨矿建井地质报告》和《崔家寨煤矿东三采区三维地震勘探报告》及周边和上覆 5 号煤层工程揭露地质情况分析，E13105 工作面所在区域地质条件较复杂，在掘进过程中可能会揭露 7 条断层，其中由上覆 5 号煤层延伸到 1 号煤层的断层有 4 条，分别为进风巷 JF1，回风巷 HF1、HF2、HF3；同时该工作面回风巷南侧发育一条 DF53 断层，落差 10~35m，这条断层在回风巷开口后 133m 拐进工作面内部，在回风巷里端受其影响可能会揭露派生构造，出现煤岩层产状不稳定的情况。该工作面构造较发育，该区域 1 号煤层直接顶板为性脆易碎的黏土岩，顶板易冒落；底板为泥质胶结塑性较强的黏土岩和鲕状黏土岩，在矿压和水等条件的作用下底板容易鼓起；综合上述存在地质现象，要注意加强构造区域的超前支护工作，确保安全生产。E13105 工作面地质构造概况见表 2-4。

表 2-4 E13105 工作面地质构造概况

构造名称	走向/(°)	倾向/(°)	倾角/(°)	性质	落差/m	实见位置/m	对回采影响程度
JF1	11	101	50	逆	2.5	J3 点前 80.0	影响较小
JF2	13	103	37	正	0.5	J5 点前 0.7	影响较小
JF3	315	45	48	正	0.8	J5 点前 15.0	影响较小
JF4	351	81	45~50	正	1.7	J10 点前 37.5	影响较小
HF1	50	140	78	正	0.3	H12 点前 123.0	影响较小
DF1	114	204	40	正	16.5	H1 点前 24.5 至 H5 点前 60.0	影响较大

E13103 工作面在掘进过程中可能会揭露 5 条断层，其中由上覆 5 号煤层延伸到 1 号煤层的断层有 4 条，分别为 D1、D2、D3、D4，落差在 1.2~8.0m 之间；同时该工作面回风巷靠近切眼区域发育一条 DF53 逆断层，落差 10~35m，在掘进至回风巷里端靠近切眼区域会受其影响，出现煤岩层产状不稳定的情况。同时在切眼东侧为底臌隆起区，当巷道施工至切眼区域时，煤厚和煤层产状可能会出现不稳定情况，如煤层变薄、煤层产状急剧变化等。该工作面构造较发育，该区域 1 号煤层直接顶板为易碎的黏土岩，顶板易冒落；底板为细腻，质软，易碎，较性脆的黏土岩，在矿压和水等条件的作用下底板容易鼓起；综合上述存在地质现象，建议施工单位要注意加强构造区域的超前支护工作，确保安全生产。E13103 工作面地质构造概况见表 2-5。

表 2-5 E13103 工作面地质构造概况

构造名称	走向/(°)	倾向/(°)	倾角/(°)	性质	落差/m	实见位置/m	对掘进影响程度
D1	55	145	59	正	8.0	回风巷开口后 388	影响较大
D2	260	350	65	正	3.8	回风巷开口后 473	影响较大
D3	242	332	56~70	正	5.0	进风巷开口后 693	影响较小
D4	106	16	57	正	1.2	回风巷开口后 601	影响较小
DF53	150	60	25~55	逆	10~35	回风巷开口后 1257	影响较大

2.5.4 水文地质情况

根据三维物探资料及附近工程 E13109 工作面顺槽实际揭露水文资料分析，工作面水文地质条件中等。

E13105 工作面煤系基底为富水性较弱的寒武纪灰岩含水层，煤层底板与寒武系灰岩含水层层间距平均为 15m，大于安全隔水层厚度；但局部可能存在底板隆起或构造地段，拉近 1 号煤层与灰岩的间距，可能会出现少量的灰岩水。

根据附近工程 E13109 回风巷实际揭露小煤窑巷道和对小煤矿的调查资料分析，E13105 进、回风巷掘进过程中，开始区段不存在小煤窑破坏区；该巷掘进至中部将揭露小煤窑巷道，局部洼点处可能存在少量积水，对正常掘进影响较小；该巷后段掘进过程中，主要受小煤窑破坏区积水威胁。

再根据上覆 5 号煤层实际揭露的水文资料及 E13109 进风巷探放上覆 5 号煤层小窑老空积水钻孔揭露的水文资料分析，E13105 工作面掘进过程中，受上覆小煤窑老空积水和 E13503、E13505、E13507 进、回风巷、E13501 连采巷工作面内采空积水的威胁。

根据附近工程 E13109 回风巷实际揭露水文地质情况，分析 E13105 在掘进过程中，局部区段顶板可能出现淋水现象，但水量较小。

由上述分析，推测 E13105 工作面掘进过程中，主要受前方小煤窑破坏区积水和上覆 5 号煤层老空积水的威胁。

E13103 工作面煤系基底为富水性较弱的寒武纪灰岩含水层，煤层底板与寒武系灰岩含水层层间距平均为 15m，大于安全隔水层厚度；但局部可能存在底板隆起或构造地段，拉近 1 号煤层与灰岩的间距，可能会出现少量的灰岩水，对掘进无威胁。

根据附近工程 E13105 回风巷实际揭露小煤窑巷道和对小煤矿的调查资料分析，E13103 进、回风巷掘进过程中，两巷掘进前方均存在数条小煤窑巷道，小煤窑巷道在低洼处可能有少量积水，对掘进有一定影响。

该面上覆存在 E13501 采空区、E13501 北与 E13503 挖潜区及小煤窑破坏区，根据对 5 号煤层回采收集水文资料分析，E13501 南部及附近小煤窑巷道内存在一定积水，1 号煤层与 5 号煤层间距为 62m 左右，受掘进影响采动裂隙不会导通上覆 5 号煤层采空区水，上覆 5 号煤层采空区水对掘进无影响。

根据附近工程 E13105 回风巷实际揭露水文地质情况，分析 E13103 在掘进过程中，局部区段顶板砂岩裂隙含水层可能出现淋水现象，但水量较小，对掘进影响不大。

综合上述分析，E13103 工作面掘进过程中，主要受前方小煤窑破坏区积水威胁。

2.5.5 涌水量大小

如不考虑小煤窑老空水影响，E13105 工作面水文地质情况与 E12105 工作面水文地质情况相似。采用比拟法预计工作面回采时涌水量，其中比拟因素包括煤厚、回采面积、工作面正常涌水量。

$$Q = Q_0 \times S \times h \div (S_0 \times h_0) \tag{2-1}$$

式中 Q_0——E12105 工作面回采时最大涌水量，取 $3m^3/h$；

S_0——E12105 工作面回采面积，取 $71286m^2$；

h_0——E12105 工作面采高，取 3m；

S——E13105 工作面回采面积，取 $88481m^2$；

h——E13105 工作面煤采高，取 3.4m。

可以计算出最大涌水量 $Q = 4.2m^3/h$，正常涌水量按最大涌水量 70% 计算，为 $2.9m^3/h$。

E13105 工作面回采时，采面小煤窑及上覆小煤窑采空区低洼处可能积水，会进入采面，回采时预计小煤窑老空水最大涌水量 $20m^3/h$，正常涌水量为 $5m^3/h$。综合 E13105 工作面回采时，预计最大涌水量 $24.2m^3/h$，正常涌水量 $7.9m^3/h$。

E13103 工作面涌水量预计：

$$Q = Q_0 \times S \div S_0 \tag{2-2}$$

式中 Q——E13103 预计最大涌水量；

Q_0——E13105 掘进最大涌水量；

S——E13103 工作面面积；

S_0——E13105 工作面面积。

可计算出 E13103 工作面最大涌水量为 19.2m³/h，正常涌水量为 13.2m³/h。

2.6 破坏区空巷情况

E13105 工作面、E13103 工作面与 E13107 工作面前方煤体内存在 4 条与工作面大致平行的破坏区空巷，与工作面夹角为 4°~6°。从工作面两条进回风巷揭露空巷的情况看，4 条破坏区空巷两两相邻的间距在 70~80m 之间。

2014 年 6 月 30 日，E13103 工作面开始揭露第一条与工作面大致平行的空巷。2014 年 7 月 31 日，工作面逐步揭露第二条空巷，第二条空巷的产状与第一条基本相同。2014 年 8 月 20 日，工作面开始揭露第三条空巷。2014 年 8 月 31 日，工作面开始揭露第四条空巷。这四条空巷与工作面大致平行。

2015 年 4 月 30 日，E13105 工作面推进到距开切眼 54.7m 处，距机头 97m 处，揭露第一条与工作面走向沿逆时针方向成 11°的空巷；2015 年 5 月 7 日，工作面推进到 108m 处，距机头 40m 处揭露第二条空巷，该条空巷与上一条空巷产状一致；2015 年 5 月 31 日，工作面推进到 190m 处，陆续揭露两条与工作面走向顺时针方向成 47°的空巷；2015 年 7 月 18 日，工作面推进至距切眼 439m 处，揭露第一条与工作面大致平行的空巷；2015 年 7 月 27 日，工作面推进至距切眼 504m 处，揭露第二条与工作面大致平行的空巷；2015 年 8 月 12 日，工作面推进至距切眼 592m 处，揭露第三条与工作面大致平行的空巷，工作面推进至距切眼 674m 处，揭露第四条与工作面大致平行的空巷。

2016 年 5 月 13 日，E13107 工作面回采至距切眼 122m 处，揭露第一条平行空巷；2016 年 6 月 24 日，工作面回采至距切眼 191m 处，揭露第二条平行空巷；2016 年 7 月 24 日，工作面回采至距切眼 272m 处，揭露第三条平行空巷，并在揭露过程中采场出现局部冒顶事故，部分支架破坏严重，导致工作面停产。图 2-5 为工作面破坏区空巷分布。

2.7 工作面设备及回采工艺

2.7.1 工作面主要设备

（1）采煤机。采煤机主要技术参数见表 2-6。

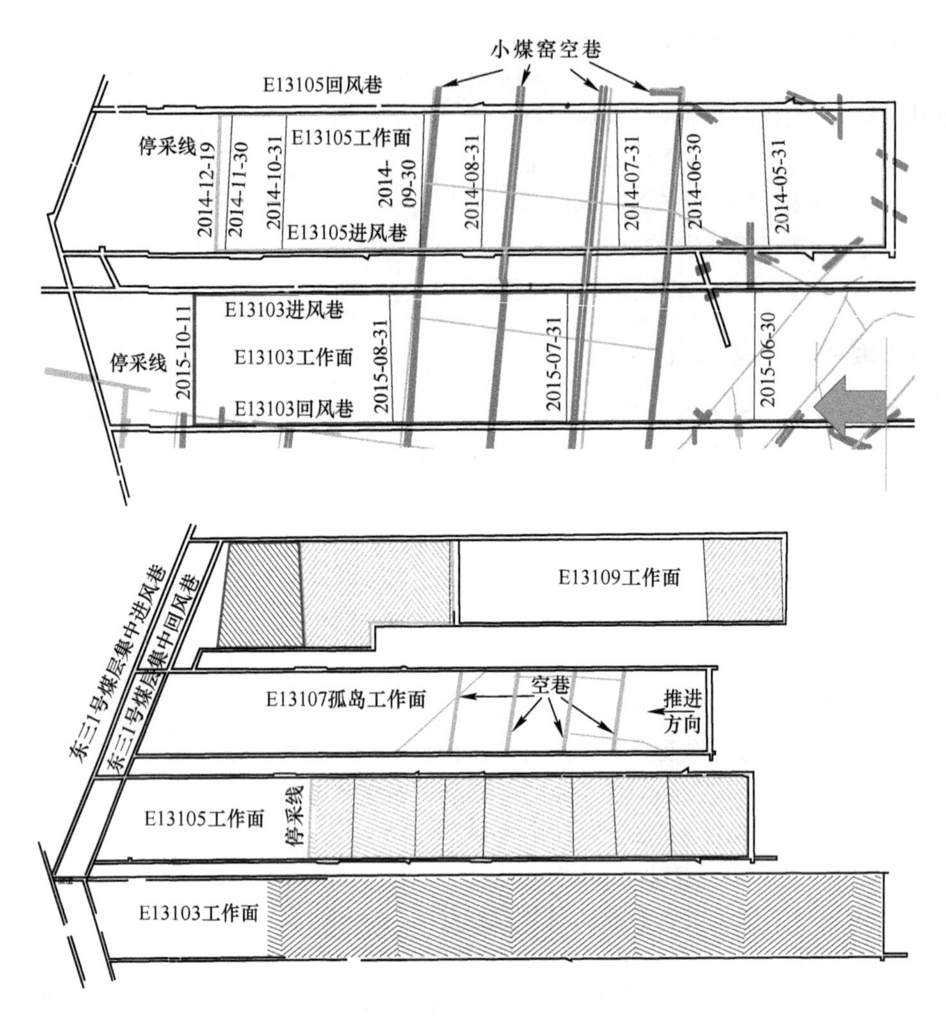

图 2-5　工作面破坏区空巷分布

表 2-6　采煤机主要技术参数

项　目	参　数
型号	MG300/730-WD
机采高度/m	2.3~4.2
卧底量/mm	358
截深/mm	600
牵引力/kN	687
适应工作面倾角/(°)	≤8°
整机质量/t	55

(2) 刮板输送机。根据工作面实际生产条件，选用张家口煤机厂生产的SGZ880/750型刮板输送机，详细参数见表2-7。

表2-7 刮板输送机主要技术参数

项 目	参 数
型号	SGZ880/750
运输能力/$t \cdot h^{-1}$	1500
长度/m	250
牵引方式	齿轮-销轨式

2.7.2 回采工艺

(1) 工作面落煤、装煤、运输。工作面采用走向长壁法回采，全部垮落法处理采空区，进刀方式为端部斜切进刀割三角煤。通过滚筒的螺旋叶片及铲煤板配合，将落煤装入SGZ880/750型刮板输送机，实现工作面的落煤、装煤和运煤机械化。

(2) 采高的确定。根据工作面选用的采煤机、支架的技术特性以及受工作面煤层和地质条件影响，为了有利地控制顶板、提高煤质，结合开采实践，确定机采高度为3.2m。

(3) 移架。采用及时移架方式，采煤机割过煤后，距机组滚筒3~5m及时移架护顶，移架步距0.6m，当片帮严重时及时伸出护帮板防片帮。

(4) 推移输送机。推移输送机时支架工相互配合，从一个方向顺序推移刮板输送机，同时要求刮板输送机弯曲度不得大于3°。由于机组滚筒截深为0.6m，严格控制推移步距，每次推移步距保证0.6m，推移过程中尽可能保持输送机在一条线上，严禁出现刮板输送机脱节现象。

3 破坏区煤岩体物理力学性质

3.1 煤岩化学及矿物成分

亮煤是由埋在地下的古代植物遗体在受到高温、高压的作用，经过复杂的变化后形成的，是一种复杂的混合物。除含碳元素外，亮煤还含有少量的硫、磷、氢、氮、氧等，以及矿物质元素（主要含硅、铝、钙、铁)。

氧：煤中氧的存在形式除含氧官能团外，还有醚键和杂环。

硫：几乎所有煤中都含有硫，即使陕西神木的出口优质煤仍含 0.28%～0.45%的硫，南方某些煤中含硫量高达10%。这就意味着每燃烧1t 这类煤，将会产生近200kg SO_2，SO_2 是形成酸雨的重要成分。我国大部分地区煤中的硫，主要以黄铁矿形式存在，有的煤矿在开采煤炭的同时，也开采黄铁矿。

氮：煤中的氮主要来源于植物有机体，含量一般在 1%～2%之间。煤燃烧时，所含的氮几乎全部转变为 NO 和 NO_2，通常表示为 NO_x，统称为氮氧化物，是大气污染的重要成分之一。

磷：我国部分地区的煤以含磷为特点，有的煤矿层中夹有磷矿层，因此所采的煤含有较多杂质磷，燃烧中会产生磷的氧化物。

灰分：燃煤对大气环境危害最大的成分烟尘，主要由煤中的灰分转化而来。煤中的灰分主要是一些不能燃烧的矿物性杂质，含有钙、镁、铁、铅、硅和微量砷、钡、铍、铅、汞、锌等矿物杂质，也含有放射性元素。

直接顶为砂质页岩，由黏土物质硬化形成的微小颗粒易裂碎，很容易分裂成为明显的岩层，是黏土岩的一种，成分复杂。据5组岩芯样的化学分析成果，其平均化学成分为：SiO_2 62.08%、Al_2O_3 18.12%、Fe_2O_3 7.72%、CaO、MgO 3.1%、Na_2O 1.22%、O 4%、H_3O^+ 3.84%、有机质 0.56%；上列数值和一般碎屑沉积岩相比，显然 SiO_2 含量不算多，$w(Fe_2O_3)>w(MgO)$，Al_2O_3 的含量较高，$w(K_2O)>w(Na_2O)$，富含有机质和不固定的吸附水 H_3O^+，无碳酸钙，这正是一般泥质沉积岩的化学成分特征。$w(Si):w(Al)=62:18=3.44$，恰和组成页岩的富钾铝硅酸盐黏土矿物伊利石的化学成分相一致。这种层状结构的铝硅酸盐矿物是由原生矿物游离出来的硅氧四面体和铝氧四面体按一定比例组合而成，并且 Si—O 四面体中的 Si 还能被 Al、Fe 所取代，四面体晶胞层间还能进入吸附水而引起体积的膨胀。至于具亲水性的风化黏土的类型，主要与母岩的成分和气候条件有关；具页状或薄片状层理，用硬物击打易裂成碎片，是由黏土物质经压实作用、脱水作用、重结晶作用后形成。

老顶为粉砂岩，粉砂岩的碎屑组分一般比较简单，以石英为主，长石和岩屑少见，有时含较多的白云母。填隙物有钙质、铁质及黏土质等。粉砂岩中常具有薄的水平层理，沉积物含水时易受液化产生变形层理及其他滑动构造。粉砂岩按粒度分为：粗粉砂岩（0.0625~0.0312mm）和细粉砂岩（0.0312~0.0039mm）；按混入物成分分为：泥质粉砂岩、铁质粉砂岩、钙质粉砂岩等；呈层状，坚韧，容易断。

从化学成分来讲，粉砂岩的主要化学成分为Si，强风化和微风化岩石矿物成分有一定的差异。通过X射线衍射仪数据处理系统的分析处理，可以得到微风化岩石试样的X射线衍射分布曲线，之后需要进行半定性和半定量分析，以确定物质成分和含量。粉砂岩进行的半定量测试结果表明：伊利石19.7%，钾长石19.0%，石英29.8%，方解石6.4%，绿泥石20.6%，赤铁矿4.6%。由此可知，粉砂岩中的黏土矿物成分主要以绿泥石、伊利石为主，这些黏土矿物在新鲜母岩中含量为41%左右；主要原生矿物有石英、长石、方解石和赤铁矿，石英的含量最高，这些碎屑矿物的含量在微风化新鲜母岩中含量一般为59%左右。通过X射线衍射分析结果表明，岩样中绿泥石矿物含量还多于伊利石矿物的含量，因此，微弱膨胀变形主要由于伊利石矿物引起，但作用不显著。不同矿物组成的岩石，具有不同的抗压强度和变形参数，即使是相同矿物组成的岩石也因受到颗粒大小、联结和胶结情况、生成条件等的影响，其性质可能相差很大。对沉积岩而言，胶结情况和胶结物对强度的影响很大，硅质胶结的沉积岩具有很高的强度；而石灰质胶结的岩石其强度较低；泥质胶结的岩石强度最低，软弱岩石往往属于这类。对于本研究的岩石试样，通过试验残渣新鲜表面的观察，表明这种岩石属于泥质胶结，经过水溶液的长期浸泡岩样表面出现了较多微裂纹。

底板为炭质泥岩，属黏土岩的一种，黏土岩矿物成分复杂，主要由黏土矿物（如水云母、高岭石、蒙脱石等）组成，其次为碎屑矿物（石英、长石、云母等）、后生矿物（如绿帘石、绿泥石等）以及铁锰质和有机质；质地松软，固结程度较页岩弱，重结晶不明显。

通过对炭质泥岩进行X射线多矿物衍射、红外吸收光谱及化学成分鉴定，可以看出，炭质泥岩的化学成分中二氧化硅含量最高，其次是氧化铝和三氧化二铁，含量较少的是氧化钾；由化学成分可以大致推断炭质泥岩的矿物组成：石英、伊利石和黏土矿物，其中石英含量最高，伊利石含量较少，黏土矿物主要是蒙脱石和高岭石。

3.2 煤岩物理性实验

3.2.1 煤和炭质泥岩密度测定

3.2.1.1 试验目的和适用范围

煤的密度是指单位体积煤的质量，单位为 g/cm^3。煤的密度有三种表示方法，煤的真密度、煤的视密度和煤的散密度。本研究测定煤的视密度。岩石的密度（颗粒密度）是研究岩石风化、评价岩体稳定性以及确定围岩压力等必需的计算指标。

本试验的试样由于有水溶性矿物，故采用中性液体煤油做试液来测定岩石试样的密度。

3.2.1.2 试验设备

烘箱：能使温度控制在 105~110℃。

量筒：容积 100mL。

天平：测量试样的质量。

托盘：用于盛放试样。

3.2.1.3 试验步骤

（1）称量托盘的质量 m_1，然后将准备好的试样放入托盘中，置于温度为 105~110℃的烘箱内烘至恒量，烘干时间为 24h。

（2）将烘干后的试样冷却至室温，称量烘干后的试样和托盘的总质量 m_2。

（3）取一定量煤油倒入量筒中，读取体积 V_1，然后将试样放入煤油中，读取体积 V_2。注意 V_1、V_2 均要读取三次，取其平均值。

3.2.1.4 结果整理

按式（3-1）计算试样的密度值

$$\rho = \frac{m_2 - m_1}{V_2 - V_1} \tag{3-1}$$

式中 ρ——试样的密度，g/cm^3；

V_2——煤油试液与试样的总体积，cm^3；

V_1——煤油试液的体积，cm^3；

m_2——烘干后试样与托盘的总质量，g；

m_1——托盘的质量，g。

3.2.1.5 实验结果

通过试验得到的各数据见表3-1。

表3-1 密度测定数据统计表

试样编号		托盘质量 m_1/g	托盘与试样总质量m_2/g	煤油试液体积 V_1/mL	煤油试液与试样总体积 V_2/mL	试样密度 ρ/g · cm^{-3}
炭质泥岩	试样1	46	79	95	110	2.20
	试样2	47	93	93	112	2.42
煤	试样1	47	59	92	101	1.33
	试样2	46	60	85	98	1.08

从表3-1可以看出，本试验炭质泥岩试样的密度ρ为2.31g/cm^{3}左右。煤试样的密度ρ为1.21g/cm^{3}左右。岩石的密度是岩石矿物组成结构状态的反映，它与岩石的技术性质有着密切的联系。岩石可由各种矿物形成不同排列的各种结构，但是从质量和体积的物理观点出发，岩石的内部组成结构主要是由矿物实体和裂隙（包括与外界连通的开口孔隙和不与外界连通的闭口孔隙）所组成。在成岩过程中，由于地质环境使岩石所受动力地质作用的程度不同，致使岩石含有不同的矿物成分以及不同风化程度的矿物。这些不同的矿物所组成的岩石，将影响其密度值的大小；含密度较大的矿物，岩石的密度也就相应比较大。例如，基性岩和超基性岩，比较突出的是辉绿石，其密度要比一般岩石的密度大。而酸性岩石，例如花岗岩，其密度较小。

3.2.2 煤和炭质泥岩点荷载强度测定

3.2.2.1 试验目的和适用范围

点荷载试验是将岩石试样置于左右两个球形圆锥状压轴之间，左轴可以通过调节液压杆调节其长度，以适应不同长度的试样，通过液压油缸加压（加压过程由人工控制）并对试样施加集中荷载，直至破坏，然后根据破坏荷载求得岩石的点荷载强度。点荷载强度，可作为岩石强度分类及岩体风化分类的指标，也可用于评价岩石强度的各向异性（如层理、片理明显的沉积岩石和变质岩石）程度，预估与之相关的其他强度如单轴抗压强度和抗拉强度等指标。

点荷载强度试验适用于各类规则或不规则的岩石，既可以是钻孔岩芯，也可以是从岩石露头、勘探坑槽、平硐、巷道中采取的岩块。

点荷载强度可为岩石分级及按照经验公式计算岩石的抗压强度参数提供依据。

3.2.2.2 试验设备

（1）点荷载试验仪，如图 3-1 所示。它包括：

1）加载系统：由手摇式油泵、承压框架，球端圆锥状压板组成。油泵出力一般约为 50kN；加载框架应有足够的刚度，要保证在最大破坏荷载反复作用下不产生永久性扭曲变形；球端圆锥状压板球面曲率半径为 5mm，圆锥的顶角为 60°（见图 3-2），采用坚硬材料制成。

扫一扫
查看彩图

图 3-1 点荷载试验仪

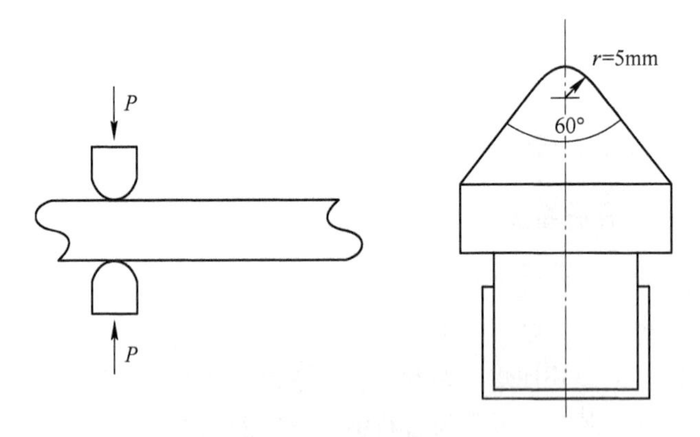

图 3-2 点荷载试验示意图

2）油压表：量程约为 10MPa，其测量精度应保证达到破坏荷载读数 P 的 2%，整个荷载测量系统应能抵抗液压冲击和振动，不受反复加载的影响。

（2）卡尺或钢卷尺。

（3）地质锤。

3.2.2.3 试验方案

本试验试样为煤和底板炭质泥岩，煤为复合组分，内生裂隙发育，光泽较强，层理隐约可见；炭质泥岩为泥质结构，页理构造，质地较坚硬，性脆，断口不太平坦，有层状节理。外观颜色为灰黑色，具致密感，颜色分布均匀，在水中易泡软崩解。

（1）试样分组：本试验试样分为两组，一组试样为底板炭质泥岩，一组为煤。两组试样均为6块，如图3-3所示。

(a)

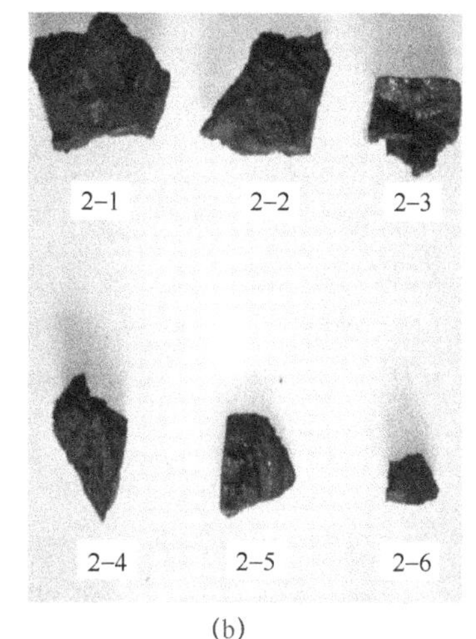

(b)

扫一扫
查看彩图

图3-3 试验试样
（a）底板岩石试样；（b）煤试样

（2）试验可用岩芯样，规则或不规则岩块样，试样加荷点附近的岩面要修平整。本试验采用12块不规则试样。

（3）试样含水状态可根据需要选择天然含水状态、烘干状态、饱和状态或其他含水状态。本试验采用天然含水状态。

（4）同一含水状态下的岩芯试样数量每组应为5～10个，本试验为每组6个。

3.2.2.4 试验流程

（1）试样尺寸粗测。对岩芯样及规则样，分别量测各试样的长 L、宽 W、高 H 的尺寸；对不规则岩块样，可过试样中心点测量试样的长 L、宽 W、高 H 的尺寸。

（2）安装试样步骤：

1）径向试验时，将岩芯试样放入球端圆锥之间，使上下锥端与试样直径两端紧密接触。接触点距试样自由端的最小距离不应小于加荷两点间距的0.5倍。

2）轴向试验时，将岩芯试样放入球端圆锥之间，使上下锥端位于岩芯试样的圆心处并与试样紧密接触。

3）方块体与不规则块体试验时，选择试样最小尺寸方向为加荷方向。将试样放入球端圆锥之间，使上下锥端位于试样中心处并与试样紧密接触。接触点距试样自由端的距离不应小于加荷点间距的0.5倍。

（3）加荷。试样安装后，调整压力表指针到零点，以在10~80s内能使试样破坏（相当于每秒0.05~0.1MPa）的加荷速度匀速加荷，直到试样破坏，记下破坏时的压力表读数F。

（4）描述试样破坏的特点。正常的试样破坏面应同时通过上、下两个加荷点，如果破坏面只通过一个加荷点，便产生局部破坏，则该次试验无效，应舍弃，破坏面的描述还应包括破坏面的平直或弯曲等情况。

（5）破坏面尺寸测量。试样破坏后，如图3-4所示。须对试样破坏面的尺寸进行测量，测量的尺寸包括上、下两加荷点间的距离和垂直于加荷点连线的平均宽度W_f。

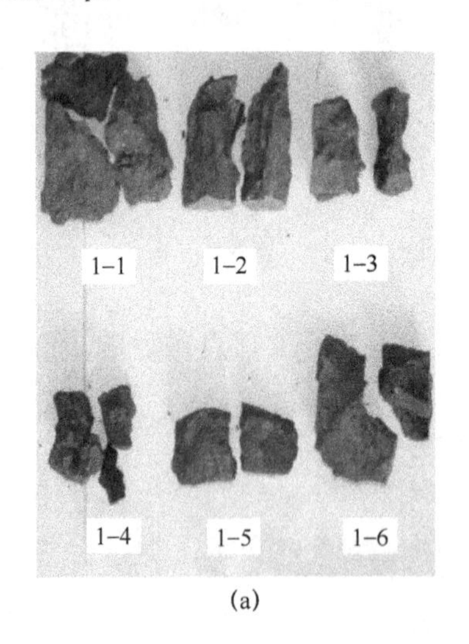

(a)

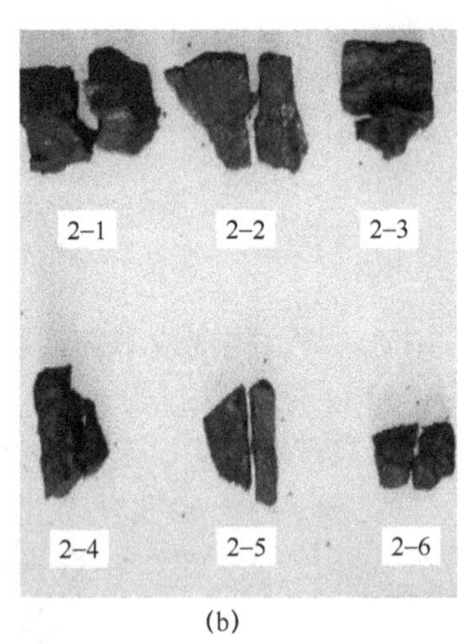

(b)

扫一扫
查看彩图

图3-4 破坏后的试样

（a）破坏的底板岩石试样；（b）破坏的煤试样

3.2.2.5 试验结果

点荷载试验数据统计见表3-2。

表 3-2 点荷载数据统计表

试样编号	破坏荷载 P/MPa	加载点间距 D/mm	平均宽度 W_f/mm	点荷载强度 I_s/MPa	修正后点强度 $I_{s(50)}$/MPa	单轴抗压强度 R_c/MPa
1-1	0.70	40.00	125.00	0.56	0.58	13.6
1-2	0.80	40.00	90.00	0.48	0.42	12.46
1-3	0.50	25.00	65.00	0.66	0.51	13.01
1-4	0.40	10.00	70.00	0.46	0.61	14.01
1-5	0.40	20.00	50.00	0.42	0.41	11.76
1-6	0.50	25.00	75.00	0.83	0.56	10.23
2-1	0.40	40.00	135.00	0.29	0.38	8.28
2-2	0.50	30.00	145.00	0.31	0.41	8.86
2-3	0.20	35.00	100.00	0.23	0.26	5.73
2-4	0.10	30.00	50.00	0.26	0.25	5.41
2-5	0.10	20.00	80.00	0.25	0.23	5.16
2-6	0.10	20.00	35.00	0.56	0.44	9.21

点荷载数据的计算公式：

（1）按式（3-2）计算试样的破坏荷载：

$$P = CF \tag{3-2}$$

式中 P——试样破坏时总荷载，N；

C——仪器标定系数，为千斤顶的活塞面积，一般在各仪器的说明书都有该仪器的标定系数供参考，mm^2；

F——试样破坏时的油压表读数，MPa。

（2）按式（3-3）和式（3-4）计算试样的破坏面积和等效圆直径的平方值：

$$A_f = DW_f \tag{3-3}$$

$$D_e^2 = 4A_f/\pi \tag{3-4}$$

式中 A_f——试样的破坏面面积，mm^2；

D——在试样破坏面上测量的两加荷点之间的距离，mm；

W_f——试样破坏面上垂直于加荷点连续的平均宽度，mm；

D_e——等效圆直径，为面积与破坏面面积相等的圆的直径，mm。

（3）按式（3-5）计算岩石试样的点荷载强度：

$$I_s = P/D_e^2 \tag{3-5}$$

式中 I_s——未经修正的试样点荷载强度，MPa。

根据《岩石物理力学性质试验规程》（DZ/T 0276—2015），根据点荷载强度计算岩石单轴抗压强度的具体步骤如下：

按公式计算岩石点荷载强度，统计计算其 I_s 并计算其平均值。

标准中规定：当加荷两点间距不等于50mm时，应对计算值进行修正。当试验数据较少时，按式（3-6）和式（3-7）计算岩石点荷载强度：

$$I_{s(50)} = KI_s \tag{3-6}$$

$$K = (D_e/50)^{1/2} \tag{3-7}$$

式中 $I_{s(50)}$——经尺寸修正后的岩石点荷载强度，MPa；

K——修正系数。

根据岩石点荷载强度的平均值，可按式（3-8）计算岩石单轴抗压强度：

$$R_c = 22I_{s(50)} \tag{3-8}$$

式中 R_c——岩石单轴抗压强度，MPa。

通过所测数据计算，得出试样的单轴抗压强度在自然状态与吸水状态下的平均抗压强度见表3-3。

表3-3 点荷载试验数据

试样分类	点荷载平均值 I_s/MPa	修正后的点荷载强度平均值 $I_{s(50)}$/MPa	平均单轴抗压强度 R_c/MPa
底板岩石	0.52	0.50	12.51
煤	0.34	0.32	7.11

（4）求平均值：当测得的点荷载强度数据在每组15个以上时，将最高和最低值各删去3个；如果测得的数据较少时，则仅将最高和最低值删去，然后再求其算术平均值，作为该组岩石的点荷载强度，计算值精确至0.01。

在加载点周围岩石所受的力接近压应力，但是在距加载点一定距离以外的范围内，岩石受到了垂直加载轴向的弹性拉应力。在加载点附近，产生了雁行式裂隙，且呈弯曲状排列；荷载增大时，它们相互靠拢而成为滑移线。随着荷载进一步的作用，这种裂隙可在一定范围内产生，并自然地发展，直到它们与弹性拉应力区连接后，岩石在拉应力作用下发生劈裂。即在点荷载作用下整个试样中发生了拉应力和压应力，最终岩石试样产生破坏。

3.2.2.6 分析实验结果

分析实验结果有以下值得借鉴：

（1）选取试样之前经过搬运、锤子敲碎岩块，在岩块中会产生不同程度的裂隙弱面，故所得炭质泥岩和煤的单轴抗压强度略低于实验室岩石力学实验所得数据，接近完整状态下的室内岩石力学实验单轴抗压强度。

（2）试样本身吸水性较强，长时间浸水即崩解，故吸水状态下强度变化较大，低于自然状态下的强度。

(3) 点荷载试验使用的岩石试样为岩芯、方形岩块及不规则岩块，岩石试样不需进行专门加工，设备简单、操作方便、测试迅速，以及检测费用低廉，结果更接近实验室所得数据。故此种方法为确定岩石抗压强度提供一定借鉴。

3.2.3 煤和炭质泥岩水理性试验

下面介绍煤和炭质泥岩的含水率、吸水率试验。

3.2.3.1 试验目的和适用范围

岩石的含水率是岩石试样在天然状态下的质量与烘干后的质量差值与试样烘干固体质量的比值，用百分数表示。

岩石的吸水率是烘干后岩石试样在大气压力和室温条件下自由吸入的水量与试样固体质量的比值，用百分数表示。

岩石的含水率和吸水率可间接反映岩石中空隙的多少、岩石的致密程度等特性。

3.2.3.2 试验设备

烘箱：能使温度控制在 105~110℃ 的范围。

天平：测量试样的质量。

烧杯：用于岩石浸水。

干燥器采用 101FA-2 型电热鼓风干燥箱，如图 3-5 所示。

扫一扫
查看彩图

图 3-5 101FA-2 型电热鼓风干燥箱

3.2.3.3 试验方案

试验使用 6 组试样同时进行，分别为 4 组泥岩和 2 组煤。每种试样按组标号为试样 A、试样 B、试样 C、试样 D、试样 E、试样 F，如图 3-6 所示。

图 3-6 水理性试验试样

（a）试样 A；（b）试样 B；（c）试样 C；

（d）试样 D；（e）试样 E；（f）试样 F

3.2.3.4 试验流程

分别测量试样 A、B、C、D、E、F 的天然质量 m_0 后，将试样放入温度为 105~110℃的烘箱内烘干 24h 至恒量，测其质量 m_d。然后将称量后的试样置于盛水烧杯内，自由吸水 48h，如图 3-7 所示。然后取出试样，用滤纸过滤掉烧杯内水分，立即称量其质量 m_s。

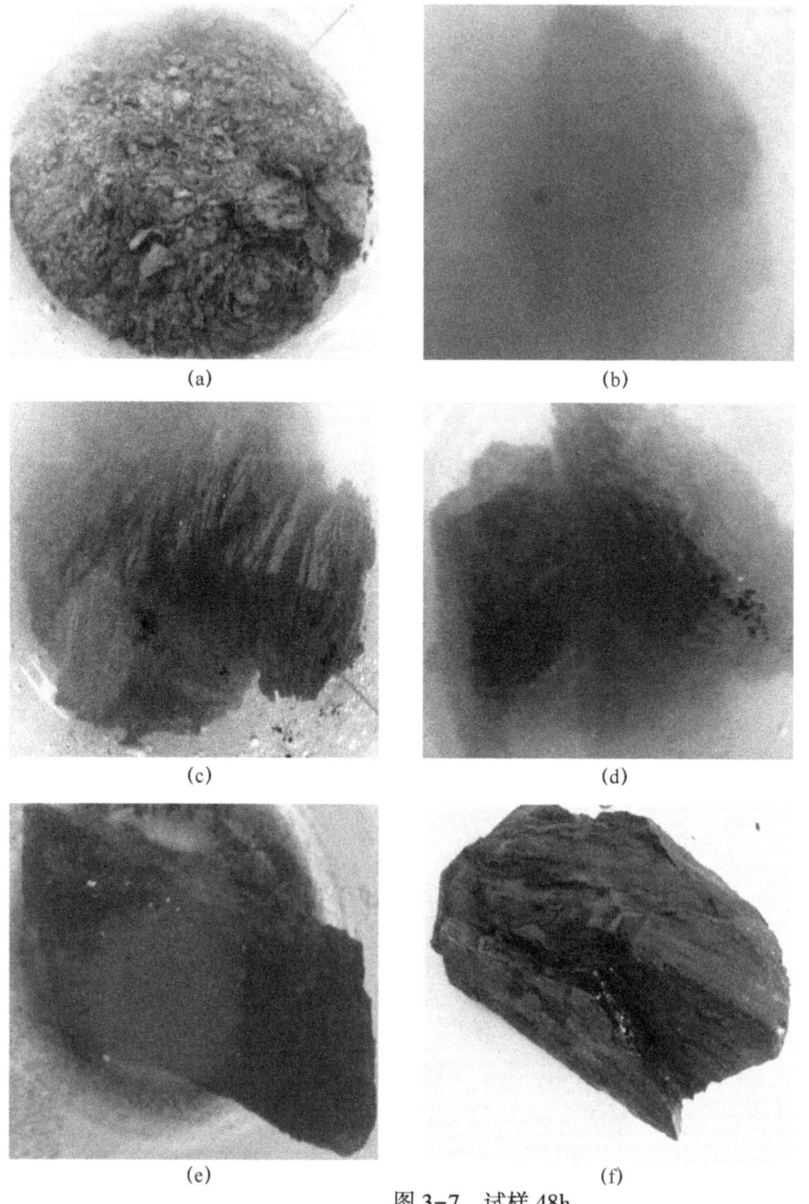

扫一扫
查看彩图

图 3-7 试样 48h

(a) 试样 A；(b) 试样 B；(c) 试样 C；(d) 试样 D；(e) 试样 E；(f) 试样 F

按式（3-9）和式（3-10）计算试样的含水率、吸水率。

$$w = \frac{m_0 - m_d}{m_d} \times 100\% \tag{3-9}$$

$$w_a = \frac{m_s - m_d}{m_d} \times 100\% \tag{3-10}$$

式中 w——岩石的含水率,%；

w_a——岩石的吸水率,%；

m_0——天然质量，g；

m_d——试样的干质量，g；

m_s——试样浸水 48h 后的质量，g。

将上述各数据收集整理，见表 3-4。

表 3-4 试验数据记录表

试样编号	天然质量 m_0/g	烘干后质量 m_d/g	试样浸水 48h 后质量 m_s/g	岩石含水率 w/%	岩石吸水率 w_a/%
A	126	118	179	6.78	51.69
B	165	151	222	9.27	47.02
C	233	137	202	8.76	47.44
D	315	214	330	8.88	54.21
E	135	113	151	19.46	33.63
F	211	177	241	19.21	36.16

3.2.3.5 试验结果

（1）试样 A：放入水中后，迅速吸水产生大量气泡，并伴有岩屑从试样表面剥落；浸水 10min 后，崩解速度迅速增加，剥落的块体尺寸变大；浸水 30min 后，块体失去主体结构；浸水 48h 后，已软化成泥，颗粒直径均在 5mm 以下，如图 3-8 所示。

（2）试样 B：放入水中后，水逐渐渗入试样中，试样表面可以看见气泡冒出；浸水 10min 后，试样表面开始出现裂纹，表面的岩粉脱离而使水质变浑浊；浸水 30min 后，试样表面裂纹加深，裂纹条数增加，与试样 A 相比，试样 B 的崩解性较弱，此时尚未失去主体结构；浸水 48h 后，试样整体软化崩解成颗粒状，颗粒直径在 1～10mm 之间。因悬浮的岩粉，水质浑浊，能见度低，如图 3-9 所示。

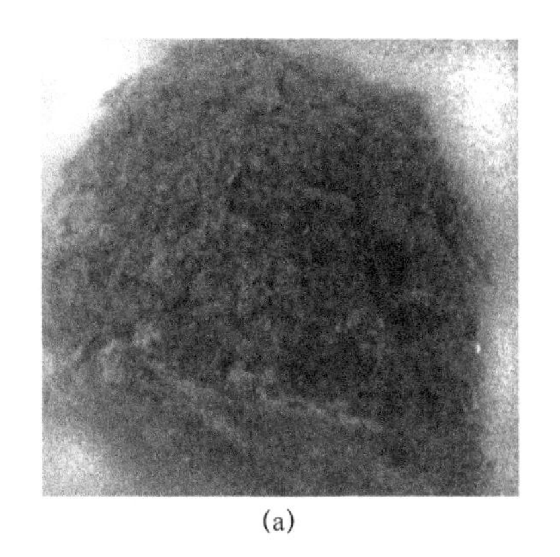
(a)

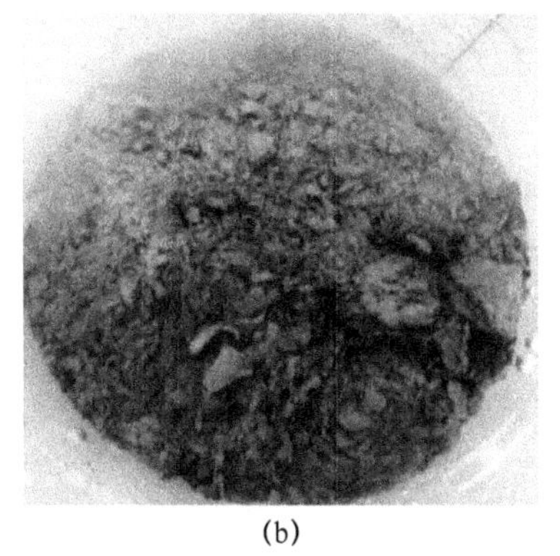
(b)

图 3-8 试样 A 的吸水过程
(a) 吸水 6h；(b) 吸水 48h

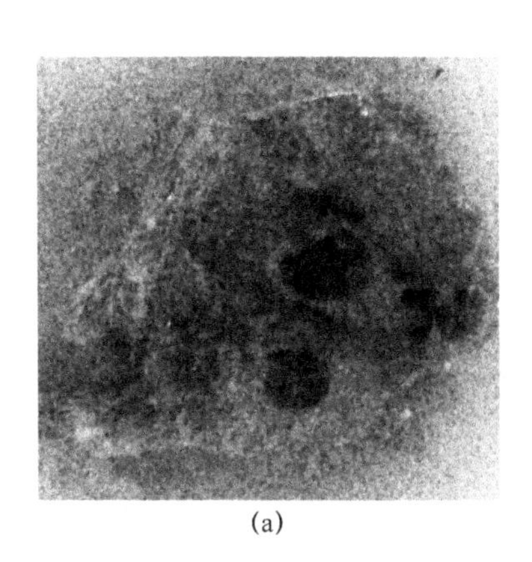
(a)

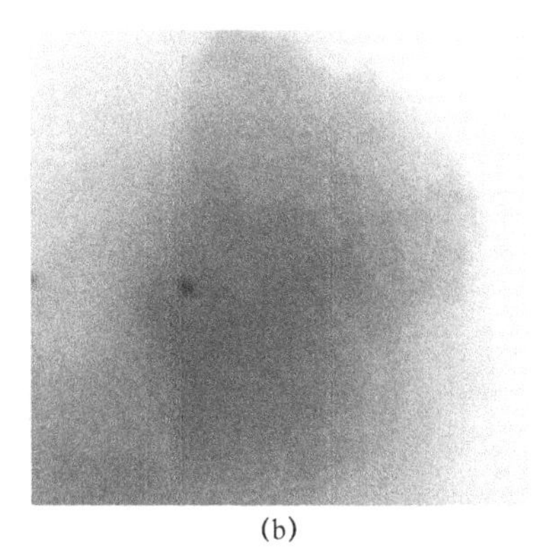
(b)

图 3-9 试样 B 的吸水过程
(a) 吸水 6h；(b) 吸水 48h

(3) 试样 C：放入水中后，有少量气泡冒出，无明显岩石颗粒脱落；浸水 10min 后，试样表面出现裂隙，并能大致分辨岩石试样的层理构造；浸水 30min 后，水分开始填补试样内部空隙，试样表面由于水侵入后所产生的应力作用，空隙扩大成裂隙；浸水 48h 后，试样完全崩解成层状。此时可以看出，试样 C 与试样 A、B 相比，试样的最后性状层理性清晰明显，如图 3-10 所示。

(4) 试样 D：在放入水中后，试样气泡冒出量较少，有部分颗粒脱落；浸水 10min 后，可以看到试样表面的部分细微颗粒脱落，水质开始变浑浊；浸水 30min 后，试样表面裂隙开始加深，这是因为随着裂隙逐渐扩大，水分渗透至矿块内部，黏土矿物内部产生膨胀应力，使得矿物颗粒脱离结构，颗粒间距逐渐增大；浸水 48h 后，主体结构基本丧失。试样 D 与试样 A、B 相比，崩解程度小、速度慢，如图 3-11 所示。

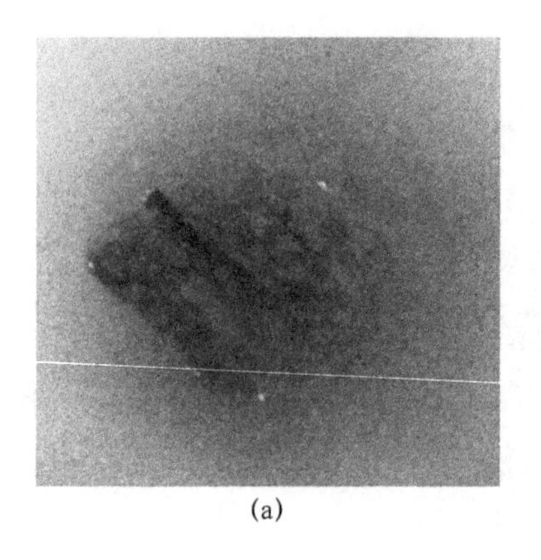

(a)

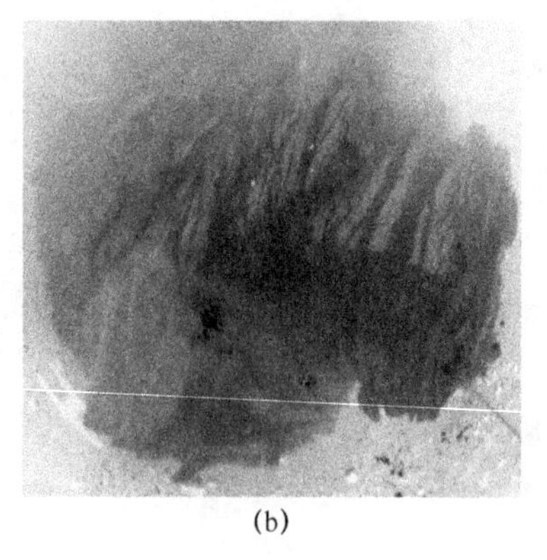

(b)

扫一扫
查看彩图

图 3-10 试样 C 的吸水过程
（a）吸水 6h；（b）吸水 48h

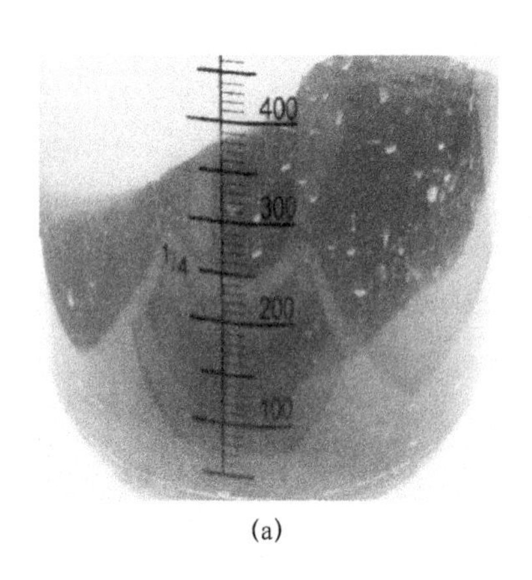

(a)

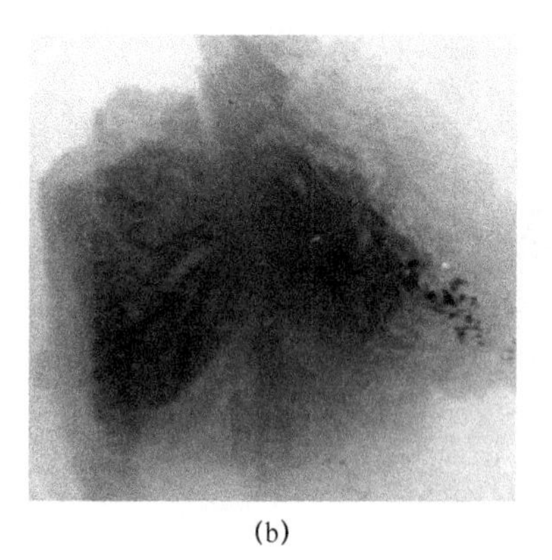

(b)

扫一扫
查看彩图

图 3-11 试样 D 的吸水过程
（a）吸水 6h；（b）吸水 48h

（5）试样 E：在放入水中后，无明显现象，仅有若干气泡冒出；浸水 10min 后，试样表面煤粉部分脱落，仍有气泡间断冒出；浸水 30min 后，试样表面之前的层理开始张开，形成微小裂隙；浸水 48h 后，试样表面的裂纹清晰可见，水面漂浮有部分絮状煤粉。水底沉淀有部分煤尘颗粒，如图 3-12 所示。

（6）试样 F：在放入水中后，有少量气泡冒出；浸水 10min 后，表面有煤尘脱落；浸水 30min 后，试样表面出现裂隙，吸水情况与试样 E 相似；浸水 48h 后，水质清晰，试样主体性完好，仅表面沿层理有数条裂隙，如图 3-13 所示。

(a)

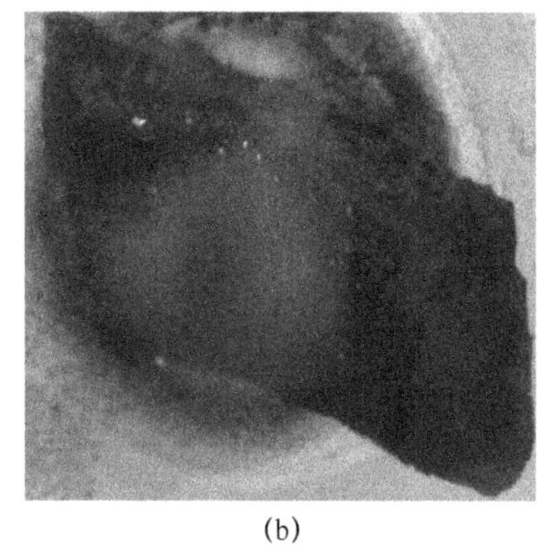
(b)

图 3-12 试样 E 的吸水过程
(a) 吸水 6h;(b) 吸水 48h

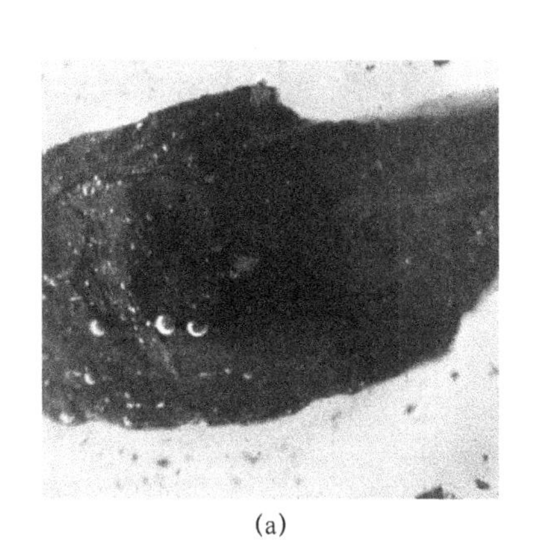
(a)

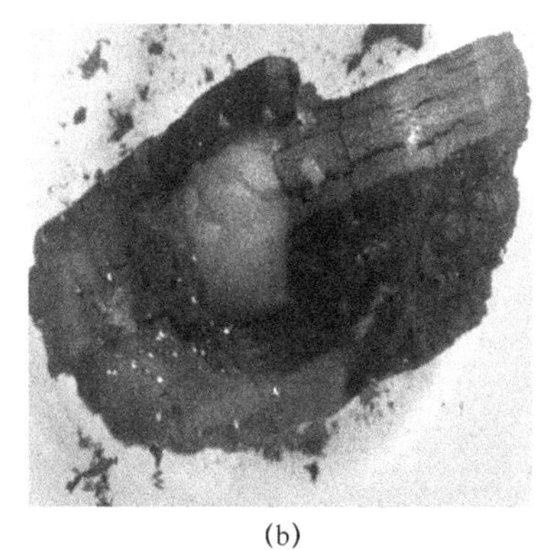
(b)

图 3-13 试样 F 的吸水过程
(a) 吸水 6h;(b) 吸水 48h

综上所述，水是岩石破坏的重要因素之一，岩石的含水率和吸水率可间接反映岩石中空隙的多少、岩石的致密程度等特性。当岩体受开挖扰动时，含水量有所变化，加上应力场的调整，岩石就会发生极大程度地破坏、崩解甚至泥化，造成围岩失稳破坏。试样 A、B、C、D 虽然均是同一岩性，但由于岩石的埋深、构造及胶结物的不同，其吸水后的反应大不相同。

崩解软化是岩石内部微观结构和微孔隙的宏观反映，宏观裂隙的增生扩张和崩解软化与岩石的物质组成、微结构和微孔隙的变化紧密相关。通过观察试样吸水后的裂隙扩展和崩解现象，可知底板岩石的微裂隙较发育，吸水崩解性极强，故在掘进和开采过程中，应注意地下水的防护，保证能及时排水，确保安全生产的进行。

3.2.4 煤和炭质泥岩的膨胀性与崩解性试验

3.2.4.1 试验目的和适用范围

对具有黏土矿物的岩石，必须了解岩石的膨胀特性，以便控制开挖过程中地下水对岩石、岩体的影响。岩石膨胀性试验包括岩石自由膨胀率试验、岩石侧向约束膨胀率试验和岩石膨胀压力试验，本试验测定的是试样的自由膨胀率。

岩石崩解具有双重机制：（1）岩石内含有膨胀性的黏土矿物，当岩石浸水后，由于渗透作用亲水矿物易迅速吸附水分子而引起岩石微结构的破坏，膨胀变形后，导致岩石崩裂，即“膨胀机制”；（2）岩石内部存在空隙，粒间局部含有可溶盐类，浸水后，盐类首先溶解，从而形成岩石内部连通的“空洞”，使得水分子与黏土矿物充分接触而造成岩石崩解，即“盐类溶解机制”。通常情况下，这两种机制通常同时作用。

由于本试验的炭质泥岩试样具有遇水崩解性，故不能采用传统的膨胀实验仪测定试样的膨胀性。本试验采用浸泡吸水法换算出水的体积，将试样近似看作浑圆球体，从而计算试样的膨胀性。

在测定试样膨胀性的同时，观测并描述试样的崩解性，以期掌握底板炭质泥岩遇水崩解的特性与规律，为预防底板灾害提供依据。

3.2.4.2 试验设备

天平：测量试样的质量。

量筒：用于试样浸水。

胶塞：用于防止水分蒸发。

3.2.4.3 试验方案

试验使用 4 组试样同时进行，分别为 2 组炭质泥岩和 2 组煤。每种试样按组标号为炭质泥岩：试样 A、试样 B；煤：试样 C、试样 D。

3.2.4.4 试验流程

分别测量试样 A、B、C、D 的天然质量 m_1 后，取一定量水于烧杯内，读取体积读数 V_1，将试样放入盛水烧杯内，立即读取体积读数 V_2，然后自由吸水 48h，用滤纸过滤掉烧杯内的水，测量试样质量 m_2。

按式（3-11）~式（3-13）计算试样的膨胀率：

$$V_s = V_2 - V_1 \tag{3-11}$$

$$V_x = V_s + \frac{m_2 - m_1}{\rho_0} \tag{3-12}$$

$$V_H = \left(\sqrt[3]{\frac{V_x}{V_s}} - 1\right) \times 100\% \tag{3-13}$$

式中 V_s——未吸水时试样的体积；

V_x——饱和吸水后试样的体积；

ρ_0——水的密度；

V_H——试样径向自由膨胀率。

3.2.4.5 试验结果

试样自由膨胀率试验总结数据见表 3-5。

表 3-5 试样自由膨胀率数据统计表

试样编号	V_1/mL	V_2/mL	m_1/g	m_2/g	V_H/%
A	95.5	130.7	81.3	88.4	6.3
B	93.6	132.4	89.6	97.4	5.8
C	92.1	121.2	35.2	36.3	1.2
D	85.5	118.8	40.3	41.5	1.6

为分析底板炭质泥岩试样崩解速度随时间的变化，现取炭质泥岩试样 A 为对象，描述分析其崩解性如图 3-14 所示。

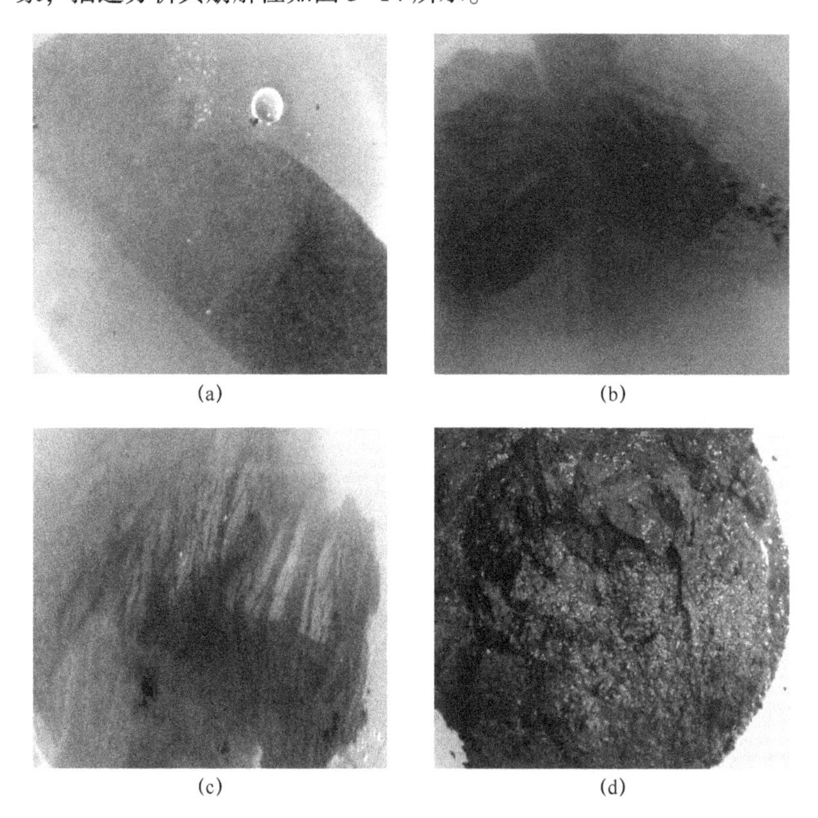

扫一扫
查看彩图

图 3-14 试样 A 吸水崩解图

(a) 吸水 1h；(b) 吸水 6h；(c) 吸水 12h；(d) 吸水 24h

从试样 A 的吸水过程可以看出，试样的崩解过程是逐渐发生的；刚开始时表现为试样表面颗粒的脱落，之后脱落颗粒的直径开始增大，试样的主体结构开始失去，最后试样崩解为泥粉状，完全失去原有强度性能。由此得到试样崩解速度趋势图，如图 3-15 所示。

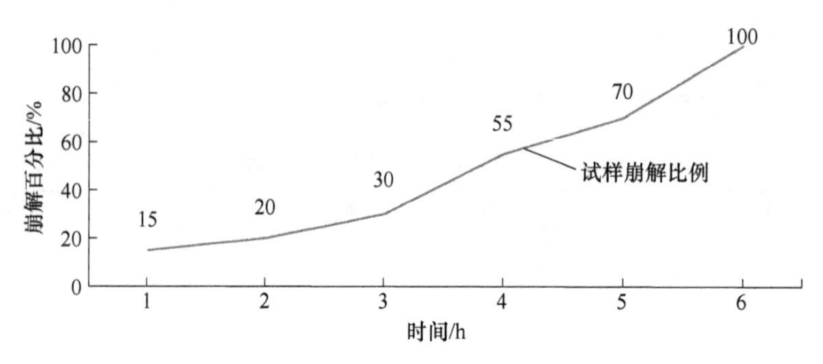

图 3-15 试样崩解速度趋势图

通过观察图 3-14 的吸水崩解过程和图 3-15 的崩解速度趋势，根据其崩解过程中试样脱落岩石颗粒粒径的大小，统计归纳分布百分比，得到表 3-6。

表 3-6 试样崩解颗粒粒径组成比例统计表

吸水时间/h	不同粒径颗粒组成比例/%				
	>40mm	40~20mm	20~10mm	10~5mm	<5mm
1	90	5	2	2	1
6	30	50	10	5	5
12	20	20	40	10	10
24	0	10	30	50	10

从表 3-6 可以看出，随着吸水时间的增加，试样表面崩解脱落的颗粒粒径尺寸开始增大，崩解的速度逐渐增加，试样崩解粒度分布如图 3-16 所示。

经过 48h 的浸泡吸水之后，试样颗粒比例基本趋于稳定，遂停止试验，试样崩解停止时颗粒形态如图 3-14 所示。由表 3-6 可知，颗粒比例的变化主要集中在前 6h 吸水过程中，由第 6h 开始颗粒级配变化已经不明显。这表明：在经过 6h 的吸水崩解之后，试样的主体结构基本丧失，崩解基本已经完成。

对比图 3-16 也可看出，在后续的吸水过程中，试样颗粒比例分布的百分率是不一致的，吸水 12h 时，试样颗粒粒度 20~10mm 要占到 40%，而相应的在前 6h 仅仅占到 10%，这表明试样在 6h 后继续崩解，具体表现为崩解得更加破碎，崩解百分比逐渐减缓。这一现象不仅表现在 20~10mm 的粒径上，同样地表现在其他粒径上。这也再一次证明 6h 前为加速崩解期，在这期间，岩石颗粒开始从试样上脱落，试样的主体结构开始丧失，基本失去承载能力。6h 之后，试样的崩解百分比开始减缓，但受水的作用，试样颗粒粒度仍然继续减小。

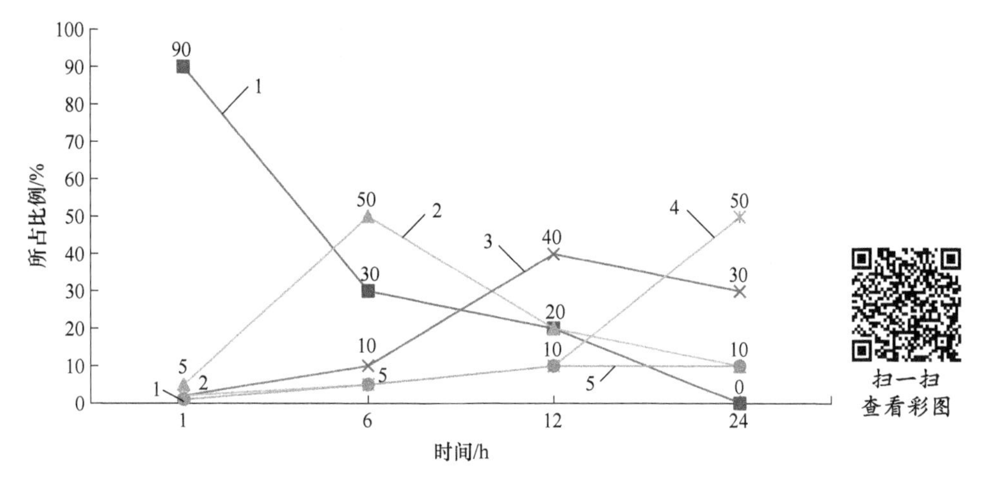

图 3-16 试样崩解粒度分布图

1—粒度>40mm；2—粒度 40~20mm；3—粒度 20~10mm；4—粒度 10~5mm；5—粒度<5mm；

3.2.5 底板岩石自由膨胀率试验

3.2.5.1 目的和试用范围

对具有黏土矿物的岩层，必须了解岩石的膨胀性，以便控制开挖过程中地下水对岩层、岩体的影响。

3.2.5.2 仪器设备

钻石机、切石机、磨石机、车床。
测量平台。
自由膨胀仪，如图 3-17 所示。

3.2.5.3 试样选取制备

岩石膨胀性试验包括岩石自由膨胀率试验、岩石侧向约束膨胀率试验和岩石膨胀压力试验，并应符合下列要求：

（1）岩石自由膨胀率试验适用于遇水不易崩解的岩石。

（2）岩石侧向约束膨胀率试验和岩石膨胀压力试验适用于各类岩石。

（3）试样应在现场采取，并保持天然含水状态，不得采用爆破或湿钻法取样。

（4）试验使用 2 组试样同时进行，每种试样按组标号为试样 1、试样 2，如图 3-18 所示。试样详细数据见表 3-7。

扫一扫
查看彩图

图 3-17 自由膨胀仪

(a)

(b)

扫一扫
查看彩图

图 3-18 自由膨胀率试验试样
(a) 试样 1；(b) 试样 2

表 3-7 试样详细数据

试样编号	试样 1	试样 2
钻孔号	Q_1	Q_2
起至深度/mm	15.7~16.7	15.5~16.5
试样高度/mm	60	60.4
试样直径/mm	63.5	63.5
试样描述	试样为砂质泥岩。泥质结构；页理构造，质地较坚硬，性脆，断口平坦，有层状节理。外观颜色为灰色，具致密感	试样为砂质泥岩。泥质结构；页理构造，质地较坚硬，性脆，断口平坦，断面层状节理较不明显

3.2.5.4 实验步骤

(1) 将试样放入自由膨胀率仪内，在试样上下各放置一块透水板，顶部放置一块金属板。

(2) 在试样上部和标志的四侧直角对称的中心部位分别安装好千分表，四侧千分表与试样接触处放置一块铜片。

(3) 测量表读数，每隔 10min 测记一次，直至 3 次读数不变。

(4) 缓缓地向仪器内注水，直至淹没上透水板。

(5) 之后在开始的第 1h 内，每隔 10min 测量变形一次，以后每隔 1h 测一次，直至 3 次读数差不大于 0.001mm 为止。

3.2.5.5 结果整理

按式（3-14）和式（3-15）计算岩石自由膨胀率：

$$V_{H} = \frac{\Delta H}{H} \times 100\% \tag{3-14}$$

$$V_{D} = \frac{\Delta D}{D} \times 100\% \tag{3-15}$$

式中 V_H——岩石试样轴向自由膨胀率,%；

V_D——岩石试样径向自由膨胀率,%；

ΔH——岩石轴向变形值，mm；

H——岩石试样高度，mm；

ΔD——岩石试样径向平均变形值，mm；

D——试样的直径，mm。

试验中各项数据记录见表 3-8。

表 3-8 试验数据

试样编号	试样直径/mm	试样高度/mm	试样轴向变形值/mm	试样径向平均变形值/mm	岩石轴向自由膨胀率/%	岩石径向自由膨胀率%
1	60	63.5	1.161	1.418	1.83	2.36
2	60.4	63.5	1.081	0.863	1.70	1.43

3.2.5.6 试验过程中试样的崩解、泥化等现象描述与分析

A 试验过程中的现象描述

(1) 岩石试样浸水 1min 时，岩石试样未崩解，岩石表面有少量气泡产生，试样未见裂纹，表面有少量粉末状脱落，并且一部分脱落于底部，一部分溶于水，使水变浑浊，如图 3-19 所示。

扫一扫
查看彩图

图 3-19 浸水 1min

（2）岩石试样浸水 10min 时，试样未崩解，试样表面附着有气泡，岩样没有产生裂纹，试样表面不再有粉末脱落，水槽底部有一小薄层岩泥，如图 3-20 所示。

扫一扫
查看彩图

图 3-20 浸水 10min

（3）岩石试样浸水 1h，岩石试样侧面有泥化脱落现象，开始产生微小崩解，岩石试样侧面底部有片状崩落，崩落物主要为泥状，其次为鳞片状，试样表面未出现宏观裂隙。因此，此时崩解不影响其膨胀性测定，如图 3-21 所示。

扫一扫
查看彩图

图 3-21 浸水 1h

（4）岩石试样浸水 6h，岩石试样顶部开始产生裂纹，裂纹自岩石试样顶面中部产生，但其长度较小，岩石表面泥化现象未加重，崩解物主要为细颗粒、泥状和少许片状的混合体。

（5）岩石试样浸水 12h，岩石试样上部裂隙沿径向贯通并且平行于该裂隙方向又产生微小裂隙；与此同时，岩石侧面也开始产生微小裂隙，侧面各裂隙均为贯通，侧面顶部和底部均产生掉块现象；但岩石试样整体未破坏，此时崩落物主要为碎片状、泥状和少量细碎块状，如图 3-22 所示。

扫一扫
查看彩图

图 3-22 浸水 12h

（6）岩石试样浸水 24h，岩石表面产生宏观裂隙贯通现象，上表面已有两条裂隙贯通，试样侧面也有裂隙纵横贯通，并且水槽底部崩解物明显增多，最底部为泥状、上部为块状和碎片状，此时岩石裂隙明显扩大，与裂隙延展方向垂直的千分表读数也明显增大，此时岩石的膨胀性试验应就此结束。此时的侧向千分表的读数，由宏观裂隙的扩张所引起的，而不是岩石内部吸水膨胀性矿物吸水所造成的。停止测表后，让岩块继续自由浸水 12h 时，发现岩石试样有大块崩解，并且表面泥化现象严重，岩石整体未坍塌，但岩石试样被裂隙分割成小块的集合体，如图 3-23 所示。

扫一扫
查看彩图

图 3-23 浸水 24h

B 试验现象分析

(1) 结构构造。结构构造主要是指泥岩内部各种天然存在的微裂隙，包括原生和次生的节理裂隙构造等。有这些原始裂隙的存在，容易使岩石浸水后在这些裂隙的基础上产生裂隙扩张贯通现象。

(2) 矿物成分。由于本实验的试样为砂质泥岩，泥质胶结物的主要成分为比表面积大且具极强亲水性的黏土矿物，如蒙脱石、伊利石、高岭石等。具有这种结构的岩石在浸水后，水分子容易被吸引而向岩石孔隙运动，引起岩石的膨胀、软化及崩解。在测其膨胀性的同时，必然伴随有崩解、泥化、掉块现象发生。

试验中当试样产生大块崩解时，试样的径向变形与轴向变形也会急剧增加；此时，径向与轴向变形不再是岩石吸水膨胀所引起的，而是岩石的崩解和裂隙的扩张所引起的。膨胀性试验应该就此停止。

3.3 顶底板岩层工程特性

3.3.1 砂质页岩

砂质页岩是黏土岩的一种。黏土页岩在保持天然含水量的情况下新鲜岩石层面结合尚牢，遇水软化，但失水后易崩解，崩解耐久性中等。因含黏土矿物成分多，裂隙发育，故不耐风化。如将岩芯置于室内风干，经 2~3d 后其周围 2~3cm 厚的表部沿微层理出现大量密集的毛发状隐闭裂隙，间距 0.5~2cm，然后不断出现垂直层理的短小裂隙，进而贯通成网状；它们阴天闭合，晴天微微张开，随风干时间的增长而逐渐增多。尤当岩芯浸水擦干后，网状裂纹清晰可见，从而使岩石强度降低；若在阳光下 6~7h 就产生裂纹而崩解，露天风干 1 个多月后，就全部变为碎石渣，有的仅 12d 就裂成碎石。崩解度 C~D 级。这主要是由于黏土矿物的失水收缩、吸水膨胀，随气温、湿度的变化而反复交替进行的结果。其破碎程度与天气和小气候的变化密切相关，所以耐久性差，岩性软弱，抗冲性能差，其整体风化深度有的达 50~55m，所以这种岩性组成的岩体稳定性差。

3.3.2 炭质泥岩

不同地区的炭质泥岩，其在物理性质和化学成分上具有明显的区域性，但有着许多共同的工程特性。炭质泥岩主要的工程地质特征为不均匀硬度层状结构，节理丰富，密度较小，贯通长度较大，吸水性很强；炭质泥岩岩体开挖后特别容易风化，造成岩体破碎。由于炭质泥岩层理及裂隙发育，在水和风等的自然应力作用下，极易风化、崩解，长期强度低，给炭质泥岩稳定性带来极大威胁。总结炭质泥岩的工程特性，主要有如下几个表现形式：

（1）易风化。炭质泥岩多为泥岩、砂岩、软弱灰岩和页岩相间多元层，一旦暴露在空气中易风化崩解，岩体风化影响深度大。炭质泥岩风化是指其在大气、温度和水的共同作用下的结果，包括物理化学风化和卸荷风化。其中卸荷风化是指开挖卸载成型后，炭质泥岩暴露在大自然中，在水或温差的作用下，能在很短的时间内就变得疏松，成为松散颗粒，甚至风化成液限较高的泥炭土，导致炭质泥岩抗压强度大幅度下降，从而失去原有的岩性。图 3-24 为开挖后出露的炭质泥岩。

扫一扫
查看彩图

图 3-24 裸露的炭质泥岩

(2) 强度低，遇水膨胀崩解。炭质泥岩中含亲水性较强的蒙脱石、伊利石等矿物成分，具有吸湿膨胀软化崩解、失水则收缩开裂的特点。强风化炭质泥岩膨胀崩解性很强。不同风化程度的炭质泥岩的强度为：强风化的炭质泥岩可完全变为泥炭土，没有强度；中风化炭质泥岩的单轴抗压强度为10~20MPa；微风化的炭质泥岩单轴抗压强度则可达到30MPa。图3-25为崩解的炭质泥岩。

扫一扫
查看彩图

图3-25 崩解的炭质泥岩

(3) 易扰动。炭质泥岩由于软弱破碎、裂隙发育、吸水膨胀等特性，使得炭质泥岩易受外界环境扰动的影响。炭质泥岩对掘进扰动、卸荷松动、施工爆破振动等工程活动极为敏感。

(4) 炭质泥岩作为煤矿底板的隐患。国内外采用炭质泥岩作为巷道底板岩石，尤其是易变形的炭质泥岩，发生底板鼓起、不均匀沉降等灾害的工程实例屡见报道。用炭质泥岩作底板的巷道，开采运营期间必须针对危险段落采取有效的加固防护措施，否则将大大增加巷道底板产生不同程度灾害的概率。

炭质泥岩作为煤矿底板岩层，如果在开挖巷道期间炭质泥岩未充分崩解，运营期间一旦水分进入炭质泥岩中孔隙，或受到巷道两帮的挤压，将导致炭质泥岩的崩解，从而使底板结构失去支承形成底臌、断裂。

总体来说，炭质泥岩作为底板岩层可能产生的巷道灾害主要有底板鼓起、巷帮滑塌、碎落和崩塌、不良地质和水文条件造成的底板破坏。

3.4 小结

本试验围绕崔家寨矿煤和周边岩层进行了一系列试验，以底板炭质泥岩为例做了相关介绍，包括物理性和水理性试验，确定了煤和炭质泥岩的各项参数，为煤矿安全生产提供了一定的借鉴。其中，底板炭质泥岩的吸水崩解性尤其应该引起重视：作为巷道的底板岩石，炭质泥岩在物理力学性质上表现为单轴抗压强度较低，遇巷道来压易底臌，这为煤矿正常的开采与生产带来了隐患，也增加了生产成本；炭质泥岩在水理性上表现为遇水崩解。

关于底板炭质泥岩崩解性：炭质泥岩崩解过程中各组颗粒变化曲线如图 3-16 所示。分析颗粒变化曲线，总结有如下四个特征：

（1）炭质泥岩崩解是逐步解体分散，从而失去整体性的过程。

（2）一些较大粒径颗粒含量先增加后减小，如 40~20mm 的颗粒在崩解初期含量增加，随着崩解的进行含量减小。

（3）炭质泥岩崩解过程的前期和中期，小粒径颗粒持续增加，后期不再增加。

（4）介于较大与小粒径之间的颗粒含量先增长后缓慢下降，如粒度 20~10mm 的颗粒。

试验表明，无论试样体积质量有何不同，炭质泥岩崩解到一定程度后，崩解物颗粒粒组都会在较长的时间内没有变化（或者变化幅度微小），认为炭质泥岩此时崩解基本停滞。本试验试样的崩解停滞期为 6h，可以认为试样在吸水崩解 6h 后其主体结构基本丧失，失去岩石的工程特性。

总结炭质泥岩崩的解机理，主要有如下四点：

（1）亲水性黏土矿物（蒙脱石、伊利石、高岭石）的含量高是炭质泥岩的崩解主要原因，尤其以蒙脱石含量高的炭质泥岩极易崩解。

（2）干燥岩石的裂隙吸入水分形成的吸湿压可导致崩解，并且裂隙越多，炭质泥岩渗水能力越强，崩解速度越快。

（3）剪切作用可导致剪切面含水量剧增，加速炭质泥岩破坏。

（4）炭质泥岩开挖卸荷扩容也会加速软岩崩解。这点需格外引起注意，以防止巷道开挖及工作面开采时引起底板矿压事故。

清楚掌握煤岩各项物理及力学性质是研究覆岩移动规律的基础。以上总结从原岩性质及物理作用等方面解释了炭质泥岩崩解机理，在不同矿物组成的炭质泥岩崩解过程中，其崩解机理作用程度不同，有的占主要影响因素，有的占次要影响因素，这点需要区别对待。

4 破坏区煤层综采关键技术

E13105 与 E13103 工作面内存在许多交叉复杂的破坏区空巷，这些巷道的存在使得工作面在推进过程中出现矿压显现异常，给安全生产带来严重威胁。传统的采煤工艺在此特殊的条件下并不适用，而且还会导致设备严重受损，煤壁片帮甚至于人员伤亡。因此，结合此特殊地质条件，提出安全高效通过小煤窑空巷的开采工艺势在必行。

4.1 当前开采工艺的不足

国内外煤层开采传统的过空巷方法有以下几种：

(1) 用密集支柱或木垛加强对空巷顶板的支护；

(2) 用锚杆、锚索加固空巷顶板和两帮；

(3) 临近空巷时停采等压；

(4) 空巷前停采，以空巷为切眼重新布置工作面。

综采或综放工作面一般采用 (1)、(2) 两种方法。密集支柱或木垛承载能力低，难以抵抗工作面超前支承压力的作用，空巷在超前支承压力的作用下产生冒顶和两帮大范围的片帮；而且当工作面接近空巷时，顶板在空巷上方发生断裂，使工作面顶板下沉量大幅度增加，支架工作阻力急剧升高，出现压死或压坏支架等事故，造成重大经济损失，威胁安全生产。这两种方式只是加强了空巷的顶板支护，并不能确保工作面安全快速推过空巷，顶板可能发生整体下沉。因此，过空巷时仅仅加强空巷支护是远远不够的。第 (3) 种方式在工作面临近空巷时停止回采，等待支承压力向空巷前方煤壁转移，即工作面与空巷间煤柱逐渐失稳，但顶板下沉量增大，会出现工作面支架被压死的现象，需要确定合理的等压距离，同时等压期间工作面停止回采，对矿井的生产效率造成一定影响。第 (4) 种方法主要用于炮采或普采等较易搬家的工作面。重新布置工作面不仅增加了搬家时间及费用，而且会造成极大的资源浪费，该方法有悖于自然科学的研究目的，即更好地开发、利用、保护和管理资源。因此，上述四种过空巷方法都有极大的局限性。

4.2 过复杂交叉小煤窑巷道开采新工艺

根据 E13103、E13105 工作面小煤窑巷道分布情况，既有平行工作面的小煤窑巷道，也有垂直于工作面的小煤窑巷道，应力状态复杂。其中4条平行空巷横穿两个工作面，对回采又较大影响，两个工作面内均有较多垂直交错的空巷，但整体对回采影响较小。因此应针对不同类型的小煤窑巷道采用不同的工艺，分布如图4-1所示。

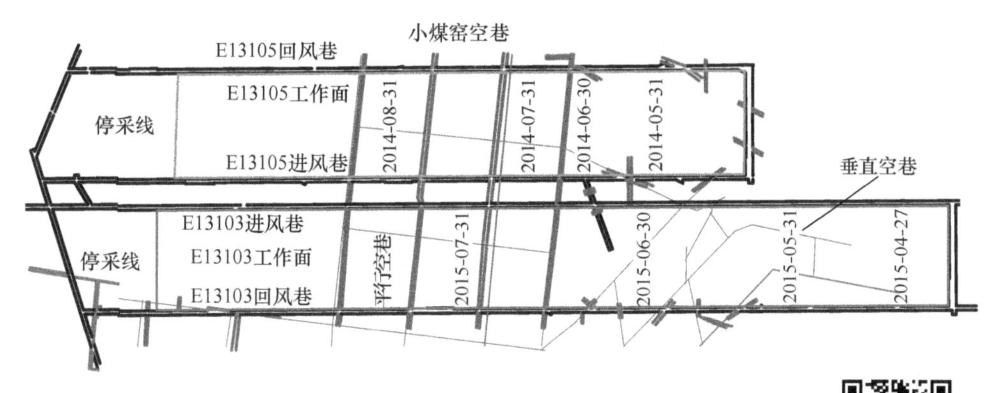

图4-1 空巷类型及分布示意图

扫一扫
查看彩图

4.2.1 工作面过平行空巷开采工艺

按照巷道断面和小煤窑空巷与工作面方向交角所影响面积的大小，提前制定小煤窑空巷顶帮加固措施，确保小煤窑空巷的支护强度，杜绝煤壁大幅片帮和顶板离层。顶板支护强度应保证单体支柱的打设密度，两帮可采用液冲锚杆进行加固。根据工作面两巷高差和与小煤窑空巷交角，合理调整伪斜推采，最大限度减少一次揭露小煤窑空巷的面积，并根据工作面情况采取超前推进的方式，尽快接近前方煤壁。

在距离破坏区空巷约30m处开始调整布置方向，使之与破坏区空巷呈一定角度。具体过程如下：采煤机由机头向机尾割煤，机尾处约15台支架不推移输送机，之后采煤机反向割煤至机头，然后再反向割煤至工作面中部，同时向前推移机头处20台支架，然后采煤机从工作面中部开始反向割煤至机头处。依次重复该过程，直至工作面调斜至合理角度，如图4-2所示。

调整后过平行小煤窑空巷示意图如图4-3所示。

随后机头、机尾同时推进，但是机头处超前推进，使工作面布置方向再次改变，如图4-4所示。

小煤窑空巷揭露过后，工作面调正，并向煤壁打膨胀锚杆，加固煤壁，如图4-5所示。

4.2.2 工作面过垂直巷道开采工艺

对于揭露的垂直工作面空巷，要始终使揭露处超前1~2刀。使工作面在此

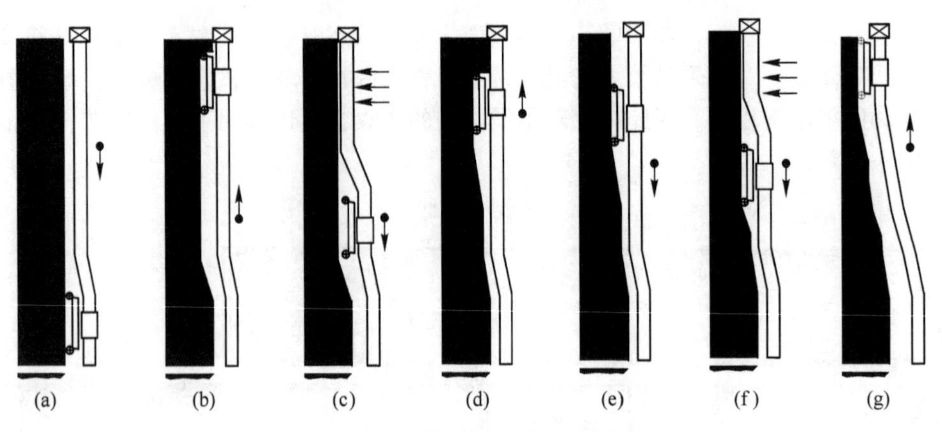

图 4-2 工作面调整过程示意图

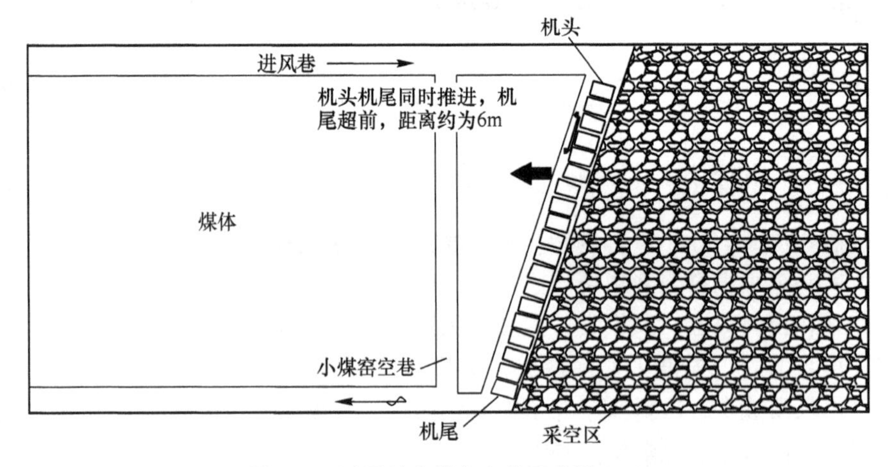

图 4-3 过平行小煤窑空巷示意图(一)

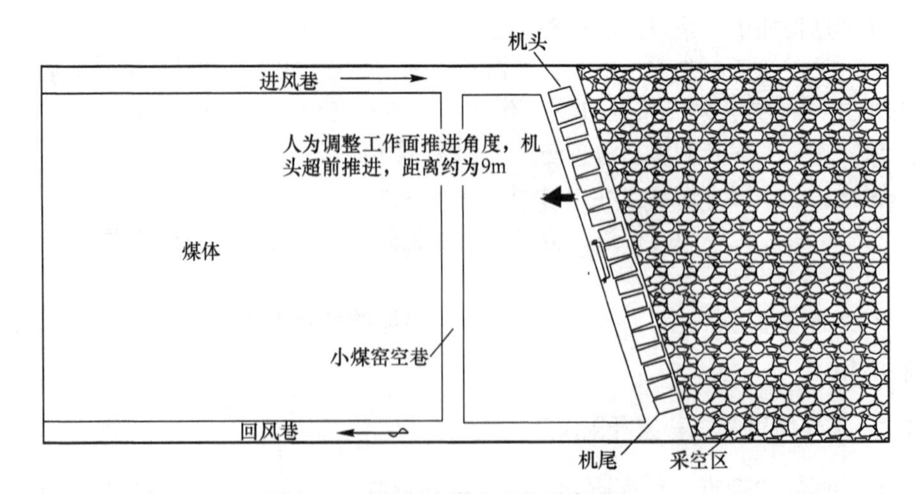

图 4-4 过平行小煤窑空巷示意图(二)

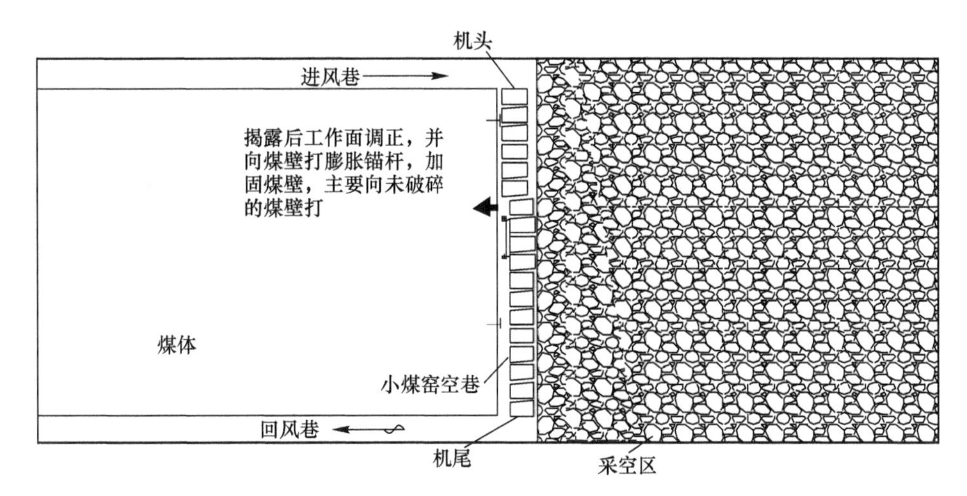

图 4-5 过平行小煤窑空巷示意图(三)

处稍向前凸起，当工作面变狭窄时可以采用小面开采或者高档普采。图 4-6 为过垂直小煤窑空巷示意图。

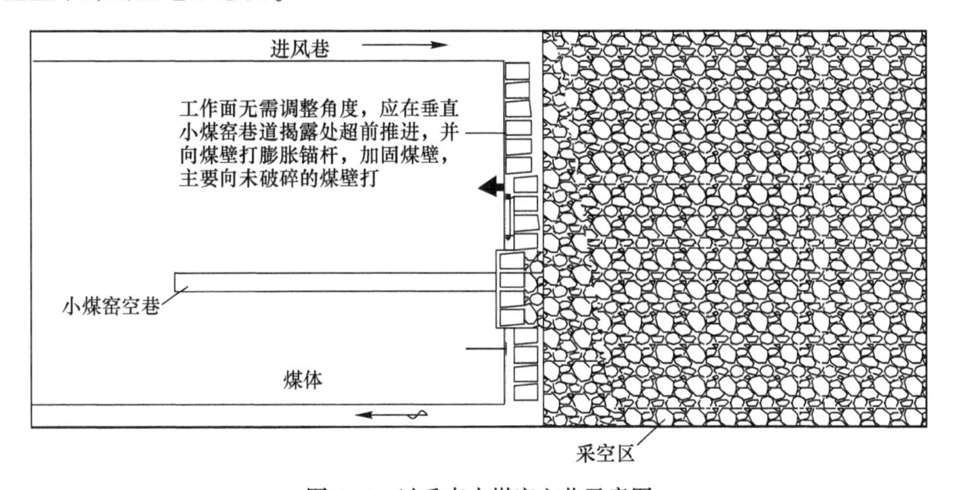

图 4-6 过垂直小煤窑空巷示意图

膨胀锚杆液冲方式：锚杆分为两排，其中第一排接顶板打，间距 1m；第二排，向工作面中部打，且垂直煤壁。主要向煤壁未破碎的地方打，小煤窑巷道对应的支架掩护梁上插木板，木板规格厚×宽×长＝180mm×220mm×3000mm。小煤窑附近要适当降低采高，跟顶割煤，支架底座如果有离层，可以在底座插板。

4.3 实施前后的问题与处理原则

东三 1 号煤层区域小煤窑，从 E13105 工作面回采看，大多数小煤窑空巷基本上沿顶掘进。由于放置时间较长，巷道底臌严重，巷道底板距顶板的高度为500mm左右，顶板整体性较好；但在治理小煤窑过程中，发现在顶板上方4m左右位置，顶板已经离层，所以在过小煤窑空巷前支架的完好程度，液压系统的管理是过小煤窑的基础，保证支架的工作阻力是过小煤窑的关键。工作面采高的控制，在过与工作面平行的小煤窑时采高不宜过低，维持在3.4m左右。因顶板离层，在移架过程中支架逐步下沉，如果采高过低，将会出现过不了机组现象；当工作面出现此现象时严禁下刹刮板输送机调整采高，应采取上挺支架的措施处理。基本遵循以下原则：

（1）临近小煤窑老巷前，原则上跟顶回采，合理调整采高，以保证支架接顶，揭露小煤窑后不超高；如遇底软的情况，应及时采取垫架脚的措施，以防止支架下陷倾倒挤架。

（2）针对小煤窑老巷不能进入进行提前加固的情况，应准确推算工作面距老巷的距离，在工作面临近老巷前，对老巷波及段顶板打注顶板固化剂，防止抽冒。

（3）及时调整工作面布置方向。另外，为防止支架出现倾倒挤架后的调架需要，应考虑在临近小煤窑老巷前，采取铺网回采的措施。

（4）为防止在工作面临近小煤窑老巷前，工作面煤壁出现片冒，应提前打设液冲锚杆进行控制。当工作面揭露小煤窑老巷后，根据揭露状况补充打设。

（5）当揭露老巷后出现顶板破碎、难以控制时，应采取做板或由防片帮处穿铁道挑板的形式，控制顶板抽冒；根据情况采取措施进一步控制煤壁片帮，并尽快在该段超前推进接近前方煤壁。

（6）当揭露老巷后，该处断面保留较为完好时，应进一步采取加固措施对前方顶帮进行维护，以防止空顶面积过大后造成冒顶。

（7）当工作面出现与工作面平行的小煤窑前，应提前调整布置方向，减小煤窑的揭露面积。在煤壁顶板管理时，应以小煤窑与工作面形成的三角煤为管理重点，防止出现大面积片帮，造成顶板事故。

4.4 实施过程中的问题与解决方案

4.4.1 采高与工作面形状的影响

1号煤层顶板为复合顶板，极易冒落，根据各个工作面的不同，随采随落的高度在300~600mm不等，且受其他因素的影响，一旦出现片帮距离较远，极易造成冒落高度继续增大。目前崔家寨矿在1号煤层回采的支架为20/42、21/42两种架型，最大支护高度为4.2m，因此必须保证伪顶冒落后支架不能太高，且使支架处在最佳的支护高度，同时采高越大，煤壁越易片帮。工作面在推进过程中，应根据不同阶段适时的调整采高。一般情况下最大采高应为3.4m，跟顶回采，受其他因素影响时，可适当降低采高，但要给支架活柱留够充足的下沉量。

根据以往的经验，工作面由于受种种因素的影响，往往造成工作面中部落后，从而使工作面成弧状，中部是工作面支承压力最大的部位，由于中间落后往往造成局部冒顶，进而支架挤紧，形成恶性循环。因此，必须保证工作面中部不能落后，可掌握到中部略超前于两端为宜：一是改进工作面计刀方式，以支架组数计刀；二是根据工作面即时形状，安排中间超前推进 1~2 刀；三是工作面调整布置方向超前推进时，必须加长刀，或者采用两端减少进尺的方式进行推进，且推移刮板输送机、移架时应按分组间隔交错的方式进行，如图 4-7 所示。

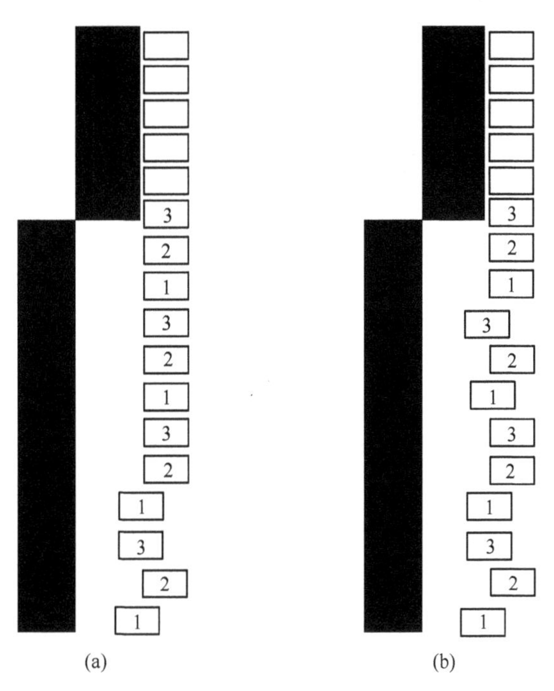

图 4-7 移架方式示意图

（a）第一次移架（1-1-2）；（b）第二次移架（2-1-1-1）

4.4.2 煤壁片帮的处理

根据现场生产经验，1 号煤层的冒顶事故，往往从片帮开始。当片帮达到一定宽度和长度后，支架露顶面积较大而无法护顶，空顶区上覆顶板受压力影响，产生断裂，从而引发漏冒型冒顶。因此，必须高度重视片帮的防控措施。凡是发生片帮宽度大于一个步距以上，且长度大于三组支架以上，必须采取打设液冲锚杆及支架前梁搭设木板的措施，防止片帮恶化。若出现片帮宽度、长度大大超出上述标准，或已出现顶板抽冒，应根据情况先进行支架顶梁搭设木板，然后再采取控制煤壁片帮的措施，向完整的煤壁打液冲膨胀锚杆；之后采煤机方能推进割煤。

液冲锚杆的打设以控制伪顶抽冒为主，控制煤壁片帮为辅。一般在距上顶300mm左右，按15°仰角打入煤壁，以控制上顶的抽冒，保证支架能够及时支承顶板；如需要，可在距上顶700mm左右，按15°仰角，使锚杆能够穿层打入煤壁，尽量避免顺层打设，以起到控制煤壁片帮的作用。上、下两排锚杆的打设呈三花眼布置，如图4-8所示。

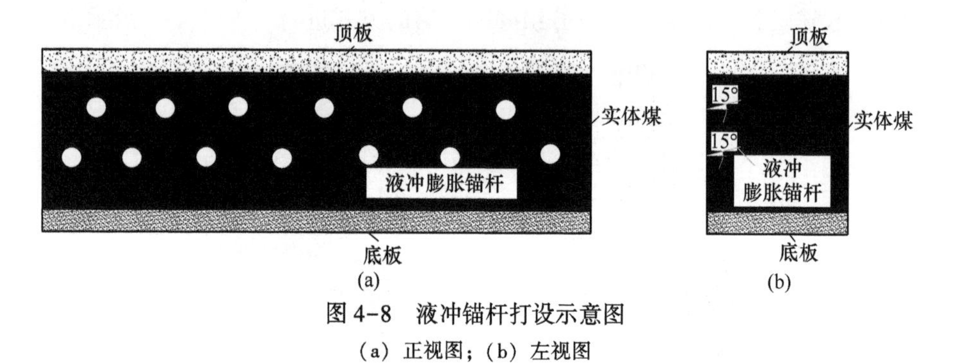

图4-8 液冲锚杆打设示意图

（a）正视图；（b）左视图

4.4.3 进刀方式的处理

1号煤层一般采用斜切进刀割三角形煤柱双向割煤，但进刀区段必须选在顶帮完好、不存在片冒隐患的区域。特殊情况下，由于工作面倾向较短，可采用单向割煤，完好区段进刀。进刀方式如图4-9所示。

工作面中部有时要进行超前推进，在做好日常基础管理的同时，需要对工作面刮板输送机的窜动情况认真仔细的分析研判。超前推进需要掌握几个原则：（1）提前调整；（2）小幅调整；（3）确保工作面在一条线上。

4.4.4 支架的问题及处理

液压系统和液压支架的管理是顶板管理的重中之重，在日常管理中应引起高度重视。从矿层面需做好修理、倒装、移交、检修的协调、监督、检查、考核，各基层单位做好各自工作环节的日常工作，以保证支架的初撑力和支护状态。

由于1号煤层的煤体较为破碎，一般情况下不用沿顶割煤。因此，必须保证支架及时向前推移。凡需沿顶割煤不能移架到超前推进段时，必须由现场班长和跟班管技共同确定，不得出现能移架到超前段而没有移架的情况。在沿顶割煤之前进刀找顶的区段，机组割过顶煤后，必须及时移架。与此同时，规范现场职工的支架操作流程，加强浮煤矸的清理，保证支架初撑力，并按规定使用好伸缩梁和护帮板。

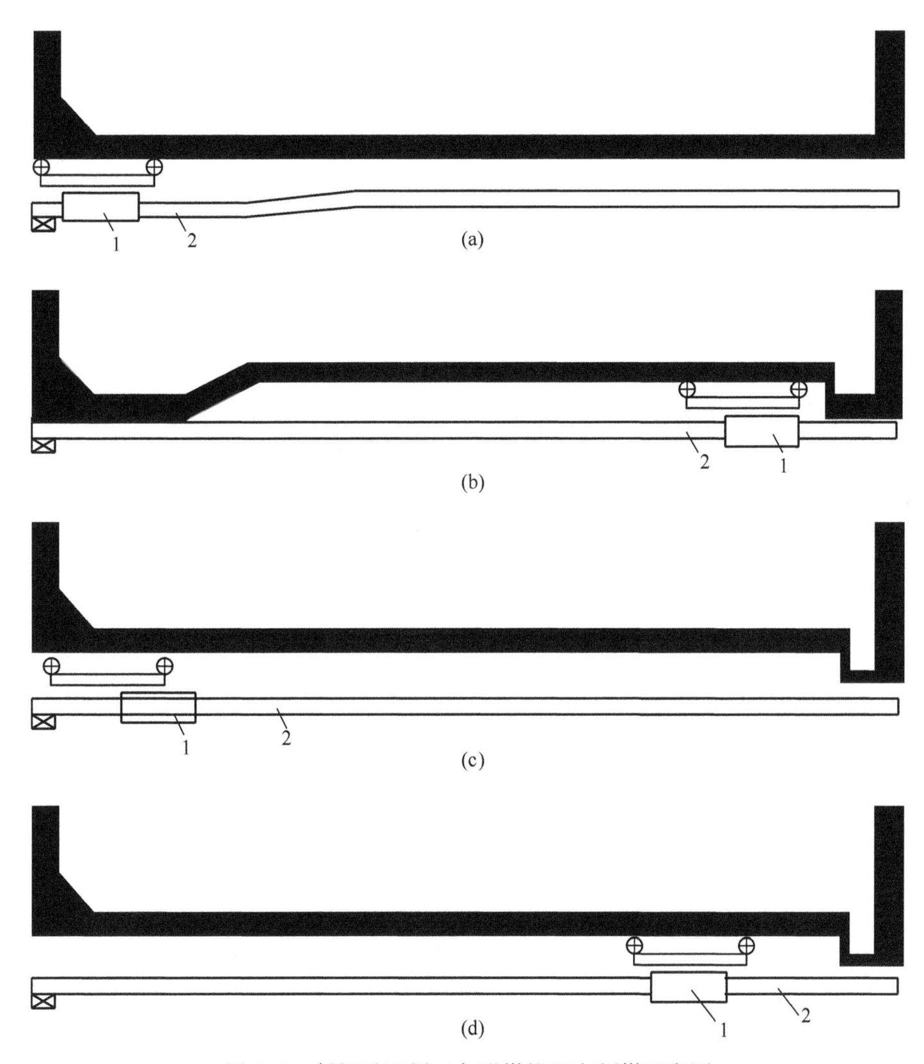

图 4-9 斜切进刀割三角形煤柱双向割煤示意图
(a) 起始；(b) 斜切并移至输送机；(c) 割三角形煤柱；(d) 开始正常割煤
1—综采面双滚筒采煤机；2—刮板输送机

4.4.5 工作面积水的控制

1 号煤层的工作面回采过程中，由于底板岩性的关系，遇水极易软化，造成工作面底软，从而导致工作面液压支架因底板较软发生挤架现象，所以在 1 号煤层回采过程中工作面积水必须及时外排，杜绝工作面液压支架挤架漏矸现象，最大程度降低对工作面回采造成的影响。泵站清洗泵箱及液泵的冷却水等在 1 号煤层回采的管理中应该作为重点管理，在现回采的所有 1 号煤层泵站前后底臌相当明显，及时地将这些水排出去，可以保障回采工作的顺利进行。因此，应注意以下三点：

（1）加强液压系统的管控，杜绝跑冒滴漏，影响工作面生产。

（2）如果属顶板水或底水，应立足在采面治水，防止工作面拉循环水，并加强采面的浮煤清理。

（3）顶板淋水段顶帮破碎，极易发生片冒事故，必须高度重视，并根据淋水段的发展范围，打设液冲锚杆超前控制片冒。

4.4.6 工作面倾角的影响

当工作面倾角大于10°时，可适当降低采高，并应高度重视工作面支架防倒防滑工作。合理调整采面，确保采面的平顺，不得不出明显洼兜（方言，凹陷的地方）。日常支架操作时，应按照工作面支架调架需要，使用好侧护板和底调，切实做到一步三调，且可自下而上移架调整移架顺序。

支架的倾倒一方面由于自重影响出现侧滑及倾倒；另一方面是支架底软或顶空，使支架处于悬空状态；再有，就是工作面大幅度加斜致使支架无法跟上刮板输送机的上窜速度而拽倒。针对以上三种情况，应做好以下防范措施：

（1）要做好日常支架调架工作，同时也包括调整移架顺序和速度，使支架运行合理安全。

（2）要加强控制顶帮，防止支架悬空，日常操作中带压移架，确保支架初撑力。

（3）要合理、超前、小幅调整工作面角度，减少因调整而产生的不利因素。

一旦出现支架倾倒现象，应及时调架，情况轻微时利用侧板和底板调整；若情况较为严重时，应根据支架倾倒情况，利用单体柱调架，切忌只调前端而忽视后端。与此用时，进一步研究制定支架外置的防倒设施，并合理使用（重在预防）。可考虑在工作面倾角变大前，采取工作面铺网回采的形式，控制顶帮片冒，且一旦出现倾倒，方便调架需要。

5　破坏区煤层综采支架与围岩关系研究

工作面超前支承压力是地下煤层开采后导致的原岩应力重新分布的结果。目前，对普通综采工作面、厚煤层综放工作面、孤岛工作面、超长工作面支承压力分布特征的研究较多，而针对综采工作面过破坏区空巷时支承压力的分布规律的理论分析与研究相对较少。综采工作面过空巷时支承压力分布规律与开采未受扰动煤层时的支承压力分布规律存在不一样的特征。掌握工作面揭露空巷前后的过程中，支承压力的变化特征以及支承压力峰值点位置与大小，对工作面两巷超前支护距离的确定、防止工作面围岩动力灾害的发生以及工作面安全高效的推过空巷具有十分重要的意义。

5.1　支承压力计算

5.1.1　前方无破坏区空巷时支承压力计算

煤层开切眼布置工作面后，在工作面前方就会形成支承压力。随着工作面不断推进，开挖空间逐渐增大，工作面前方煤体内的支承压力也慢慢增加，在工作面前方便逐渐形成了极限平衡区和弹性区。工作面超前支承压力计算力学模型如图 5-1 所示。

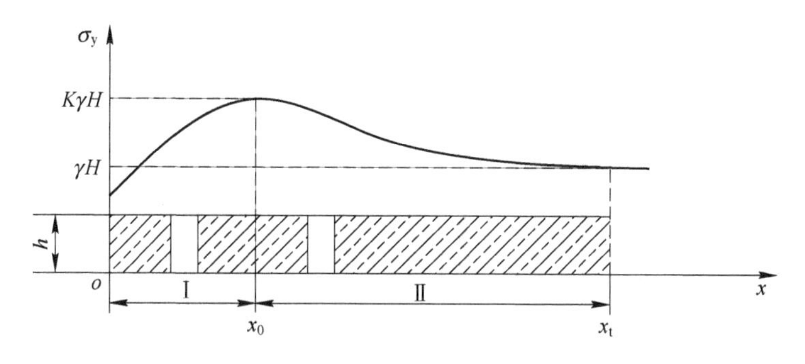

图 5-1　工作面前方煤体内应力分布状态

Ⅰ—极限平衡区；Ⅱ—弹性区

5.1.1.1　极限平衡区内支承压力计算求解

从图 5-1 中取极限平衡区内一受力单元体进行力学平衡分析，如图 5-2 所示。

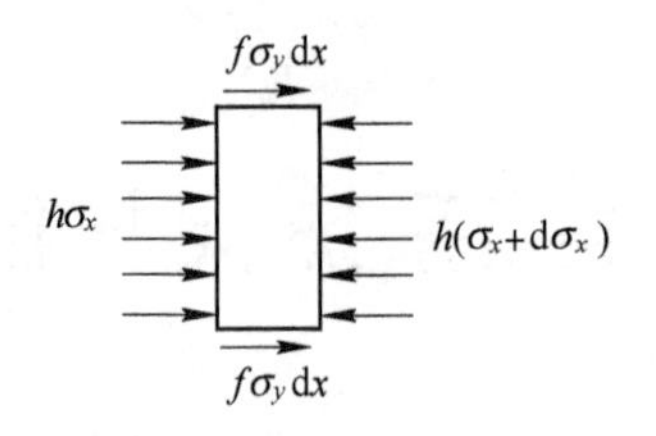

图 5-2 极限平衡区内单元煤体受力状态

由极限平衡区内单元体水平方向上受力平衡可得

$$h(\sigma_x + \mathrm{d}\sigma_x) - h\sigma_x - 2\sigma_y f\mathrm{d}x = 0 \tag{5-1}$$

根据摩尔-库仑屈服准则：

$$\sigma_y = \sigma_c + \frac{1+\sin\varphi}{1-\sin\varphi}\sigma_x \tag{5-2}$$

将式（5-2）代入式（5-1）得

$$\sigma_y = N_0 e^{\frac{2fx}{h}\left(\frac{1+\sin\varphi}{1-\sin\varphi}\right)} \tag{5-3}$$

式中 N_0——煤帮的残余支承强度，MPa；

σ_x——煤体内水平应力，MPa；

σ_y——煤体内垂直应力，MPa；

f——煤岩层摩擦系数；

x——在 x 位置时煤体内的垂直应力，Pa；

h——采高，m；

σ_c——煤体单轴抗压强度，MPa；

φ——煤体内摩擦角，(°)。

其中，N_0 与 σ_y 的计算如下：

$$N_0 = \tau_0 \cot\varphi \tag{5-4}$$

$$\sigma_y = K\gamma H \tag{5-5}$$

式中 K——工作面支承压力集中系数；

γ——上覆岩层平均容重，kN/m^3；

H——煤层埋深，m。

代入式（5-5）可得，支承压力峰值点位置为

$$x_0 = \frac{h}{2f} \times \frac{1+\sin\varphi}{1-\sin\varphi}\ln\left(\frac{K\gamma H}{N_0}\right) \tag{5-6}$$

5.1.1.2 弹性区内支承压力计算分析

同理，从图 5-1 中取弹性区内一受力单元体进行力学平衡分析，如图 5-3 所示。

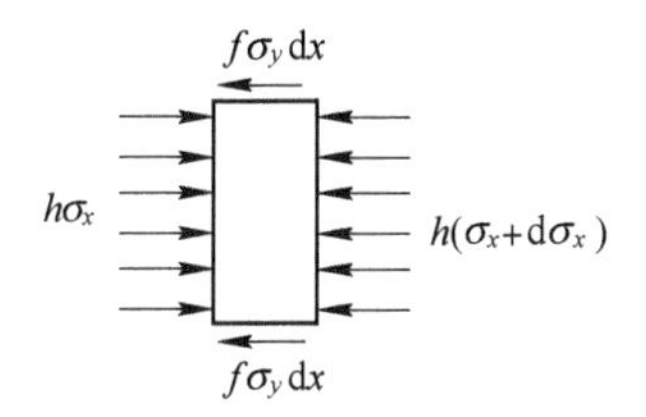

图 5-3 弹性区内单元煤体受力状态

弹性区内单元体水平方向上受力平衡可得

$$h(\sigma_x + \mathrm{d}\sigma_x) - h\sigma_x + 2\sigma_y f\mathrm{d}x = 0 \tag{5-7}$$

在弹性区内，有

$$\begin{cases} \sigma_x = \lambda\sigma_y \\ \mathrm{d}\sigma_x = \mathrm{d}\lambda\sigma_y \\ \sigma_y = \gamma H \end{cases} \tag{5-8}$$

式中 σ_x——煤体内水平应力，MPa；

σ_y——煤体内垂直应力，MPa；

f——煤岩层摩擦系数；

h——采高，m；

λ——侧压系数；

γ——上覆岩层平均容重，kN/m^3；

H——煤层埋深，m。

将式（5-8）代入式（5-7）得

$$\sigma_y = K\gamma H\mathrm{e}^{-\frac{2f\lambda}{h}(x-x_0)} \tag{5-9}$$

式中 K——工作面支承压力集中系数；

x——在 x 位置时煤体内的垂直应力，Pa。

进一步地，可得到支承压力影响范围为

$$x_t = x_0 + \frac{h}{2f\lambda}\ln K \tag{5-10}$$

式中 x_t——支承压力影响范围，m；

x_0——支承压力峰值点位置距工作面的距离，m。

由上述分析可知，工作面前方支承压力分布在极限平衡区内呈正指数曲线形状，而在弹性区内呈负指数曲线形状。支承压力峰值可由式（5-9）计算得到，极限平衡区的宽度，即峰值点距煤壁的距离可由式（5-6）计算得到，支承压力影响范围可由式（5-10）计算得到。

根据崔家寨矿 E13103 工作面煤层实际情况，取煤厚 h 为 4m，埋深 H 为 320m，煤层内摩擦角 φ 为 23°，上覆岩层容重 γ 为 25kN/m^3，煤岩层间摩擦系

数 f 为 0.2，侧压系数 λ 为 0.3，工作面回采的应力集中系数 K 为 2.5。将各参数代入式（5-6）、式（5-10）得极限平衡区的宽度，即支承压力峰值点位置距工作面的距离 x_0 = 5.6m；支承压力影响范围 x_t = 38.5m。由此可知，当工作面与破坏区空巷的距离大于 38.5m 时，工作面超前支承压力不会影响到破坏区空巷。

由于破坏区相邻空巷的间距为 70~80，因此，由上述分析可知，破坏区空巷相互间不会受到支承压力影响。也就是说，工作面过破坏区空巷的过程，在理论上不会影响下一条小煤窑空巷。在工作面过平行空巷的过程中，矿山压力与矿山压力显现理论上将不会受到其他破坏区空巷的影响。

5.1.2　前方有破坏区空巷时支承压力计算

由上述计算分析可知，煤层中存在破坏区空巷时工作面的支承压力影响范围为超前工作面 38.5m，极限平衡区也就是峰值点距煤壁距离为 5.6m。由此可以认为，当工作面与破坏区空巷的距离大于 38.5m 时，空巷并未受工作面超前支承压力影响。由于空巷的开挖也会造成空巷围岩应力的重新分布，所形成空巷围岩的支承压力分布区，破坏区空巷在工作面一侧的支承压力会与工作面的超前支承压力相互叠加，且破坏区空巷是多年以前废弃的巷道，空巷的支护早已失效，支承压力系数有所降低，但影响范围会有所增加。图 5-4 为破坏区空巷围岩所形成的支承压力分布。

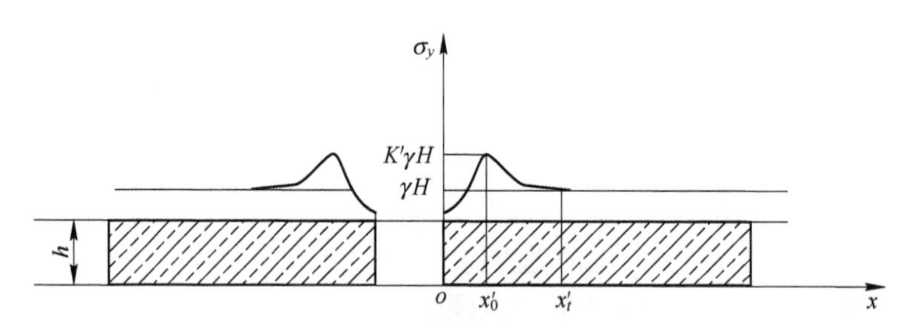

图 5-4　空巷两侧的支承压力分布

将煤层各参数代入式（5-10）和式（5-6）中，经计算得到破坏区空巷两侧支承压力影响范围 x_t' 为 8.1m，而支承压力峰值点位置为 2.5m。

因此，当工作面与破坏区空巷间距 $L>x_t+x_t'=46.6$m 时，工作面与破坏区空巷的支承压力互不影响；其支承压力分布如图 5-5 所示。

当工作面与破坏区空巷间距 $L<x_t+x_t'=46.6$m 时，工作面支承压力将与破坏区空巷侧向支承压力相叠加，如图 5-6 所示。工作面前方的支承压力与破坏区空巷左侧的支承压力都有所增加。

当工作面与空巷间距 $L<x_0+x_0'=8.1$m 时，工作面与破坏区空巷间的煤柱将

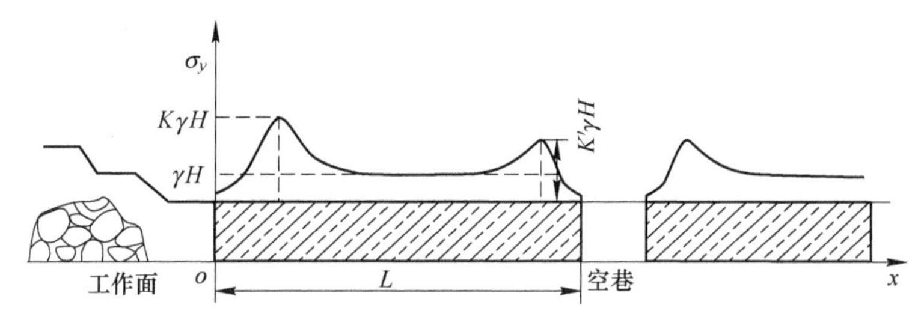

图 5-5 工作面距空巷 46.6m 以上时的支承压力分布

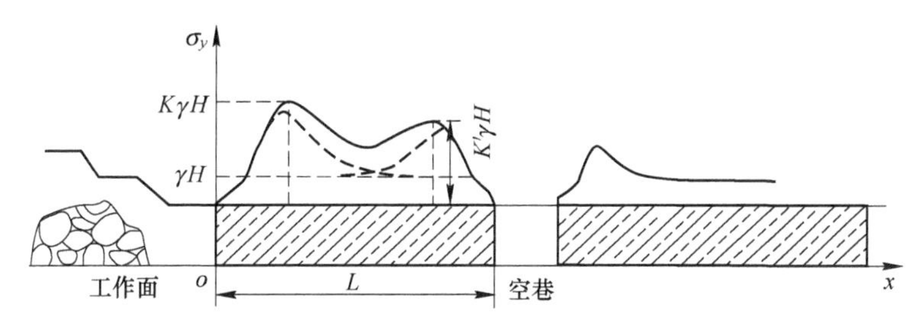

图 5-6 工作面与空巷间距小于 46.6m 时的支承压力分布

完全处于塑性屈服状态，煤柱将失去稳定的支承能力。而支承压力也将转移至空巷右侧，空巷右侧的支承压力峰值随煤柱的减小不断增加，影响范围也不断加大。

5.2 工作面与平行空巷间煤柱稳定性

工作面前方出现的小煤窑空巷，会在瓦斯、应力变化、涌水等方面对工作面安全造成较大威胁，也就是说，工作面平行揭露空巷时是最危险的。随着工作面的不断推进，工作面与空巷之间的煤柱宽度逐渐变窄并随之揭露空巷，因此煤柱也会由稳定状态进入失稳状态时，并伴随煤壁片帮现象的出现。当煤柱进入失稳状态时，即相当于支架前方的控顶距突然增加，导致基本顶由于支承力不足而发生大面积冒顶和压架事故。为保障安全生产，需逐步揭露空巷，以使得煤柱循环渐进失稳。

当工作面连续推进时，工作面与空巷之间煤体的回采，即相当于对工作面与空巷之间煤柱的回采，而煤柱的承载能力直接关系到煤帮的稳定性和工作面的安全性，因此对过空巷阶段煤柱稳定性的研究显得尤为重要。为此，从揭露空巷过程中煤柱的宽度和形状两方面入手开展煤柱稳定性研究。

5.2.1 工作面调斜前矩形煤柱极限强度

工作面调斜之前，工作面与空巷之间的煤柱为矩形煤柱，如图 5-7 所示。在支架—围岩的关系中，需要对这一矩形煤柱的稳定性进行充分研究，尤其是对矩形煤柱达到临界状态时的宽度等因素的研究。

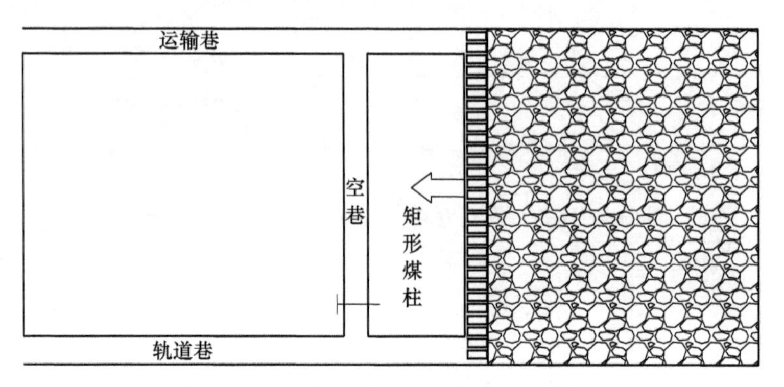

图 5-7 工作面过平行空巷的矩形煤柱

Greenwald（1939，1941）在原位煤柱强度试验后得到煤柱强度公式：

$$R_p = \frac{2800W}{\sqrt[6]{H^5}} \tag{5-11}$$

Holland-Gaddy（1957）提出煤柱强度的公式：

$$R_p = K\frac{\sqrt{W}}{H} \tag{5-12}$$

Bieniawaski 提出矩形煤柱的平均极限强度计算公式：

$$R_p = R_c\left(0.64 + \frac{0.36W}{H}\right) \tag{5-13}$$

式中 R_p——煤柱平均强度，MPa；
W——煤柱宽度，m；
H——煤柱高度（煤层厚度），m；
K——系数；
R_c——临界尺寸矩形煤柱抗压强度，MPa。

式（5-11）和式（5-12）中，在煤柱高度 H 不变的条件下，当煤柱宽度 W 增加一倍时，则式（5-11）计算的煤柱平均强度 R_p 同样增加一倍，而式（5-12）计算的煤柱平均强度 R_p 则增加约 1.4 倍。因此，式（5-11）和式（5-12）是关于煤柱强度的研究中的两个极端，即当煤柱宽度 W 增加时，式（5-11）中的煤柱强度陡增而式（5-12）中的煤柱强度增速平缓。基于此，式（5-13）Bieniawaski 公式在煤柱强度的研究中是一种比较折中的方法，煤柱的稳定性随着自身宽度减小而减弱，当煤柱宽度小于自身临界宽度 R_c 时煤柱失稳。

5.2.2 工作面调斜后不规则煤柱极限强度

工作面调斜之后，原先的矩形煤柱会先形成梯形煤柱，而随着工作面的继续推进，梯形煤柱会再形成三角煤柱，因此需要对不规则形状煤柱（例如三角形和梯形）的稳定性进行研究，如图 5-8 所示。

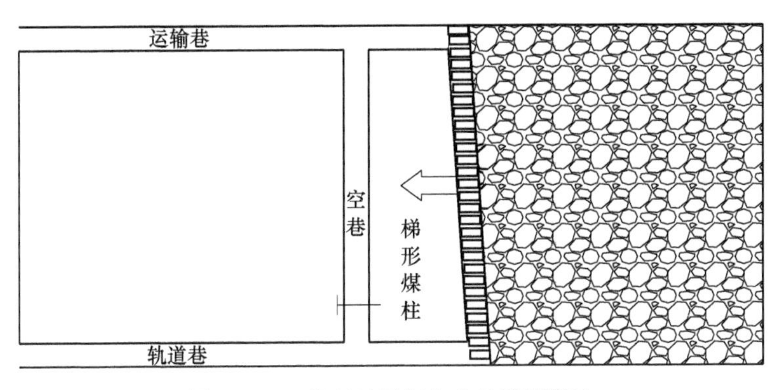

图 5-8 工作面过平行空巷的梯形煤柱

在工作面即将揭露平行空巷时，如果工作面来压剧烈而发生切顶事故，将会造成巨大的人员、财产损失，因此当工作面在揭露空巷前的某一段距离内需预先调斜再揭露平行空巷。由于工作面调斜后逐渐形成了梯形与三角形两类不规则煤柱，下面将梯形、三角形两类煤柱的不规则部分类比成矩形煤柱，用构造“有效承载区”的方法来判定煤柱的稳定性。

三角形煤柱“有效承载区”构造方法如图 5-9（a）所示，将三角形的底边均分成四份，取底边的三份为矩形的宽，取三角形中位线为矩形的长，形成所要

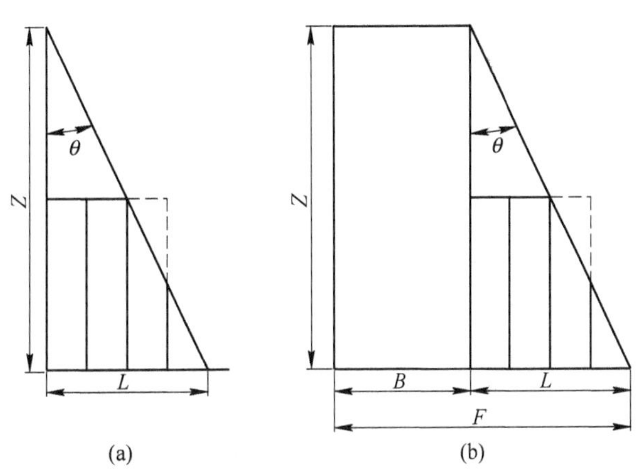

图 5-9 有效承载区构造方法示意图

（a）三角形煤柱；（b）梯形煤柱

研究的矩形煤柱。在三角形煤柱的非直角边的尖端会形成突出的应力集中，导致此部位的煤体全部进入塑性状态，所以在研究过程中将“掐头去尾”只对三角煤柱核心承载区进行研究，所形成的矩形面积占三角形面积的四分之三，剩余部分塑性后的承载能力非常低，在留有一定富裕系数后可忽略不计（例如矩形面积占三角形面积四分之三时的富裕系数为 1.33），所以此类比方法是可行的。而梯形煤柱可以看成矩形煤柱和类比后的三角形煤柱的组合如图 5-9（b）所示，从而也可以方便有效地进行研究。

梯形煤柱“有效承载区”的构造方法如图 5-10 所示，这是两种不同构造方式，（a）中“有效承载区”均为纵向构造，（b）中“有效承载区”先横向划分出 D 区再纵向划分出 C 区，称为“两区”。两者的区别在于，D 区在两种构造方法下的宽度不同，当调斜角度 θ 小于 30°时，（a）构造方式适用；当角度 θ 大于 30°时，（b）构造方式适用。

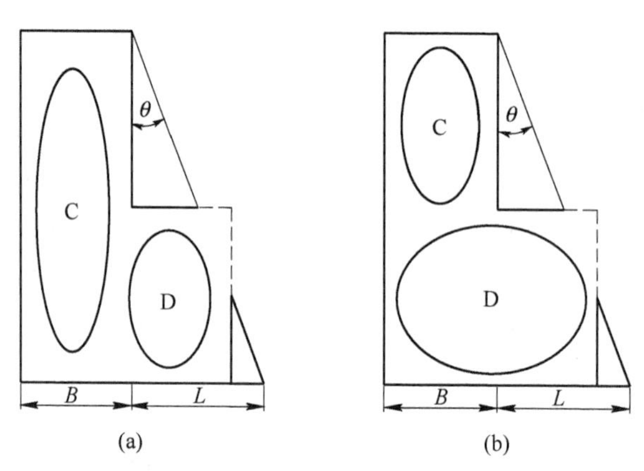

图 5-10 梯形煤柱类有效承载区示意图

（a）纵向构造；（b）横、纵向构造

根据 Bieniawaski 公式，“有效承载区”的强度只与煤柱宽度 W 有关，而与煤柱长度 L 无关。又因为两个构造区 C、D 不是割裂的，所以无论哪一种构造方式构造出的“有效承载区”，并不单纯的是 C 区和 D 区的简单加和，而是两者加和后的加强。为方便研究并留有一定的富裕系数，将构造区强度的简单相加后的“有效承载区”称为“弱化有效承载区”，以此来判定煤柱为是否失稳。工作面调斜后过平行空巷的过程是“弱化有效承载区”构造下 D 区和 C 区相继消失的过程，也就是图 5-11 中煤柱核区不断减小、屈服区不断增大的过程。由于工作面调斜角度较小，当工作面下端头开始揭露空巷时，梯形煤柱变为三角形煤柱，其有效承载区便只剩下 C 区，工作面不断揭露空巷的过程是 C 区逐渐消失的过程。

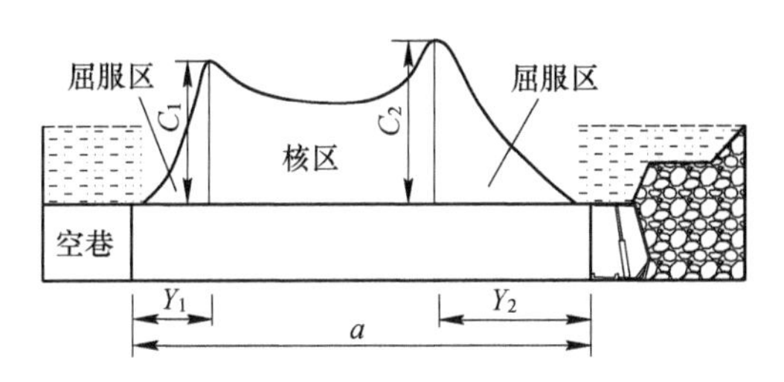

图 5-11 煤柱屈服区及其弹性核区

5.2.2.1 三角形煤柱平均极限强度

在三角形煤柱“有效承载区”的构造方式中，“有效承载区”的面积与实际面积比值的倒数称为富裕系数 S_F，富裕系数 S_F 越大对三角形煤柱承载力的估计越保守，反之则越激进。由于三角形煤柱尖端部位的应力集中使得该部位进入塑性状态，承载能力降低，所以其富裕系数往往大于 1。因此，在对三角形煤柱的平均极限强度计算中只研究富裕系数大于 1 的情况，则三角形煤柱的平均极限强度为

$$R_p = R_c\left(0.64 + 0.36 \times \frac{3L}{4H}\right) \tag{5-14}$$

式中 R_p——煤柱平均极限强度，MPa；

R_c——临界尺寸矩形煤柱抗压强度，MPa；

H——煤柱高度（煤层厚度），m；

L——三角形煤柱底边长度，m。

5.2.2.2 梯形煤柱平均极限强度

对于梯形煤柱，由于存在图 5-10 中（a）和（b）两种不同的构造方式，因此这两种不同的构造方式下梯形煤柱的平均极限强度不同。

在构造方式（a）中，以构造区 C 区和 D 区各自面积占 C、D 区总面积的比为强度权重（D 区强度权重为 S_D/S、C 区强度权重为 S_C/S），计算煤柱的平均极限强度。

D 区单独构造时平均极限强度为

$$R_p = R_c\left(0.64 + 0.36 \times \frac{3L}{4H}\right) \tag{5-15}$$

D 区加入权重后平均极限强度为

$$R_p = \frac{S_D}{S}R_c\left(0.64 + 0.36 \times \frac{3L}{4H}\right) \tag{5-16}$$

同理，C 区单独构造时平均极限强度为

$$R_p = R_c\left(0.64 + 0.36 \times \frac{B}{H}\right) \tag{5-17}$$

C 区加入权重后平均极限强度为

$$R_p = \frac{S_C}{S}R_c\left(0.64 + 0.36 \times \frac{B}{H}\right) \tag{5-18}$$

所以（a）构造方式下将式（5-16）与式（5-18）加和，梯形煤柱平均极限强度为

$$R_p = \frac{S_C}{S}R_c\left(0.64 + 0.36 \times \frac{B}{H}\right) + \frac{S_D}{S}R_c\left(0.64 + 0.36 \times \frac{3L}{4H}\right) \tag{5-19}$$

同理，构造方式（b）下的梯形煤柱平均极限强度为

$$R_p = \frac{S_C}{S}R_c\left(0.64 + 0.36 \times \frac{B}{H}\right) + \frac{S_D}{S}R_c\left(0.64 + 0.36 \times \frac{B + \frac{3L}{4}}{H}\right) \tag{5-20}$$

式中 R_p——煤柱平均极限强度，MPa；

R_c——临界尺寸矩形煤柱抗压强度，MPa；

H——煤柱高度（煤层厚度），m；

L——三角形煤柱底边长度，m；

B——矩形煤柱底边宽度，m；

S_D——D 区面积，m^2；

S_C——C 区面积，m^2；

S——C、D 区总面积，m^2。

5.2.3 工作面调斜后不规则煤柱稳定性

不规则煤柱的稳定性是由煤柱的实际载荷和极限载荷的相对关系来确定的。当实际载荷大于极限载荷时，煤柱失稳；反之，当实际载荷小于极限载荷时，煤柱稳定。煤柱的实际载荷可认为由空巷一侧至采空区一侧的上覆岩体施加到煤柱上方的重量，如图 5-12 所示。

随着工作面推进而不断接近空巷时，煤柱的状态也由弹性状态变为塑性状态。当煤柱处于临界状态时，煤柱的实际载荷与极限载荷相等。

工作面调斜后，梯形煤柱与三角形煤柱的实际载荷分别为

$$W_{p1} = \gamma h'(A + 2B + L + 2L_x)\frac{N}{2} \tag{5-21}$$

$$W_{p2} = \gamma h'(A + L + 2L_x)\frac{N}{2} \tag{5-22}$$

式中 W_p——实际载荷，kN；

γ——覆岩平均容重，kN/m^3；

h'——平均采深，m；

B——C 区矩形煤柱宽度，m；

A——平行空巷宽度，m；

L——三角形煤柱底边长度，m；

L_x——工作面后方采空区悬露岩层的宽度，m；

N——空巷长度，m。

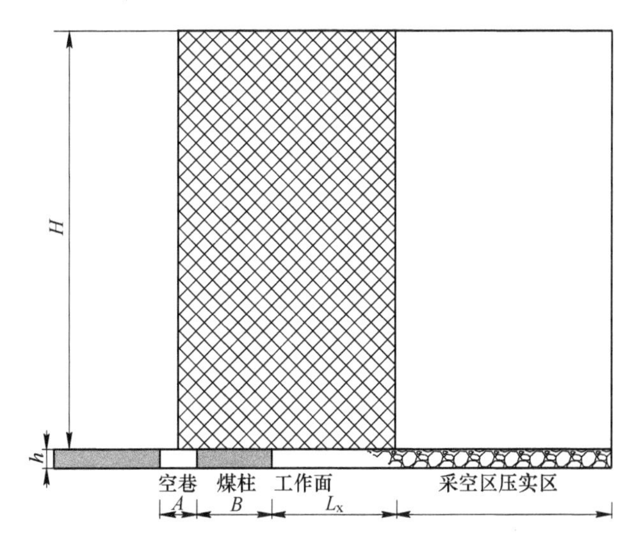

图 5-12 计算煤柱实际载荷示意图

根据式（5-19）~式（5-22）式和崔家寨 E13105 工作面地质数据，取采深 h'为 330m，覆岩平均容重 γ 为 $25kN/m^3$，平行空巷宽度 A 为 2m，空巷长度 N 为 110m，工作面后方采空区悬露岩层的宽度 L_x 为 6m，临界尺寸立方体煤柱抗压强度 R_c 为 7.11MPa，煤柱高度 H 为 4m，分析随机尾到空巷距离变化，煤柱实际载荷和极限载荷的变化，从而分析不规则煤柱稳定性。

由图 5-13 可知，随着机尾距离空巷越近，煤柱的极限载荷和实际载荷都不断减小。当工作面不调斜时，在工作面距离空巷 13m 矩形煤柱失稳。因按平行揭露空巷计算，矩形煤柱最终有残余强度，所以实际载荷的截距为 5×10^6kN。

由图 5-14 可知，随着机尾距离空巷越近，煤柱的极限载荷和实际载荷都不断减小。当工作面调斜角度为 3°、在机尾距空巷 22m 时，机头距空巷 16m 时不规则煤柱失稳。因按调斜过空巷计算，认为三角形煤柱的面积是逐渐趋向于 0，所以实际载荷截距为 0。

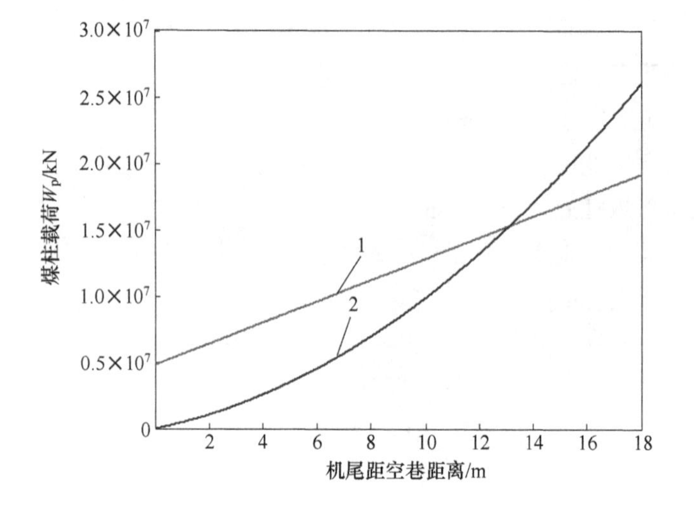

扫一扫
查看彩图

图 5-13 矩形煤柱稳定性示意图

1—煤柱实际载荷；2—煤柱极限载荷

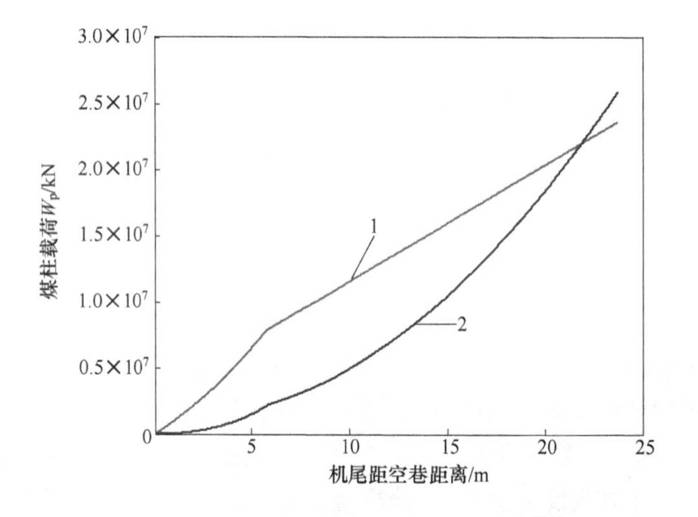

扫一扫
查看彩图

图 5-14 调斜 3°煤柱稳定性示意图

1—煤柱实际载荷；2—煤柱极限载荷

由图 5-15 可知，随着机尾距离空巷越近，煤柱的极限载荷和实际载荷都不断减小。当工作面调斜角度为 4°、在机尾距空巷 23m 时，机头距空巷 15m 时不规则煤柱失稳。

由图 5-16 可知，随着机尾距离空巷越近，煤柱的极限载荷和实际载荷都不断减小。当工作面调斜角度为 6°、在机尾距空巷 26m 时，机头距空巷 14m 时不规则煤柱失稳。

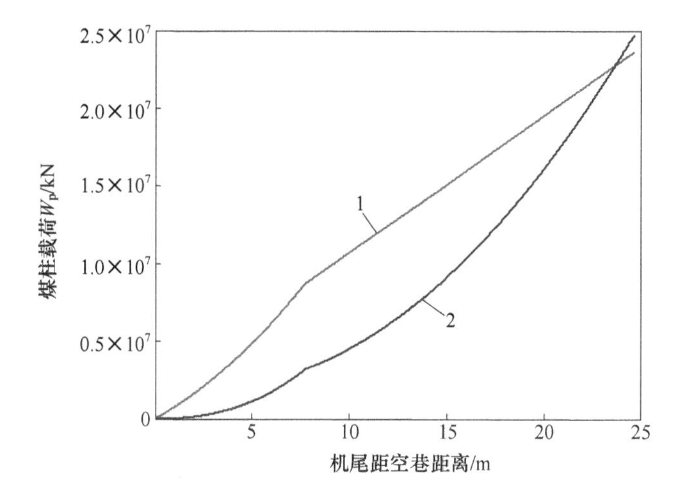

扫一扫
查看彩图

图 5-15 调斜 4°煤柱稳定性示意图

1—煤柱实际载荷；2—煤柱极限载荷

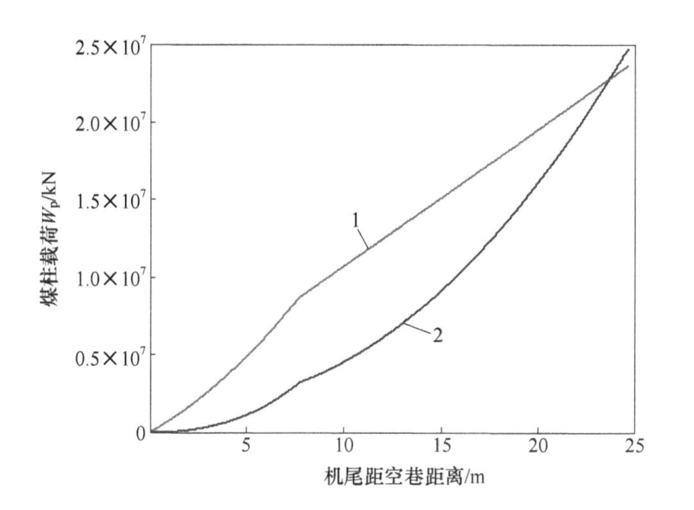

扫一扫
查看彩图

图 5-16 调斜 6°煤柱稳定性示意图

1—煤柱实际载荷；2—煤柱极限载荷

由图 5-17 可知，随着机尾距离空巷越近，煤柱的极限载荷和实际载荷都不断减小。当工作面调斜角度为 9°、在机尾距空巷 30m 时，机头距空巷 12.5m 时不规则煤柱失稳。

由图 5-13～图 5-17 可知，工作面调斜后形成的梯形不规则煤柱，煤柱实际载荷与机尾到平行空巷距离呈线性关系，而煤柱极限载荷与机尾到平行空巷距离呈抛物线关系。当机尾到空巷距离大于 30m 时，煤柱的极限载荷呈指数型增加，

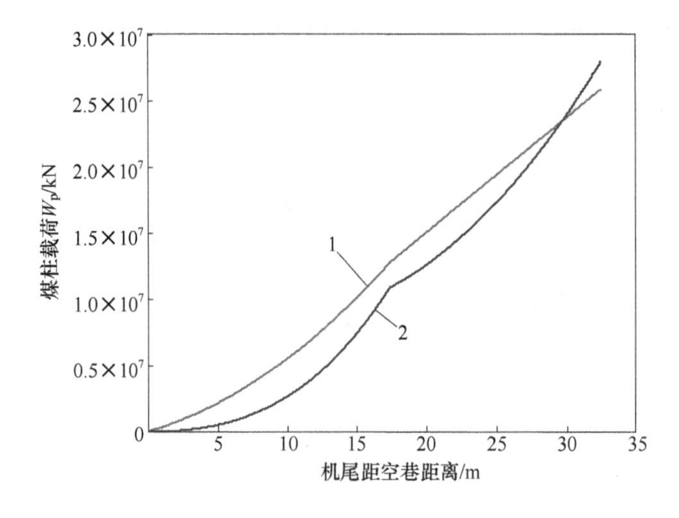

扫一扫
查看彩图

图 5-17　调斜 9°煤柱稳定性示意图
1—煤柱实际载荷；2—煤柱极限载荷

工作面煤柱不会失稳，因此将机尾距离空巷大于 30m 的开采阶段称为正常开采阶段，而将小于 30m 的开采阶段称为调斜开采阶段。此外，工作面揭露平行空巷形成的三角形不规则煤柱，煤柱实际载荷、极限载荷与机尾到平行空巷的距离均呈抛物线状。

当工作面调斜角度为 3°～9°时，随着调斜角度的增加，煤柱载荷随距离下降越平缓，且由梯形煤柱过渡到三角形煤柱极限载荷的变化越明显，这是由煤柱形状突变导致应力突变引起的。平行过空巷时，当矩形煤柱的宽度为 13m 时，矩形煤柱失稳。当工作面调斜 3°、机尾距空巷 22m 时，煤柱失稳，而此时机头距离空巷 16m，因调斜机头端基本顶控顶距过长会导致机头端煤体出现应力集中，所以会出现这种明显的宽煤柱早失稳的现象。

5.3 支架最小工作阻力及稳定性分析

将基本顶看成梁结构，则在工作面开采后基本顶还未破断时可将其视为固支梁。随着工作面的推进，梁的跨度逐渐增加，当下位基本顶达到极限抗拉强度，基本顶发生初次破断，此时梁的跨度为初次垮落步距。而基本顶破断裂隙的俯视形态则呈现“X”型特征，“X”型周围裂隙呈现弧形破断裂隙，即为基本顶的“O-X”型破断。根据“X”型特征可将工作面沿走向分成上、中、下三部分。破断岩块之间由于相互挤压产生摩擦力，岩体摩擦便导致了立体的相互咬合关系，可将这种关系看成拱形结构。

这种三铰拱式结构会经历平衡→失稳→平衡的阶段，岩块是回转下沉还是台阶下沉取决于咬合面的咬合强度。当咬合强度较强时，岩块发生变形失稳，表现形式为回转下沉；当强度较弱摩擦力小于剪应力时，岩块会发生滑落失稳，表现形式为台阶下沉。

当工作面过平行空巷时，随着工作面的不断推进，距离空巷间煤体的体积不断减少，在过平行空巷的整个过程中，顶板破断也必然形成不同的结构。根据现场矿压观测分析，过空巷时均没有出现来压现象，而在过空巷前后均出现来压峰值，据此对工作面过空巷顶板破断结构进行逐步分析。

5.3.1 长跨度准失稳块体结构模型

在工作面推进过程中，平行空巷与工作面间的煤体尺寸减小，煤体所承受的实际载荷大于其能承受的极限载荷导致煤体失稳，进而对上覆岩层的支承力大大减小；此时工作面上方的基本顶岩块相当于处于悬臂状态，靠支架、空巷前煤壁、采空区和失稳煤柱对其进行支承。由于岩块跨度较大，随着工作面调斜推进，其自身随时可能失稳断裂。长跨度准失稳块体结构模型如图 5-18 所示。

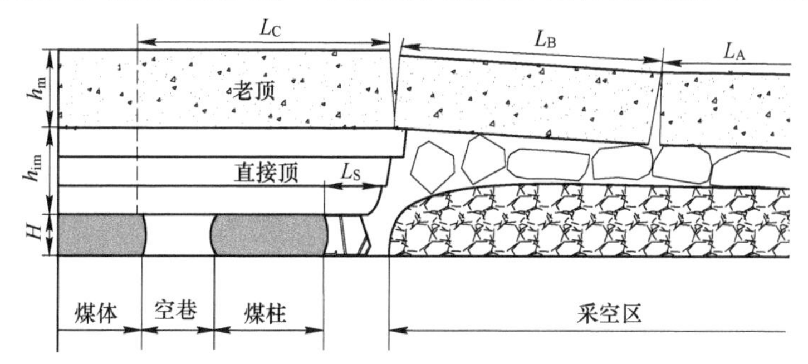

图 5-18 长跨度准失稳块体结构模型

空巷及煤柱上方基本顶将随着工作面推进而破断，破断的岩体在回转下沉的过程中会因为局部挤压产生应力集中，挤压面岩体会产生塑性变形，甚至回转加剧造成结构整体失稳。

岩体破断后自身位置变化状态如图 5-19（a）所示。

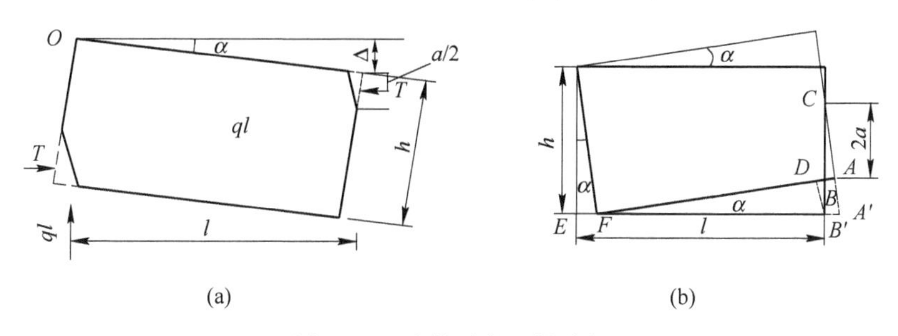

图 5-19 岩体破断回转分析

取 $\Sigma M_0=0$，则：

$$T(h-a-\Delta)=\frac{1}{2}ql^2 \tag{5-23}$$

为使接触面产生塑性变形，应使 T 的受力点取 $a/2$ 处，Δ 取近似值 $l\sin\alpha$。

按图 5-19（b）求得 a 值：

当 a 较小时：

$$\overline{A'B'}=\overline{EF}\approx h\sin\alpha$$

$$\overline{BB'}=l\sin\alpha$$

$$\overline{BD}=\overline{BB'}\sin\alpha=l\sin^2\alpha$$

$$\overline{AB}=\overline{AD}-\overline{BD}=h\sin\alpha-l\sin^2\alpha$$

而

$$\overline{BC}=\overline{AB}/\sin\alpha=h-l\sin\alpha$$

$$2a=\overline{BC}=h-l\sin\alpha$$

所以

$$a=\frac{1}{2}(h-l\sin\alpha)$$

因此

$$T=\frac{ql^2}{h-l\sin\alpha} \tag{5-24}$$

挤压面的挤压应力 σ_p 为

$$\sigma_p=\frac{T}{a}=\frac{2ql^2}{(h-l\sin\alpha)^2}=\frac{2qi^2}{(1-i\sin\alpha)^2} \tag{5-25}$$

其中，$i=l/h$。

令挤压面的挤压强度 σ_p 与岩块抗压强度 $[\sigma_c]$ 的比值为 $\overline{K}$，则岩块能承受的载荷 q 的极限为

$$q=\frac{\overline{K}(1-i\sin\alpha)^2[\sigma_c]}{2i^2} \tag{5-26}$$

而准失稳块体达到极限跨度时，载荷 q 与准失稳块体抗拉强度 σ_t 的关系为

$$\sigma_t=Kq\frac{l^2}{h^2/6}=6Ki^2q \tag{5-27}$$

式中 K——根据准失稳块体是固支还是简支，取为 1/2~1/3。

因此

$$q=\frac{\sigma_t}{6Ki^2} \tag{5-28}$$

令块体的抗压强度［σ_c］和抗拉强度 σ_t 比为 n：

$$\sigma_t = [\sigma_c]/n \tag{5-29}$$

可求得

$$\sin\alpha = \frac{h}{l}\left(1 - \sqrt{\frac{1}{3nK\overline{K}}}\right) \tag{5-30}$$

而 $\Delta = l\ \sin\alpha$，所以

$$\Delta = h\left(1 - \sqrt{\frac{1}{3nK\overline{K}}}\right) \tag{5-31}$$

经上述分析，准失稳块体在破断后，在满足一定的条件下，破断的块体间由于相互挤压仍能类似拱的平衡结构，在工作面上方形成支承，承担部分上覆岩层载荷。

5.3.2 长跨度多支承失稳块体结构模型

随着工作面继续推进，基本顶悬臂长度逐渐增大到煤柱突然失稳时，煤柱支承力瞬间降低，即相当于控顶距突然增大。由于空巷的存在，使得空巷实体煤壁前方支承压力增高，基本顶断裂位置前移至空巷前方的实体煤壁上方，如图 5-20 所示。因此，基本顶破断成横跨煤柱与空巷的长跨度岩块 C，靠空巷前煤壁、支架、煤体残余强度和铰接岩块 B 支承，形成长跨度多支承失稳块体结构模型。此时基本顶破断结构如图 5-20（a）所示，如果不考虑岩块的挠曲，则基本顶所受的结构力如图 5-20（c）所示。

对 C 块体进行受力分析。

如图 5-20（c）所示，采场周期来压的前提为：C 岩块在结构力的作用下在端部 D 处裂开。

围绕铰接点 D 处的力矩和为零：

$$\sum M_D = 0 \tag{5-32}$$

$$\sum M_D = P\ (L_C - L_C\sin\alpha)\ + F_T L_1 + F_N L_2 + F_M L_3 - \frac{1}{2}\ (G_C + Q_C)\ L_C\cos\alpha = 0 \tag{5-33}$$

$$L_C = L_2 + L_e + L_m + L_x \tag{5-34}$$

$$F_M = P_M - G_M \tag{5-35}$$

$$L_3 = L_2 + L_e + \frac{L_m}{2} \tag{5-36}$$

式中 F_T——支架对块体 C 的支承力，kN；

L_C——块体 C 的长度，m；

L_2——煤壁支承点距离基本顶断裂处的水平距离，m；

L_e——空巷宽度，m；

L_m——煤柱宽度，m；

L_x——控顶距与悬顶距之和，m；

L_1——支架支承点距离基本顶断裂处的水平距离，m；

L_3——煤柱中心支承点距离基本顶断裂处的水平距离，m；

F_M——煤柱对岩块 C 的支承力，kN；

P_M——煤柱的残余载荷，kN；

G_M——直接顶重力，kN；

F_N——煤壁对岩块 C 的支承力，kN；

G_C——岩块 C 的重力，kN；

Q_C——岩块 C 的均布载荷，kN。

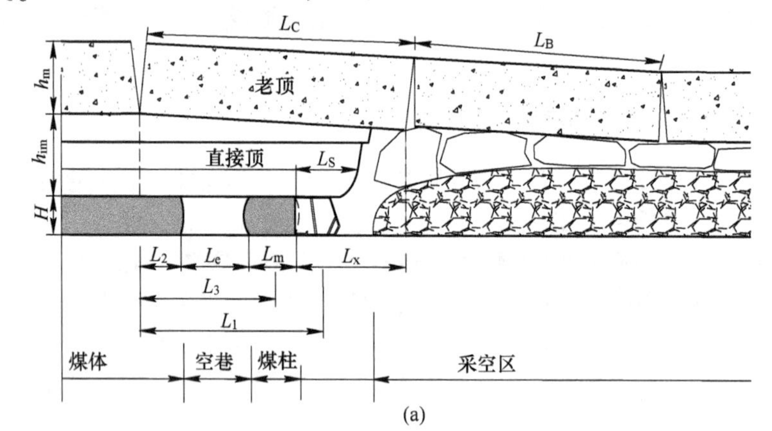

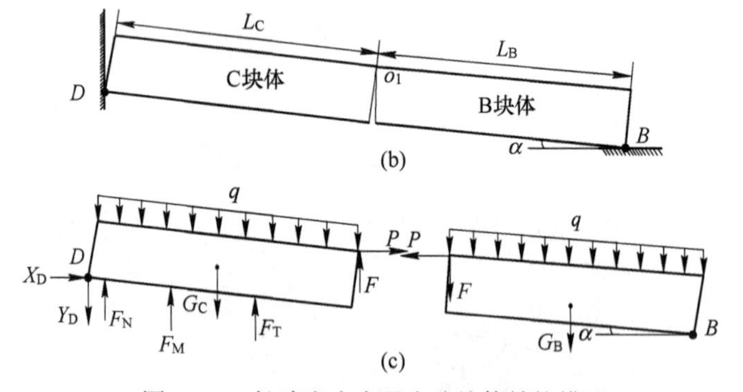

图 5-20 长跨度多支承失稳块体结构模型

要使得岩块 C 不失稳的前提是纵向剪力之和应小于块体之间摩擦力，即

$$P\tan\varphi \geqslant (G_C + Q_C) - F_T - F_M - F_N \tag{5-37}$$

由式（5-33）和式（5-37）得支架所需的最小工作阻力 P_T 为

$$P_T = F_T + G_T \tag{5-38}$$

$$P_T = \frac{(G_C + Q_C)\left[1 - \dfrac{\sin\alpha\tan\varphi}{2(1 - \sin\alpha)}\right] - \dfrac{\tan\varphi(F_N L_2 + F_M L_3)}{L_C(1 - \sin\alpha)}}{1 - \dfrac{\tan\varphi L_1}{L_C(1 - \sin\alpha)}} + \gamma_{im} h_{im} L_S \tag{5-39}$$

式中 G_T——直接顶的重力，kN；

L_S——未破断直接顶的长度，m；

h_{im}——直接顶厚度，m；

γ_{im}——直接顶容重，kN/m³；

α——块体 B 与水平线的夹角，(°)；

$\tan\varphi$——摩擦系数。

5.3.3 支架工作阻力影响因素分析

5.3.3.1 L_x 对支架工作阻力影响

图 5-21 为 L_2=3m、L_m=3m、L_e=3m 时，不同 L_x 条件下支架工作阻力 P_T 的变化关系。由图可知，随着 L_x 的增大，支架工作阻力先减小后增大。当 L_x=0m 时，即块体 B 在支架上方断裂，由于此时支架会受到块体 C 断裂的来压冲击和块体 B 重力的叠加，因此 0m 时支架工作阻力最大；之后，随着 L_x 的继续增加，B 块体压力在支架上方面积减小，同时由于 C 块体对 B 块体的横向挤压力，减小了 C 块体对支架的载荷，此阶段支架工作阻力迅速减小，当 L_x=4~5m 时达到最小值；随后随着 C 块体长度增加为长跨度块体，C 块体重量增加，支架工作阻力再度升高。

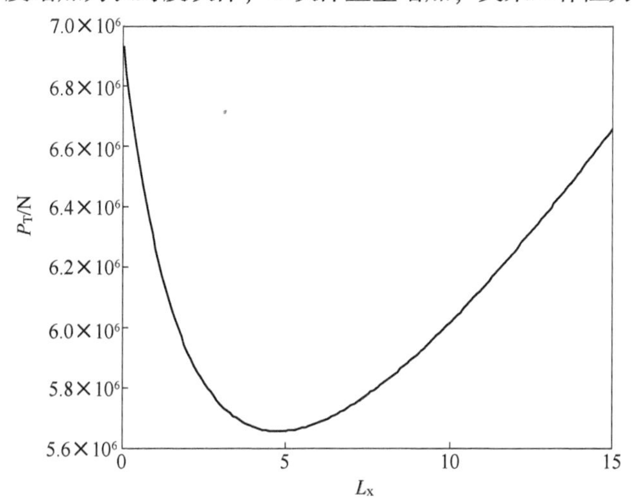

图 5-21 支架工作阻力 P_T 与基本顶悬顶距 L_x 关系图

图 5-22 为不同 L_x 条件下，支架工作阻力 P_T 与空巷宽度 L_e 之间的关系。当 $L=6\sim15$m 时，块体 C 为长跨度块体，支架工作阻力 P_T 随着 L_x 增大而升高。同时，随着空巷宽度 L_e 的增大，支架工作阻力 P_T 同样随之增大。

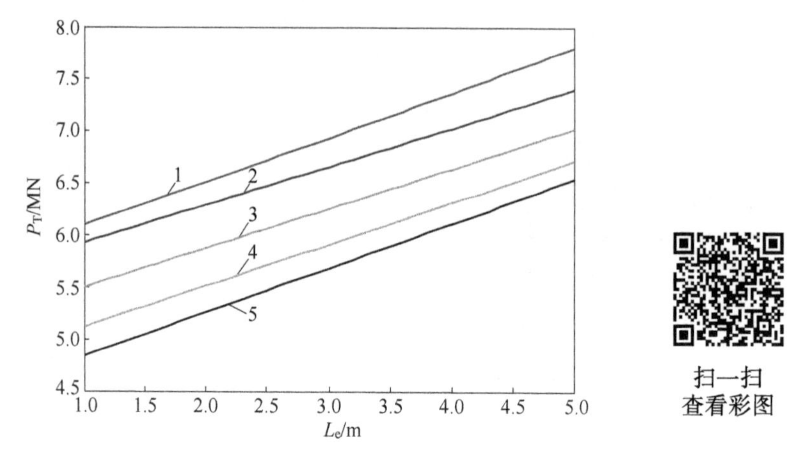

图 5-22　不同基本顶悬顶距条件下支架工作阻力与空巷宽度关系图

1—L_x=0；2—L_x=15；3—L_x=12；4—L_x=9；5—L_x=6

5.3.3.2　L_m 对支架工作阻力影响

当工作面过平行空巷时，煤柱宽度 L_m 大于临界宽度 B=13m 时，煤柱将不会失稳，也就是说，当工作面距离平行空巷 13m 以上时，顶板不受空巷影响正常周期破断。因此，工作面距离空巷 13m 以内时界定为工作面过平行空巷阶段。

当工作面调斜过空巷时，煤柱为不规则煤柱，其每个支架部位对应的煤柱宽度不同，如图 5-23 所示。在工作面机头部位已经开始揭露空巷时，A、B、C 支架相对空巷的位置各不相同，A 支架已经揭露空巷，B 支架距空巷 6m，C 支架距空巷 11m。任选一部位作为研究对象，分析其煤柱宽度与支架工作阻力的关系。

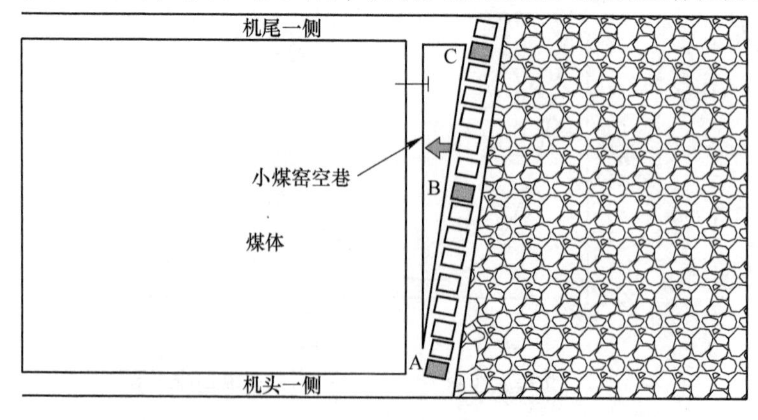

图 5-23　调斜揭露空巷支架示意图

图 5-24 为机尾部位 C 支架附近支架围岩受力关系，此部位基本顶断裂不久，煤柱宽度较宽。

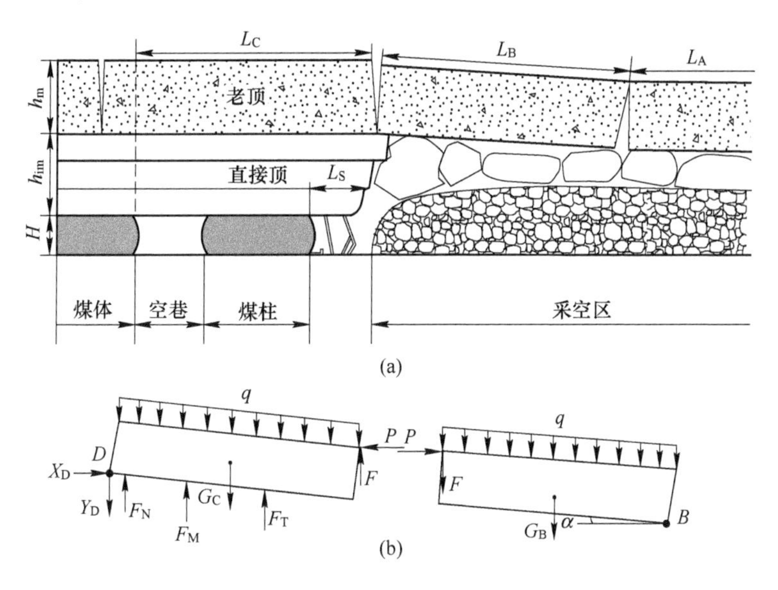

图 5-24 C 支架处支架围岩受力关系

图 5-25 为中部 B 支架附近支架围岩受力关系，此部位煤柱变窄，基本顶剧烈回转下沉。

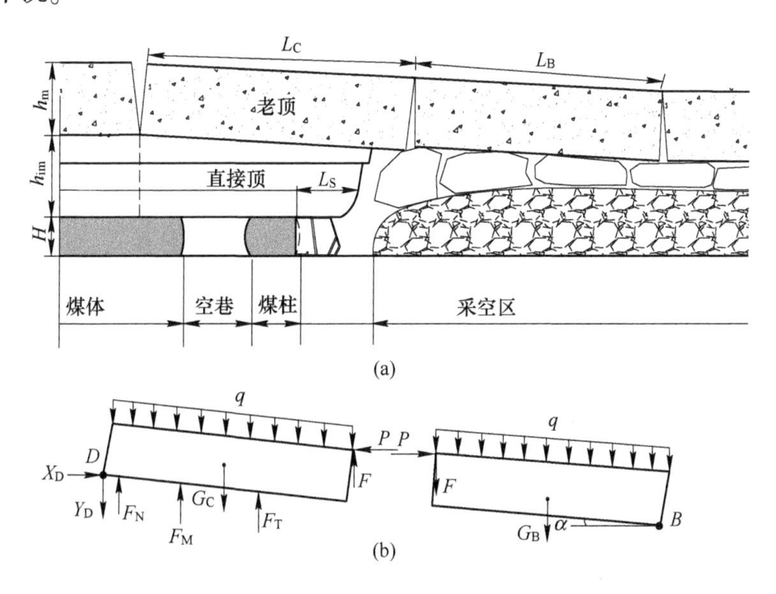

图 5-25 B 支架处支架围岩受力关系

图 5-26 为机尾部位 A 支架附近支架围岩受力关系，此部位工作面揭露空巷，无煤柱支护，煤柱支承力 F_M 消失。

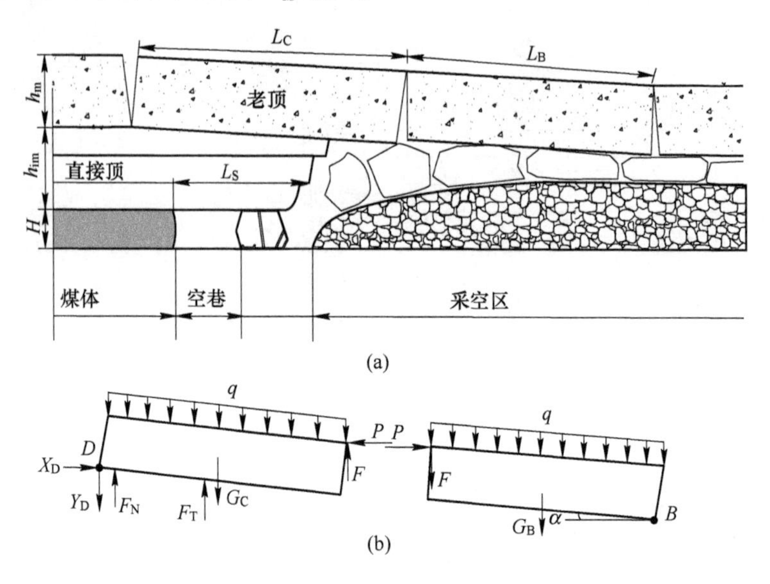

图 5-26 A 支架处支架围岩受力图

图 5-27 为调斜 7°、$L_2=3$m、$L_x=15$m、$L_e=3$m 时，工作面自机头开始揭露空巷至机尾揭露空巷结束过程中，支架工作阻力 P_T 与煤柱宽度 L_m 之间关系。

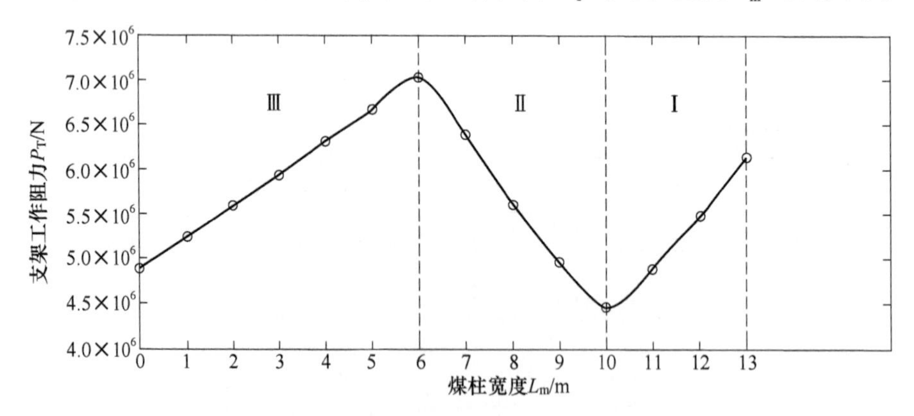

图 5-27 过平行空巷三阶段支架工作阻力变化

由图 5-27 可知，当工作面调斜 7°时，从煤柱宽度 13m 开始进入过空巷阶段，将工作面调斜揭露空巷分为三个阶段：

(1) 阶段Ⅰ（$L_m=10\sim13$m）：随着煤柱宽度变小支架工作阻力减小，由于煤柱在 13m 时进入塑性阶段逐渐屈服，当煤柱达到 10m 时，其承受应力达到最大值，此时煤柱承担载荷最大，支架工作阻力最小；支架在煤柱由 13m 减小至 10m 的过程中，煤柱平均应力增大，支承力减小，并在 10m 时达到应力谷值，此时老顶长 30m，支架的位置处于老顶中央下方的应力降低区，而煤柱的核区处于应力增高区。

（2）阶段Ⅱ（L_m=6~10m）：随着煤柱宽度变小，煤柱承载能力减小，逐渐趋于残余应力，此阶段支架工作阻力增大，煤柱在 6m 时达到极限残余应力，甚至失去支承力，此时工作阻力达到峰值；煤柱由 10m 减小至 6m 的变化过程中，支架支承力增大，当煤柱宽度约为 6m 时，支架距离铰接点 D 距离较远且煤柱完全塑性无残余应力，此时出现应力峰值，这与支架滞后支护离煤壁过远不利于顶板支护原理类似。

（3）阶段Ⅲ（L_m=0~6m）：煤柱从 6m 继续变短时，老顶后方触矸面积越来越大，矸石对老顶的支承力也越来越大，在此过程中，支架的工作阻力不断减小并在 0m 时达到谷值 4900kN。

工程实际中，此时基本顶后方已经大面积触矸，所以工作阻力远没有 4900kN。机头由于距离空巷较近，将率先进入过空巷三阶段过程；机尾距离空巷较远，当机头开始揭露空巷后，机尾再进入过空巷三阶段过程。

5.3.3.3 L_e 对支架工作阻力影响

平行空巷宽度 L_e 一般在 2~4m，沿顶掘进高度 2~3m，采用木垛支护，大部分巷道受挤压变形严重，因此选取空巷宽度 L_e=1~5m 范围内研究支架工作阻力的变化。图 5-28~图 5-30 为过平行空巷不同阶段时，不同煤柱宽度 L_m 条件下，空巷宽度 L_e 对支架工作阻力 P_T 影响。

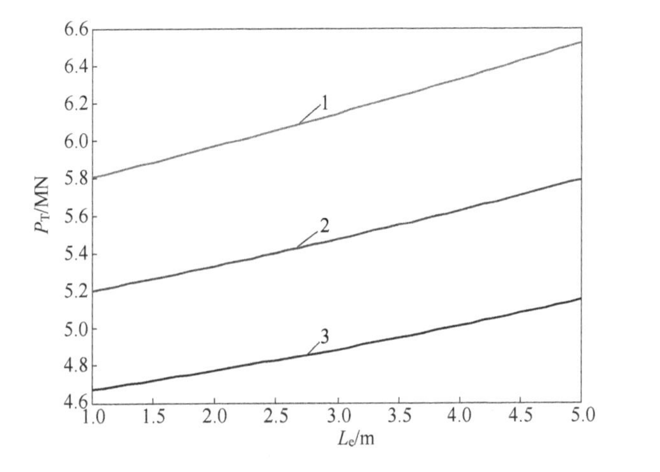

图 5-28 第Ⅰ阶段，不同煤柱宽度 L_m 下支架载荷 P_T 与空巷宽度 L_e 关系

1—L_m=13；2—L_m=12；3—L_m=11

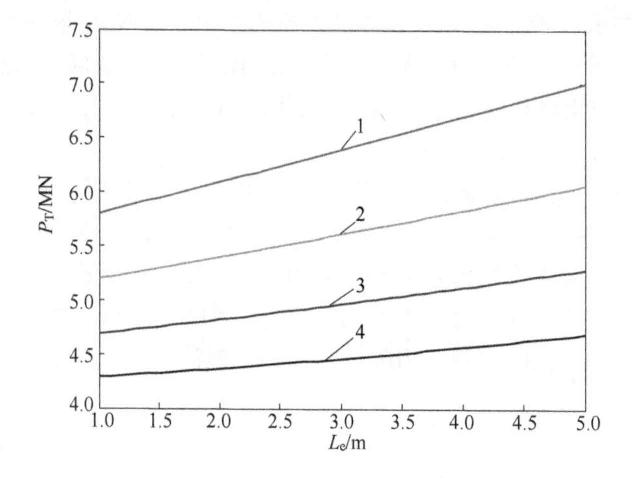

扫一扫
查看彩图

图 5-29 第Ⅱ阶段，不同煤柱宽度 L_m 下支架载荷 P_T 与空巷宽度 L_e 关系

1—$L_m=7$；2—$L_m=8$；3—$L_m=9$；4—$L_m=10$

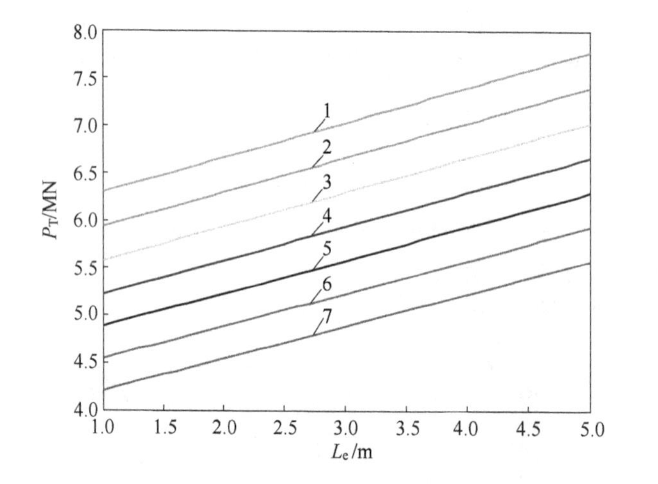

扫一扫
查看彩图

图 5-30 第Ⅲ阶段，不同煤柱宽度 L_m 下支架载荷 P_T 与空巷宽度 L_e 关系

1—$L_m=6$；2—$L_m=5$；3—$L_m=4$；4—$L_m=3$；5—$L_m=2$；6—$L_m=1$；7—$L_m=0$

由图 5-28～图 5-30 可知，在不同阶段内，随着空巷宽度的增加，支架工作阻力 P_T 均呈现线性增大，但支架支护阻力增大速率不同。在第Ⅰ阶段内，空巷宽度 L_e 的变化对支架工作阻力 P_T 影响较大；而在第Ⅱ阶段和第Ⅲ阶段内，空巷宽度 L_e 的变化对支架工作阻力 P_T 影响较小。

由图 5-28 可知，在阶段Ⅰ时，当煤柱宽度 $L_m=13$m 且空巷宽度 $L_e=5$m 时，支架工作阻力 P_T 达最大 6500kN；而在实际平行空巷宽度 2m 左右时，支架最大工作阻力为 6000kN。

由图 5-29 可知，在阶段Ⅱ时，当煤柱宽度 $L_m=7m$ 且空巷宽度 $L_e=5m$ 时，支架载荷达最大 7000kN；而在实际平行空巷宽度 2m 左右时，此阶段支架最大载荷为 6100kN。

由图 5-30 可知，在阶段Ⅲ时，当煤柱宽度 $L_m=6m$ 且空巷宽度 $L_e=5m$ 时，支架载荷达最大 7700kN；而在实际小平行空巷宽度 2m 左右时，此阶段支架最大载荷为 6700kN。

5.3.3.4 L_2 对支架工作阻力影响

基本顶超前破断距 L_2 对支架工作阻力 P_T 的影响如图 5-31 所示，当 $L_m=5m$，$L_x=15m$ 时对不同 L_2 条件下支架工作阻力 P_T 的变化关系。随着基本顶超前破断距 L_2 的增大，支架工作阻力 P_T 增大，且 L_2 越大，岩块 C 跨度越大，煤柱已经完全塑性无支承力，煤壁也进入塑性状态；由于煤壁对铰接点 D 的力矩小，支架距离铰接点 D 的力矩大，因此支架工作阻力越大。

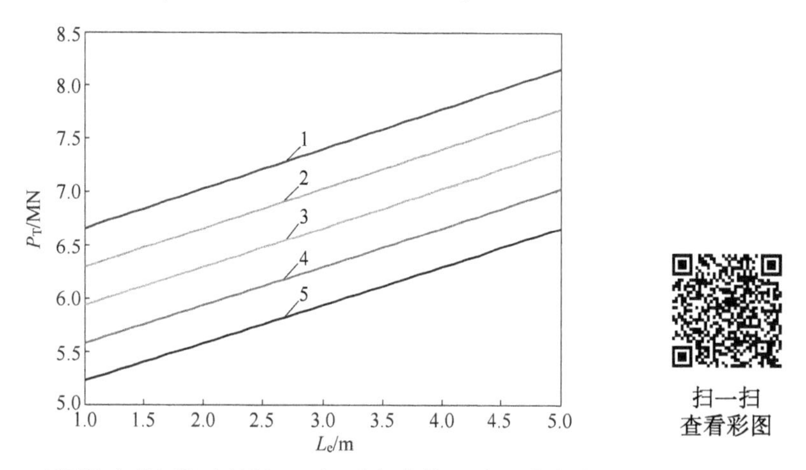

图 5-31 不同基本顶超前破断距 L_2 下，支架载荷 P_T 与空巷宽度 L_e 关系

1—$L_2=5$；2—$L_2=4$；3—$L_2=3$；4—$L_2=2$；5—$L_2=1$

5.3.4 支架稳定性分析

上述支架所需工作阻力的分析是基于水平煤层的地质条件，支架无倾角摆放，此时所需的支架工作阻力最小值为 6700kN，发生在过空巷的第三阶段。实际生产中 E13105 工作面煤层倾角为-14°~6°，平均为 5°，为近水平煤层。现将煤层倾角的因素考虑在内，对支架稳定性进行分析。

对支架稳定性的分析一般从三个方面进行：支架滑动失稳、支架转动失稳和支架尾梁失稳。如图 5-32 所示，支架所受合力存在法向和切向的分量，切向分量过大超限便会使得支架发生滑动失稳或转动失稳。支架受力状态随煤层倾角变化导致的支架稳定性变化而改变。

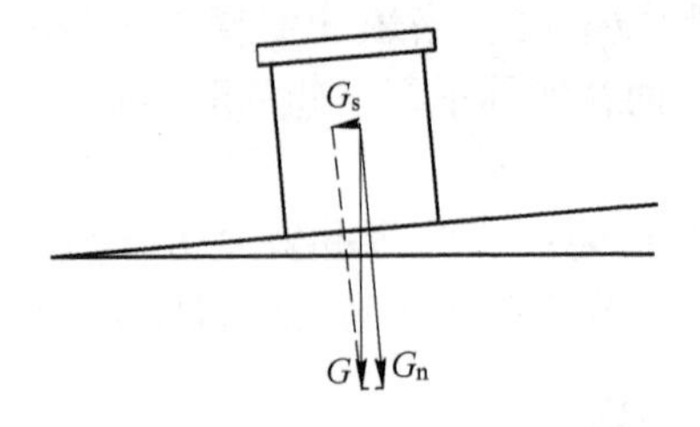

图 5-32 支架重力分量示意图

若支架依靠自身的重力和摩擦力不产生滑动失稳且不产生转动失稳，则相邻支架侧护板之间无挤压力。支架失稳多发生在移架时，此时支架不与顶板相接，受力分析如图 5-33 所示。

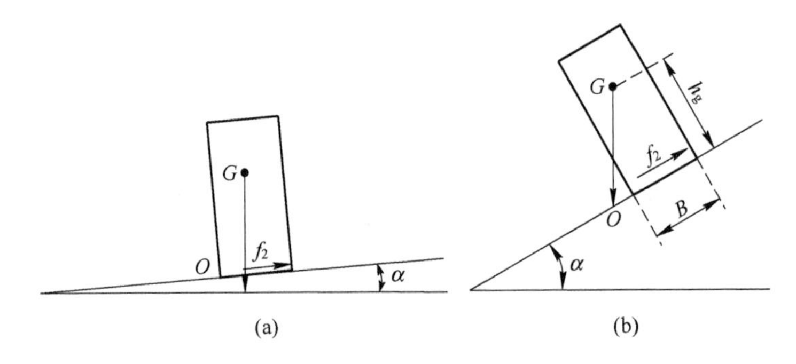

图 5-33 支架重力分析示意图

(a) 煤层倾角较小；(b) 煤层倾角较大

支架空顶时自身稳定与否，取决于重力线在旋转点 O 点的左侧还是右侧。如图 5-33（a）所示，重力线在 O 点右侧，支架底座空间内，支架保持稳定，此时煤层倾角较小；图 5-33（b）所示，重力线在 O 点左侧，支架底座空间外，支架发生转动失稳，此时煤层倾角较大。

因此，该情况下支架保持稳定的条件是：

$$h_g \tan\alpha \leqslant \frac{B}{2} \tag{5-40}$$

根据式（5-40）对煤层倾角进行敏感度分析，煤层倾角从 5°～45°支架最小宽度随重心高度变化如图 5-34 所示。重心高度越高支架最小宽度越大，煤层倾角越大支架最小宽度越大。特别地，煤层倾角为 15°、重心高度为 2m 时，支架最小宽度为 1m，ZZ6200-20/42 支架中心距为 1.5m，完全符合要求。

若任一支架不能依靠自身摩擦力保持稳定，则在相邻支架之间会出现挤压力，具体情况为：

（1）仅出现滑动失稳时，在相邻支架的侧护板和底座之间会产生挤压力。

（2）仅出现转动失稳时，在相邻支架的侧护板会产生挤压力。

（3）同时出现滑动失稳和转动失稳时，在相邻支架的侧护板和底座之间会产生挤压力。

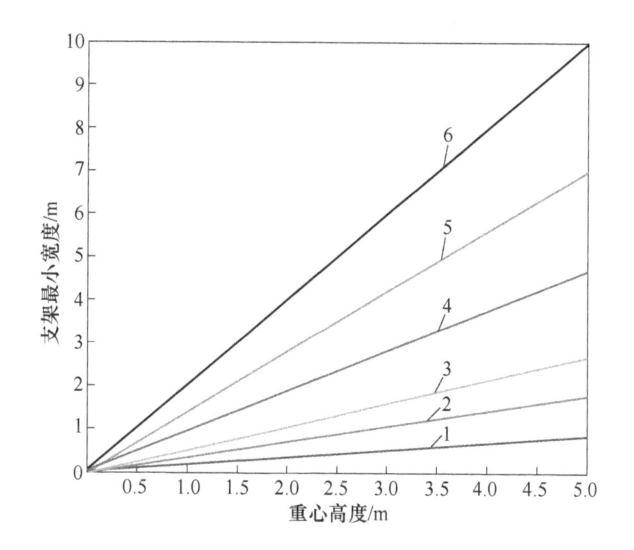

扫一扫
查看彩图

图 5-34 不同倾角下支架最小宽度随重心高度变化

1—$\alpha=5°$；2—$\alpha=10°$；3—$\alpha=15°$；4—$\alpha=25°$；5—$\alpha=35°$；6—$\alpha=45°$

滑动失稳一般发生在煤层倾角大于 15°时，因 E13105 工作面最大倾角为 14°，故只对支架的转动失稳（即上述第（2）种情况）进行分析研究，图 5-35 展示了支架发生转动失稳时侧护板的移动轨迹，根据侧护板围绕 O_1 或 O_2 的转动轨迹，分析侧护板及支架的受力情况。

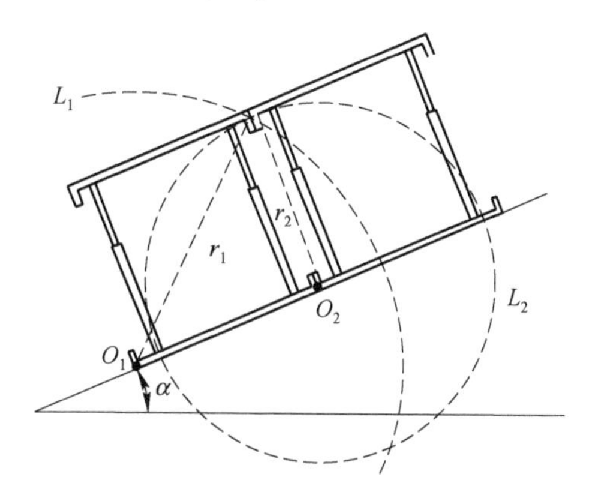

图 5-35 支架转动轨迹示意图

支架群组无法保持稳定时，支架挤压面的受力如图 5-36 所示，支架群组稳定时的单个支架受力如图 5-37（a）所示，来自顶板的均布载荷 q（均布载荷的合力 Q），上邻支架挤压力 T_1，下邻支架挤压力 T_2，支架自重 G，顶梁摩擦力 f_1，底座摩擦力 f_2 和底板支承力 p（由于是近水平煤层，认为支承力均匀分布，合力为 P，在急倾斜煤层中底座支承力为三角形或梯形分布）。

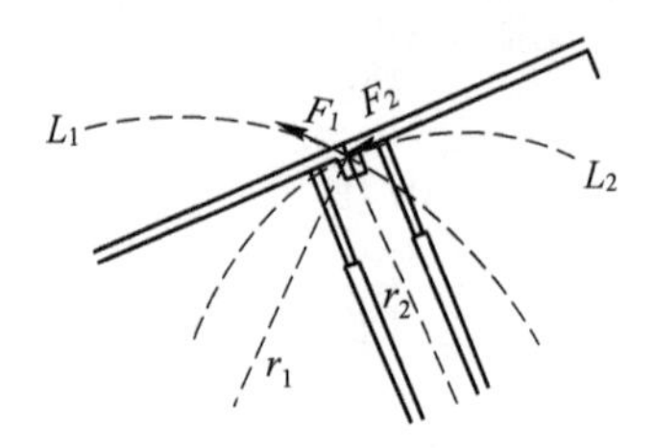

图 5-36 支架挤压示意图

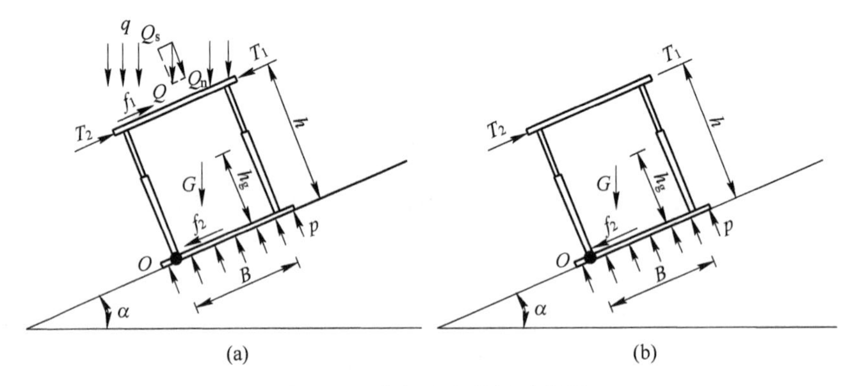

图 5-37 支架受力分析示意图

（a）支架群组稳定时的单个支架受力分析；（b）无顶板压力支架受力分析

支架稳定时，围绕 O 点的力矩方程平衡：

$$\sum M_O = 0 \tag{5-41}$$

$$P\frac{B}{2} - f_1 h + h(T_1 - T_2) + Q\left(h\sin\alpha - \frac{B}{2}\cos\alpha\right) = Gd \tag{5-42}$$

$$P\frac{B}{2} - f_1 h + h(T_1 - T_2) + \frac{Q_n}{\cos\alpha}\left(h\sin\alpha - \frac{B}{2}\cos\alpha\right) = Gd \tag{5-43}$$

$$d = \frac{B}{2}\cos\alpha - h_g\sin\alpha \tag{5-44}$$

力的平衡方程为

$$P = \cos\alpha(Q + G) \tag{5-45}$$

$$T_1 + Q_S + G_S = f_1 + f_2 + T_2 \tag{5-46}$$

$$f_1 = Q_n \lambda \tag{5-47}$$

$$f_2 = P\lambda \tag{5-48}$$

式中 B——支架宽度，m；

h——支架高度，m；

h_g——支架重心高度，m；

Q_n——顶板法向载荷，kN；

α——煤层倾斜角度，(°)；

λ——摩擦系数，金属与煤岩的摩擦系数一般为0.35~0.40。

近水平煤层，支架接顶接底工作时，能有效防止冒顶，工作面严禁空顶作业，以防冒顶和倒架。

支架转动失稳主要发生在支架泄压向前移架的过程中，此时支架与顶板不相接，顶部自由空间加大，容易出现支架歪斜侧倒。无顶板压力支架受力如图5-37（b）所示，支架稳定时，围绕O点的力矩方程平衡为

$$\sum M_O = 0 \tag{5-49}$$

$$P\frac{B}{2} + h(T_1 - T_2) - f_1 h = G\left(\frac{B}{2}\cos\alpha - h_g \sin\alpha\right) \tag{5-50}$$

力的平衡方程为

$$P = G\cos\alpha \tag{5-51}$$

$$T_1 + Q_S + G_S = f_2 + T_2 \tag{5-52}$$

$$f_2 = P\lambda \tag{5-53}$$

支架稳定时产生的摩擦为静摩擦，静摩擦的最大值约等于动摩擦值，将动摩擦值代入公式；当围绕O点的力矩和不大于0时，支架保持稳定。

取煤层倾角α为14°，支架高度h为4m，支架宽度B为1.5m，摩擦系数λ为0.38，支架重心高度h_g为1.6m，支架质量为1.5t，覆岩载荷为6700kN，代入式（5-32）和式（5-40）力矩之和明显小于0，证明在此地质条件下不会发生支架转动失稳。

5.4 小结

本章主要针对过破坏区空巷时调斜出现的不规则煤柱稳定性和空巷上方顶板破断力学模型开展了研究和分析。

首先，根据工作面到空巷的距离划分出普通开采阶段和调斜开采阶段，针对调斜开采阶段出现的不规则煤柱稳定性进行研究，推导了不规则煤柱平均极限强度公式，计算了极限载荷和实际载荷随工作面到空巷距离的变化关系，分析得出不规则煤柱失稳宽度。

其次，建立了破坏区条件下的顶板力学模型，研究了顶板结构的影响因素，

推导出“长跨度破断”下的支架工作阻力公式，对超前破断距、悬顶距、控顶距和空巷宽度进行了敏感度分析，尤其针对煤柱宽度进行了敏感度分析，分析得到了调斜过平行空巷的三个阶段。

再者，重点针对支架的转动失稳进行了分析，分析了移架过程中单个不接顶支架稳定的条件、支架重心高度联合自身宽度与煤层倾角的关系、支架在不同失稳状态下的受力状态，推导出支架平衡公式。

6 破坏区煤层综采数值模拟研究

6.1 数值模拟分析

随着工作面的不断推进以及工作面与空巷间煤体的不断回收，当工作面与空巷的距离足够近时，工作面前方超前支承压力将会影响到平行空巷两侧的煤体。研究工作面调斜过空巷时支架围岩的稳定，可以采用 FLAC3D 数值分析软件对工作面调斜过程围岩稳定进行模拟分析。

6.1.1 FLAC3D 数值模拟方法

有限差分数值计算方法是以计算微分方程组时给定初始值和（或）边值为前提，在有定解的情况下求解微分方程的解。有限差分数值计算方法的特点是简单快速，因其计算风格独特、计算程序方便快捷，所以随着计算机技术的不断进步，此种数值计算方法异军突起，在很多有复杂计算问题的科学领域中应用越来越广泛。

有限差分法的计算原理是求解代数方程，避免了求解微分方程问题，因为在计算单元内变量是不确定的。有限差分法在计算代数方程时采用的是时间代步法和“显式”，从而能在生成有限差分方程时做到每个计算步都可以效率很高。

有限差分的程序为先将问题的定义域进行划分，划分成等间距平行于坐标轴的网格，然后在网格点上用差商替代定解问题中的微商，将离散问题转化为差分格式进而求解；所得连续函数 $f=f(x, y)$，可以是温度或应力函数等，在本节的模拟中它将作为一个应力分量或位移分量。

FLAC3D 数值计算软件是由 Itasca 公司和明尼苏达大学共同开发的软件，其运算的基本程序即为有限差分法。基于有限差分的计算特征，该软件主要应用领域为岩土工程、材料等力学方面的分析，在对岩土等材料的屈服塑性阶段的模拟时有其他模拟软件不可比拟的优势，尤其对材料屈服后的塑性阶段特征模拟效果非常好。用该软件进行计算模拟时，应对模型设置合适的边界条件，计算单元将会按照设定的应力-应变关系进行计算，而应力-应变的关系可能是线性的也可能是非线性的。FLAC3D 软件的计算程序是按照地下岩土类工程应力-应变特征而设计的，在地质类材料的非线性关系、蠕变特征、渗流耦合、不可逆的剪切破坏等计算过程中，先由运动方程求出位移、速度，然后推导出应变率和新的应力，其模拟原理如图 6-1 所示。

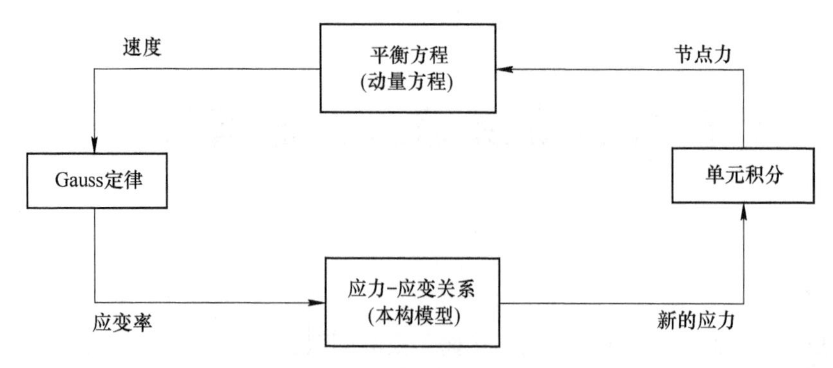

图 6-1 FLAC3D 模拟原理图

FLAC3D 软件在地质、支护参数非常接近现场的情况下，可以非常有效地呈现围岩的应力集中、应力分布、位移场和塑性区分布等方面，并且该软件在模型建立方面具有过程简单、灵活、好控制的优点。建立模型时首先要建立并划分网格，然后给出各种网格的参数，设置好载荷边界和位移量。软件的后处理方面也有自身的优势，其表现形式多样化，可以选择位移等值线云图、主应力等值线云图、各种矢量图、位移分布图、塑性区破坏图等。无论是井工开采（即地下开采）还是露天开采，FLAC3D 数值模拟软件都在实践过程中取得了广泛的认可，因为其显著的模拟效果，FLAC3D 软件已成为采矿界最受欢迎的数值模拟软件之一。

6.1.2 模拟参数选择

根据 E13105 工作面煤岩层柱状图、自身地质条件和物理力学实验结果，确定计算模型的基本参数。

6.1.2.1 模型未开挖时煤岩层物理力学参数

模型开挖前，煤岩层是弹塑性较强的地质材料，在模型开挖前材料没有达到屈服极限，可认为其处于弹性状态。对顶底板岩层（粉砂岩、黏土岩、灰岩）、煤层采用 Elastic 各向同性弹性模型，此模型运算快，只需两个材料参数，即体积模量和切变模量。

6.1.2.2 模型开挖后煤岩层物理力学参数

模型开挖后，顶底板岩层是弹塑性材料，会产生较大塑性变形。在开挖后由于应力集中，材料会达到屈服极限，塑性变形较为严重。对顶底板岩层（粉砂岩、黏土岩、灰岩）采用摩尔-库仑本构模型，摩尔-库仑屈服准则为

$$f_s = (\sigma_1 - \sigma_3) - 2c\cos\varphi - (\sigma_1 + \sigma_3)\sin\varphi \tag{6-1}$$

式中 σ_1，σ_3——最大、最小主应力；

c，φ——内聚力、摩擦角。

当f_s<0时，岩层将发生剪切破坏。E13105工作面顶底板煤岩层岩石力学参数见表6-1。

表6-1 工作面顶底板物理力学参数

岩性	体积模量/GPa	剪切模量/GPa	内聚力/MPa	内摩擦角/(°)	抗拉强度/MPa	容重/kN · m^{-3}
砂质泥岩	5.13	3.42	3.5	34	2.5	25.1
细砂岩	10.87	6.27	9.1	40	8.6	28.7
黏土岩	5.27	2.61	3	35	2.5	24.3
细砂岩	10.88	6.27	9.1	40	8.6	28.7
3号煤层	4.87	1.35	1.5	23	2	13.8
粉砂岩	5.57	4.26	5.5	36	2.5	24.6
细砂岩	10.86	6.27	9.1	40	8.6	28.7
粉砂岩	5.57	4.26	5.5	36	2.5	24.6
黏土岩	5.29	2.61	3	35	2.5	24.3
1号煤层	4.87	1.26	1.5	23	2	13.8
黏土岩	5.29	2.61	3	35	2.5	24.3
灰岩	13.48	8.75	12	41	9	26.5

6.1.3 数值模型建立

以蔚县崔家寨矿E13105工作面工程地质为背景，探究工作面在过小煤窑空巷过程中围岩应力分布情况和塑性区分布范围。选择含有空巷的破坏区域作为研究对象，采用先分区再组合的方法建立FLAC3D数值计算模型，即首先按标高将煤层、上覆岩层和底板岩层分成三个区域，分区时注意节点的有效连接和密度，然后将各分区组合形成计算模型。模型沿走向推进方向300m，沿倾斜方向200m，高100m，如图6-2所示。为保证模拟计算精度同时加快计算速度，将空巷附近的煤岩体网格划分较细，将距离空巷较远的煤岩体网格划分较宽。模型的侧面、底面等边界限制水平移动和垂直移动，在模型的上边界施加上覆岩层自重应力使之与现实中所处岩层位置等效，并模型采用摩尔-库仑本构模型。为方便观察，建立计算模型的网格状视图和透明视图如图6-3和图6-4所示。

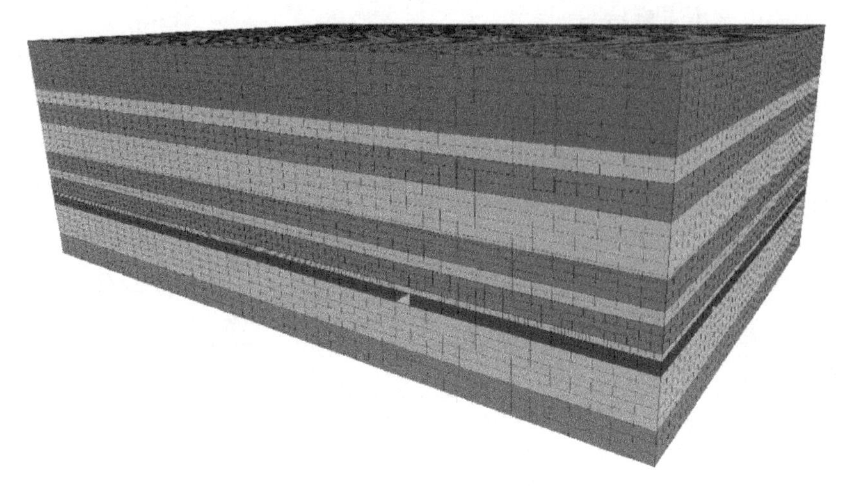

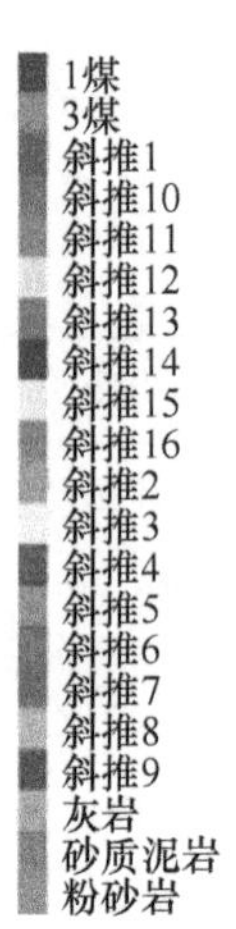

图 6-2　数值计算模型

扫一扫
查看彩图

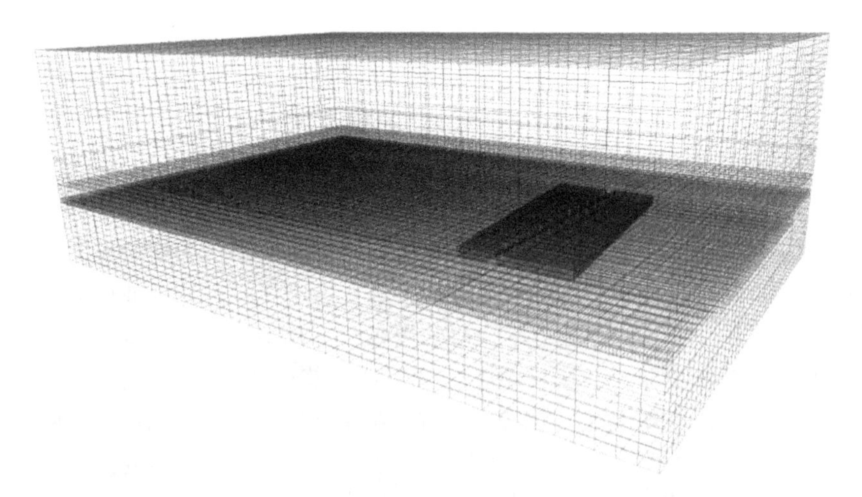

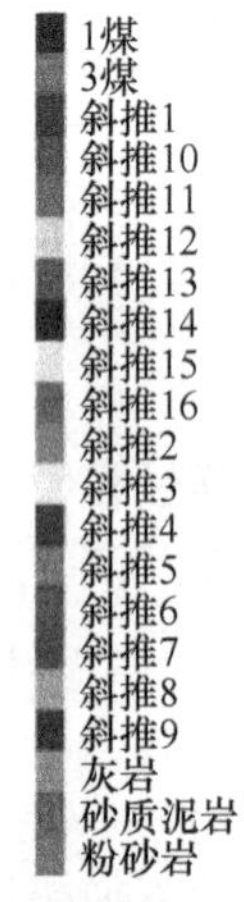

图 6-3　模型网格状视图

扫一扫
查看彩图

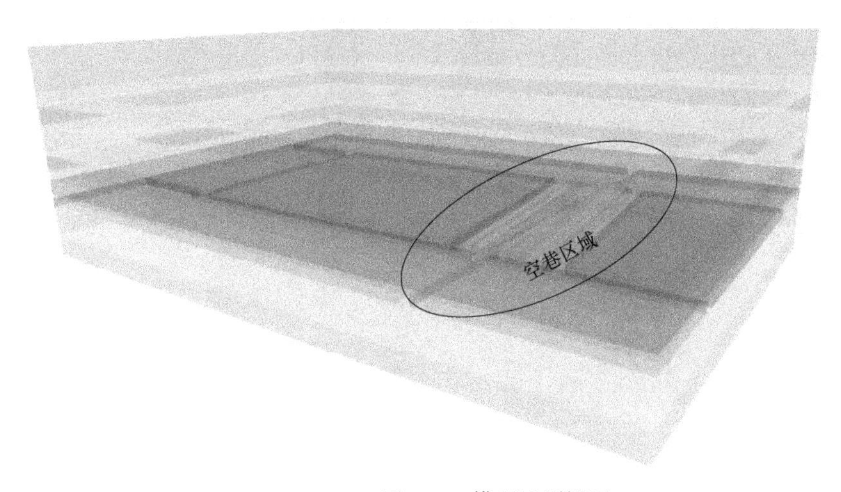

图 6-4 模型透明视图

6.2 数值结果分析

6.2.1 初始地应力平衡求解

6.2.1.1 弹性求解法

最初未开挖阶段，认为初始地应力的解是弹性的，且弹性模型具有效果好、易记算的优点，所以将未开挖阶段的本构模型设计为弹性模型。设置模型体积模量与剪切模量的参数时，将数值设为最大值，然后求解出初始地应力场。

6.2.1.2 不同岩体强度参数下的弹塑性求解法

在计算时可能会产生屈服区，为了防止这种情况的发生，将内聚力、抗拉强度参数设定为最大值。在计算时，通过弹性求解法求解出初始地应力场。图 6-5 显示了弹性模型计算结束后的垂直应力分布云图，从图中的应力变化数据可以看

图 6-5 模型初始应力平衡状态的垂直应力分布云图

出，由于重力产生的附加应力从模型的上部到下部逐渐增加，底部的应力值最大。图 6-6 显示了初采阶段水平应力分布云图。

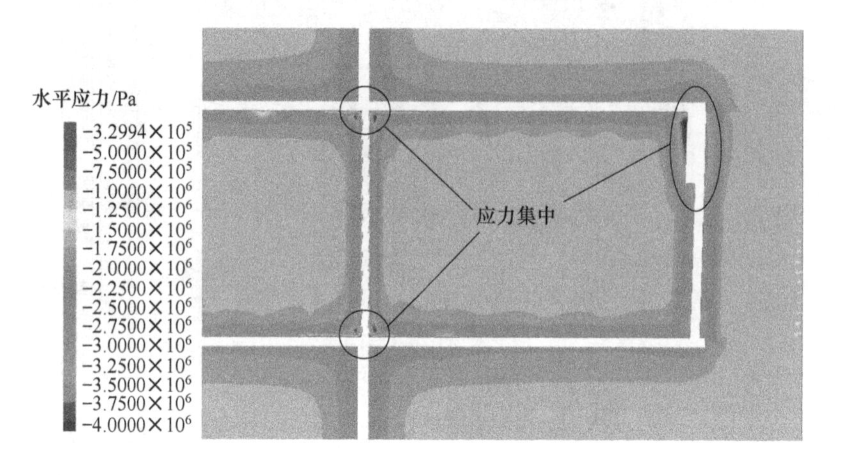

图 6-6 初采阶段的水平应力分布云图

6.2.2 调斜开采阶段模拟结果分析

距空巷 25m 开始工作面调斜，倾角 6°~7°；调斜结束时，工作面机尾距空巷 25m，机头距空巷 13m，再平行推进。采动后煤壁出现应力集中，从煤壁向煤体深处应力变化情况是先增加后降低，出现超前支承压力。工作面煤壁塑性区平均向煤体延伸 3m。图 6-7 为工作面调斜后机尾距离空巷 25m、19m 的应力变形云图。

工作面机尾距空巷 25m，应力集中范围：工作面端头煤体及围绕采空区的煤壁，尤其是工作面靠近机头侧煤壁，煤壁出现垂直应力叠加峰值，如图 6-7（a）、（e）所示；工作面靠近机头侧煤壁水平应力异常明显，也出现应力峰值，如图 6-7（c）所示。垂直应变情况如图 6-7（g）、（i）所示，不规则煤柱下底板应变异常明显，空巷附近围岩应变较大。塑性区范围如图 6-7（k）所示，煤壁产生明显塑性变形。

工作面机尾距空巷 19m，应力集中范围：工作面端头煤体及围绕采空区的煤壁出现垂直应力叠加峰值，尤其是工作面靠近机头侧煤壁垂直应力进一步叠加，如图 6-7（b）、（f）所示；工作面靠近机头侧煤壁水平应力异常明显，也出现应力峰值，如图 6-7（d）所示。垂直应变情况如图 6-7（h）、（j）所示，不规则煤柱下底板应较距 25m 时有所下降，空巷附近围岩应变较大。塑性区范围如图 6-7（l）所示，工作面机头塑性区扩大，距下平巷 4m 左右煤体全部进入塑性状态。

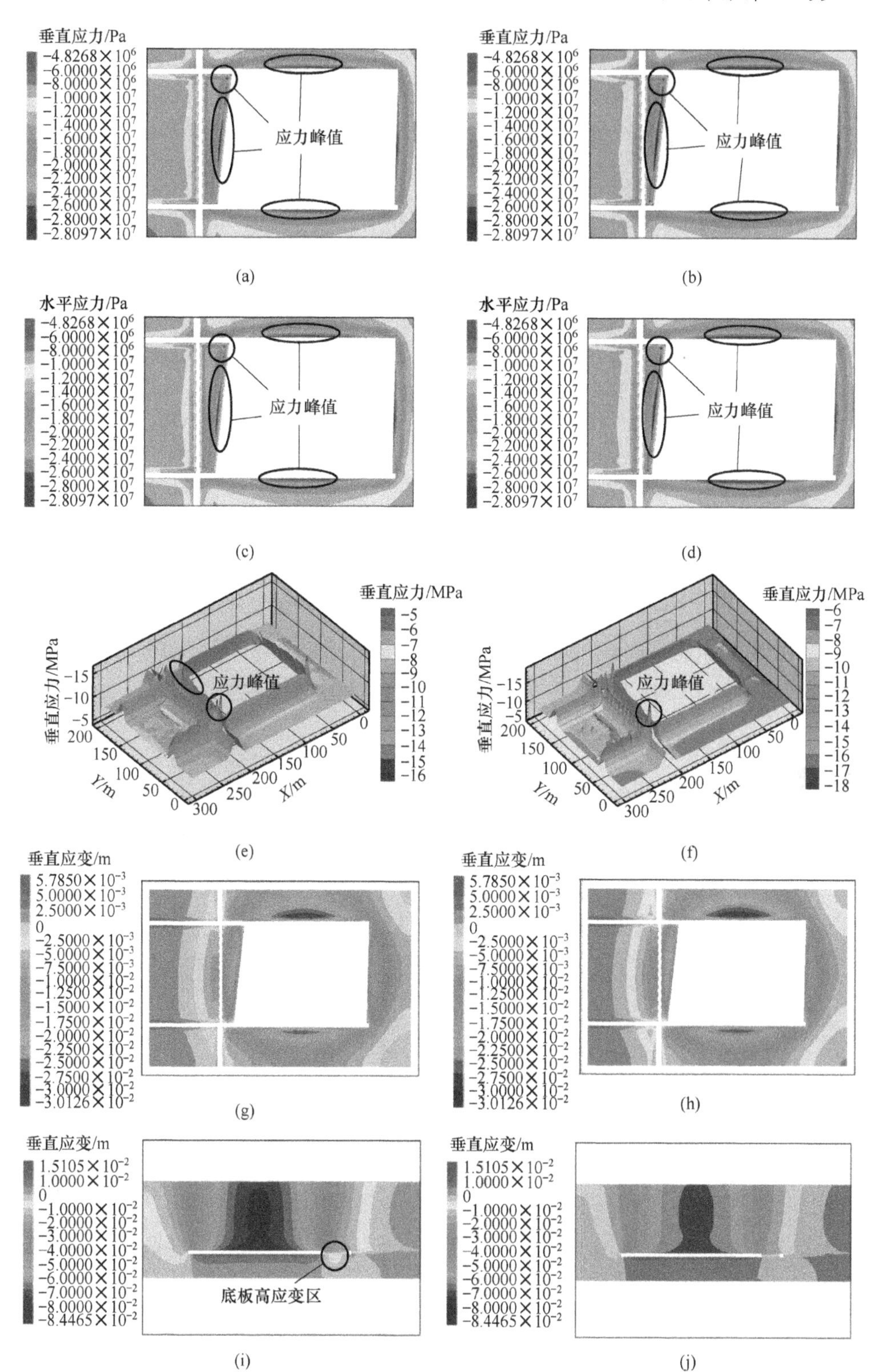

(a) (b) (c) (d) (e) (f) (g) (h) (i) (j)

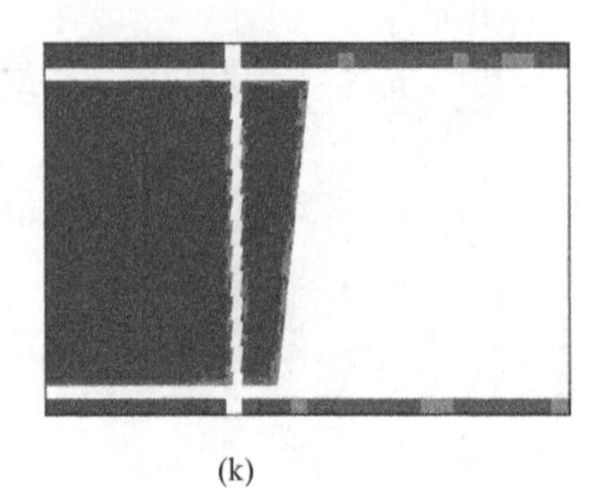

(k)

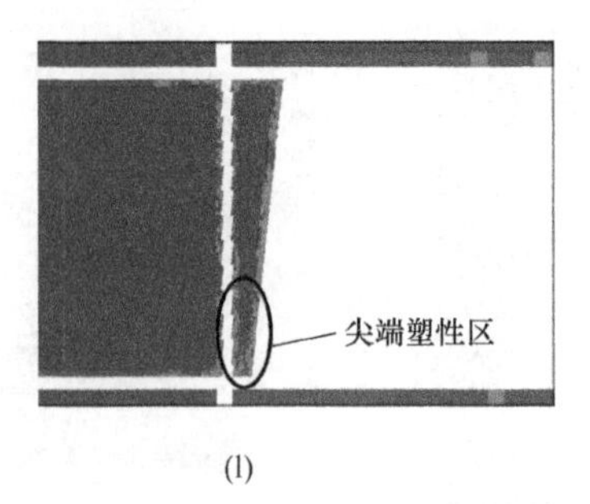

(l)

图 6-7 机尾距空巷 25m 与 19m 的应力应变云图
(a)(e)距空巷 25m 垂直应力分布;(b)(f)距空巷 19m 垂直应力分布;
(c)距空巷 25m 水平应力分布;(d)距空巷 19m 水平应力分布;
(g)(i)距空巷 25m 垂直应变分布;(h)(j)距空巷 19m 垂直应变分布;
(k)距空巷 25m 塑性区;(l)距空巷 19m 塑性区

6.2.3 揭露空巷阶段模拟结果分析

工作面机尾距空巷 13m 时应力集中范围:距机头 30~55m 处三角形煤柱内部出现明显应力集中,如图 6-8(a)、(c)、(e)所示。垂直应变情况如图 6-8(g)、(i)所示,不规则煤柱产生较大塑性变形的煤体垂直应变较小。塑性区范围如图 6-8(k)所示,工作面靠近机头侧煤体塑性区继续扩大,占空巷长度一半的不规则煤柱全部进入塑性状态。

工作面机尾距空巷 10m 时应力集中范围:机尾三角形煤柱出现明显应力集中,距机尾 25~55m 处三角形煤柱内部出现明显应力集中,如图 6-8(b)、(d)、(f)所示。垂直应变情况如图 6-8(h)、(j)所示,上覆岩层进一步下沉,扩大了影响范围。塑性区范围如图 6-7(l)所示,不规则煤柱全部进入塑性状态。

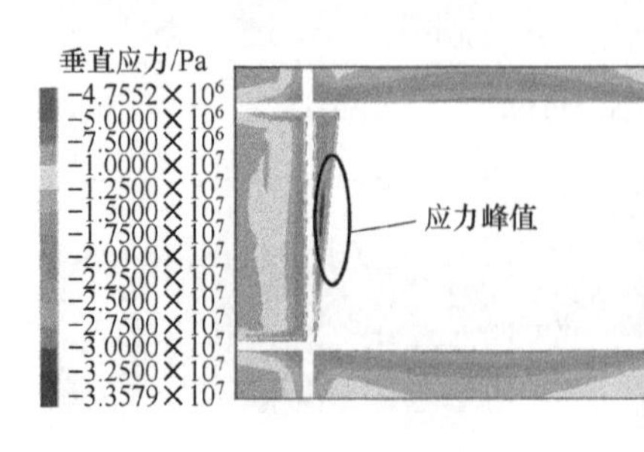

(a)

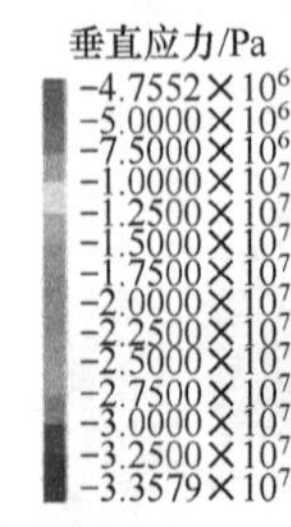

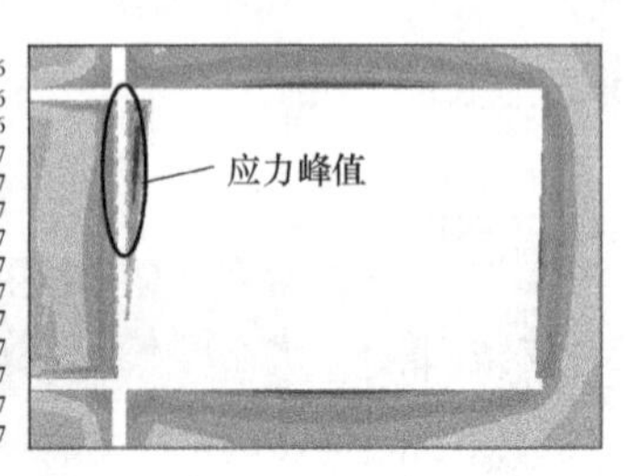

(b)

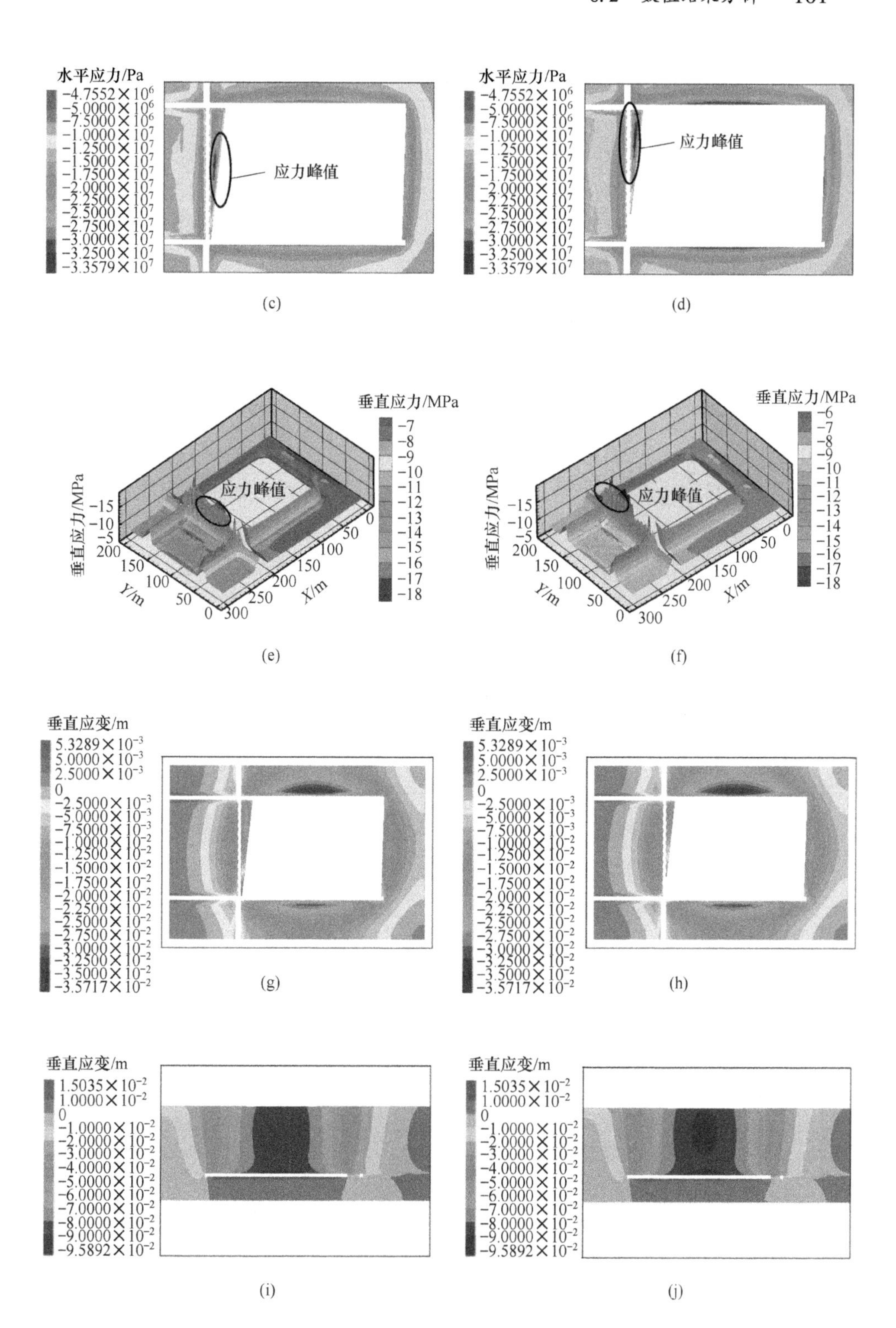
水平应力/Pa
−4.7552×10^6
−5.0000×10^6
−7.5000×10^6
−1.0000×10^7
−1.2500×10^7
−1.5000×10^7
−1.7500×10^7
−2.0000×10^7
−2.2500×10^7
−2.5000×10^7
−2.7500×10^7
−3.0000×10^7
−3.2500×10^7
−3.3579×10^7
应力峰值
垂直应力/MPa
应力峰值
Y/m
X/m
垂直应变/m
5.3289×10^-3
5.0000×10^-3
2.5000×10^-3
0
−3.5717×10^-2
1.5035×10^-2
1.0000×10^-2
−9.5892×10^-2
(c)
(d)
(e)
(f)
(g)
(h)
(i)
(j)

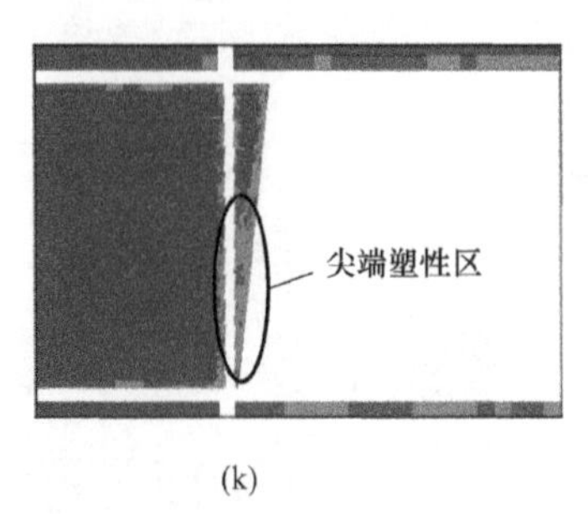

(k)

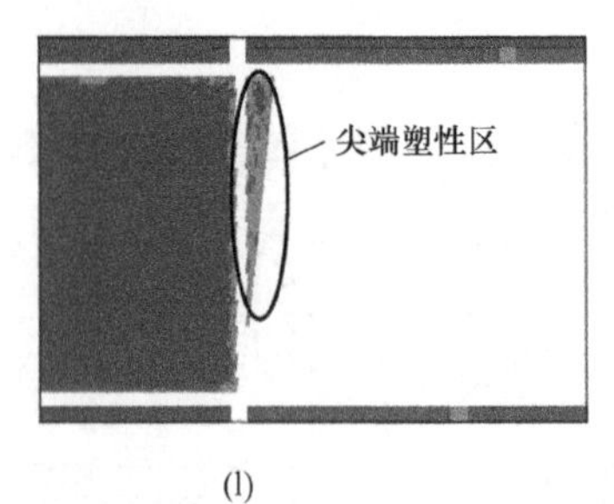

(l)

图 6-8 机尾距空巷 13m 与 10m 的应力应变云图

(a)(e)距空巷 13m 垂直应力分布；(b)(f)距空巷 10m 垂直应力分布；
(c)距空巷 13m 水平应力分布；(d)距空巷 10m 水平应力分布；
(g)(i)距空巷 13m 垂直应变分布；(h)(j)距空巷 10m 垂直应变分布；
(k)距空巷 13m 塑性区；(l)距空巷 10m 塑性区

扫一扫
查看彩图

工作面机尾距空巷 7m 时应力集中范围：空巷里侧实体煤壁出现明显超前支承压力，三角形煤柱煤柱核心区存在部分残余应力，应力叠加峰值距机尾 5~25m，如图 6-9（a）、(c)、(e）所示。垂直应变情况如图 6-9（g）、(i）所示，产生较大塑性变形的煤体垂直应变较小。塑性区范围如图 6-9（k）所示，三角形煤柱全部进入塑性状态。

工作面机尾距空巷 4m 时应力集中范围：空巷里侧实体煤壁超前支承压力峰值进一步叠加，如图 6-9（b）、(d)、(f）所示。垂直应变情况如图 6-9（h）、(j）所示，上覆岩层进一步下沉，扩大了影响范围。塑性区范围如图 6-9（l）所示，三角形煤柱全部进入塑性状态，空巷里侧实体煤壁塑性区向煤体内部延伸 3~4m。

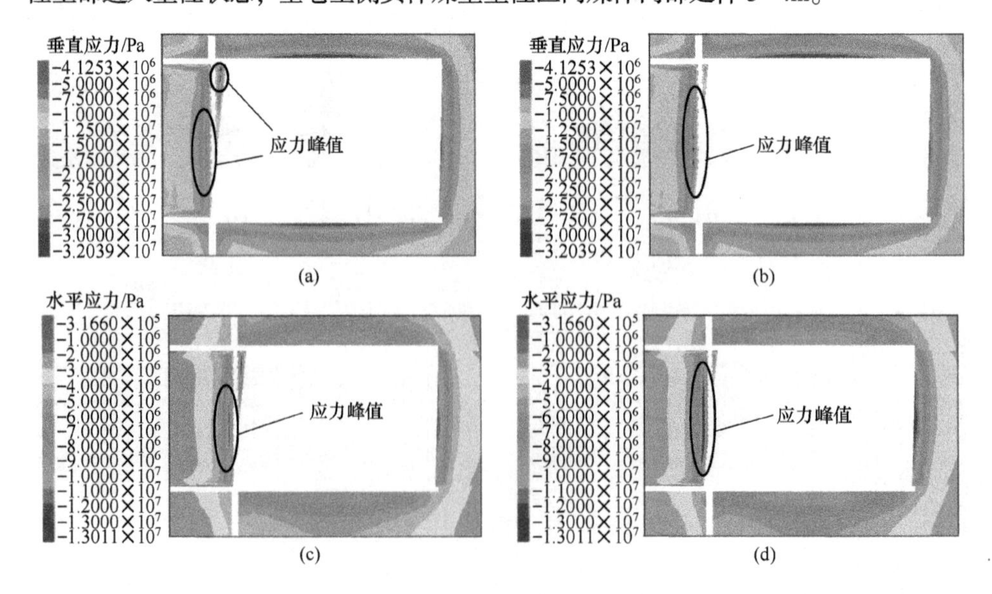

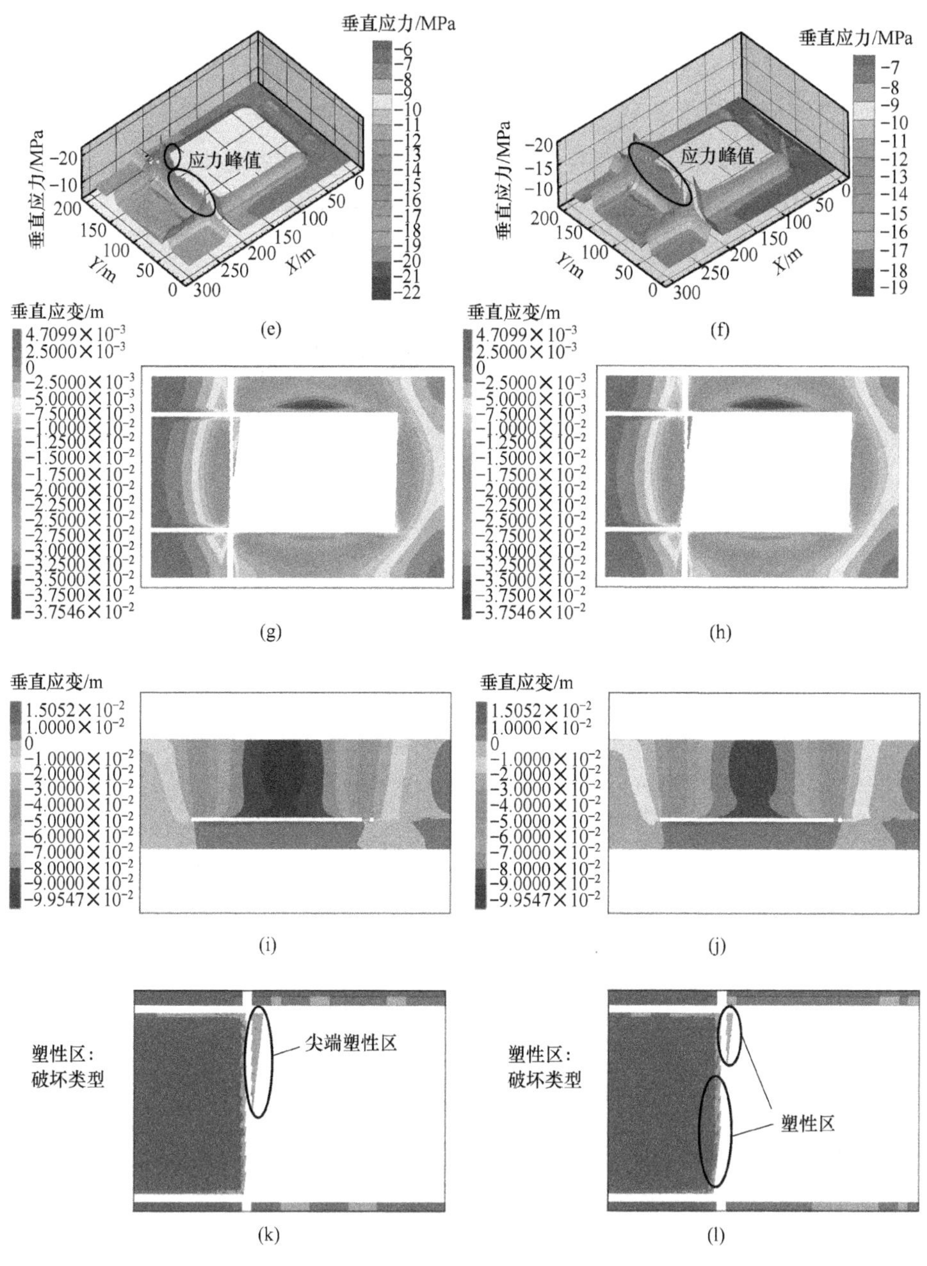

图 6-9 机尾距空巷 7m 与 4m 应力应变云图

(a)(e)距空巷 7m 垂直应力分布；(b)(f)距空巷 4m 垂直应力分布；

(c)距空巷 7m 水平应力分布；(d)距空巷 4m 水平应力分布；

(g)(i)距空巷 7m 垂直应变分布；(h)(j)距空巷 4m 垂直应变分布；

(k)距空巷 7m 塑性区；(l)距空巷 4m 塑性区

6.3 应力监测线监测分析

6.3.1 空巷两侧煤壁监测线分析

空巷揭露的过程即是三角形煤柱回收的过程，倾斜推进煤柱长度不断变短，数值模拟后在小煤窑空巷前方煤体 4m 及 3m 处分别取两条监测线，如图 6-10 中 *A*-*A*（213，*y*，27）、*B*-*B*（213，*y*，27），在监测线上每隔 5m 取一个检测点对煤体内部应力进行监测，这些监测线为机尾至空巷距离（如图 6-10 中的 *d* 的长度）。

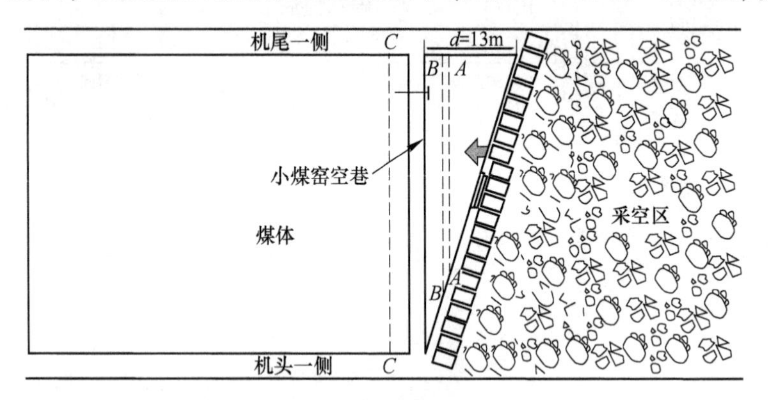

图 6-10 倾向监测线布置示意图

由图 6-11 可得出煤柱内部应力变化规律，监测线上垂直应力为负数，即为压应力。当煤柱最宽处有 25m 时煤体应力变化相对平缓，应力由外向内先升高后降低，只有在煤柱两端出现一定程度应力集中，且由于煤柱较宽，其监测线上应力变化出现一定程度的对称性，煤体内部平均应力约为 9.5MPa，监测点峰值约为 11MPa，如图 6-11 中的曲线 25 所示；随着调斜过程的推进煤柱两端的宽度变化出现差异，进风巷一端煤柱较宽，回风巷一端煤柱变窄，应力变化的对称性也随之消失，回风巷附近煤体的垂直应力迅速升高，如图 6-11 中的曲线 19 所示，监测点峰值约为 14MPa，煤体内部平均应力约为 10MPa；调斜结束后三角形煤柱尖端部分出现大面积塑性区，应力随之降低，但三角形煤柱核心区应力再次升高，回风巷一侧煤体内部应力由外向内先升高后降低、再次升高再次降低，这是煤体破碎后出现内应力场所致，如图 6-11 中的曲线 13 所示；50~80m 为内应力场区域，检测点峰值约为 17MPa；继续推进，工作面开始揭露空巷，塑性区煤体进一步破碎，内应力场不断后移，核心区应力不断升高，检测点峰值约为 18.5MPa，如图 6-11 中的曲线 10 所示；继续推进检测点峰值则达到 19MPa，如图 6-11 中的曲线 7 所示；深入煤壁 4m 可以检测到参与三角形煤柱的应力，如图 6-11 中的曲线 4 所示。沿走向看，三角形煤体应力核心区出现双峰结构，如图 6-12 所示，与威尔逊得出的结论相契合。

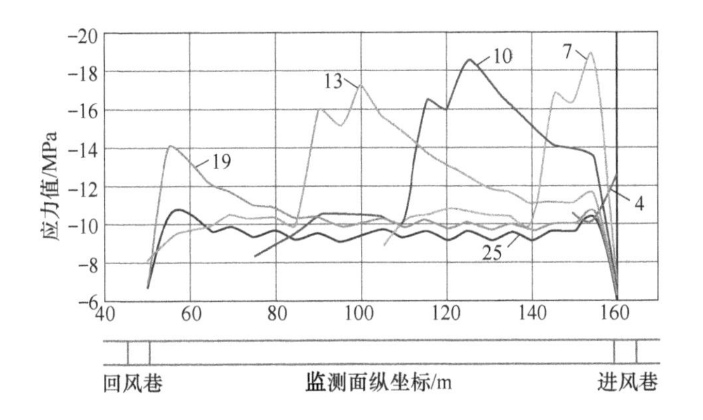

图 6-11 监测线 *A-A* 上应力变化曲线

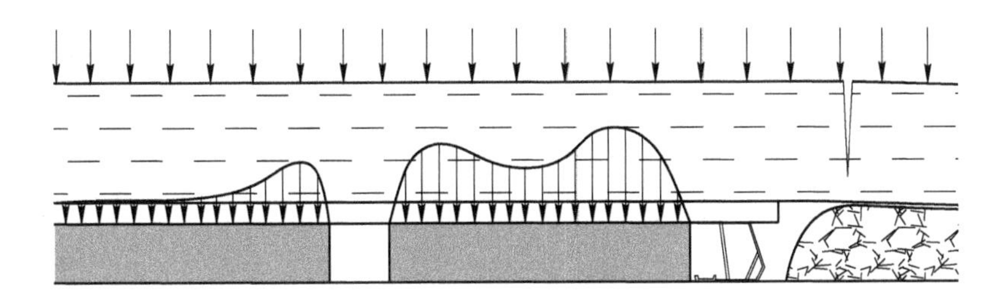

图 6-12 煤柱内支承压力结构

由图 6-13 可观察出监测线 *B-B* 上煤柱应力变化，核区应力峰值比监测线 *A-A* 上应力峰值大，说明煤柱沿倾向应力分布不均。图 6-14 为窄煤柱支承压力的“弧峰”形态。

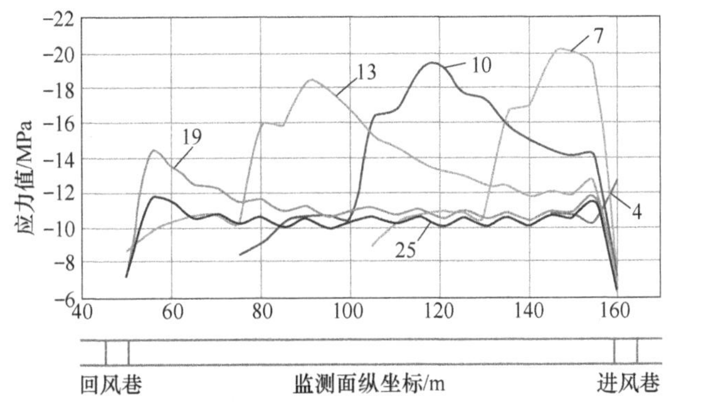

图 6-13 监测线 *B-B* 上应力变化曲线

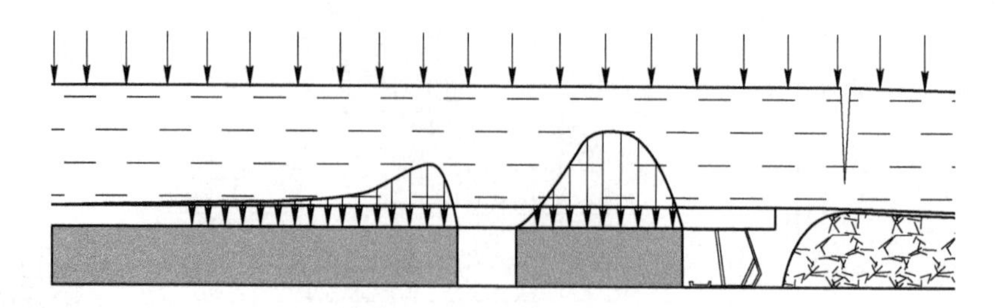

图 6-14 窄煤柱支承压力的“孤峰”形态

在空巷另一侧煤壁取一条监测线对煤体内部应力进行监测，监测线如图 6-10 中的 $C-C(223, y, 27)$ 所示，得出应力变化曲线如图 6-15 所示。

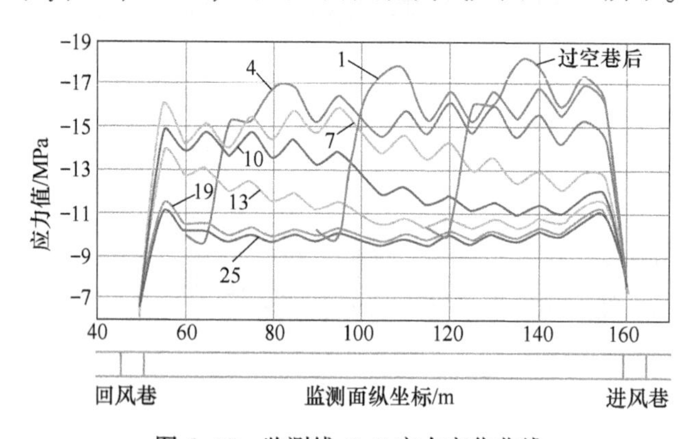

图 6-15 监测线 $C-C$ 应力变化曲线

三角形煤柱回收的过程中不断揭露小煤窑空巷，空巷后方的煤体也不断被采掘，所以上覆岩层的压力也逐渐转移至空巷后方煤体上。

由图 6-15 可以看出，在煤柱从 25m 推进到 19m 宽的过程中，深入空巷后方煤壁 3m 的垂直应力变化并不明显，其监测值也与图 6-11 和图 6-13 中曲线 25 的监测值差距不大，说明此时煤壁只受空巷两侧的残余支承压力影响，煤体处于稳定状态；随着调斜过程的推进，回风巷一侧煤体内部垂直应力迅速升高，说明在调斜过程中回风巷一侧的上覆岩层的重量不断地从破碎的三角形煤柱尖端转移至小煤窑空巷后方煤体上，调斜结束后监测线上垂直应力峰值达到 14MPa，如图 6-15 中的曲线 13 所示；空巷不断被揭露，空巷后方的煤体也随之开采，监测点应力峰值不断升高，同时应力的增加也在横向发展，被揭露的煤体开始承担更多的上覆岩层的重量，应力变化过程如图 6-15 中的曲线 13 到曲线 10 再到曲线 7 所示；继续推进，则监测线变短，峰值也不断向机尾一侧移动，数值也继续升高，应力变化过程如图 6-15 中的曲线 4 到曲线 1 再到曲线过空巷后所示。

通过对工作面平行揭露破坏区空巷与工作面调斜揭露破坏区空巷的对比分析

可知，工作面平行揭露空巷时，大面积地揭露空巷时会使控顶距突然增大，从而使工作面与空巷间煤柱发生突然性破坏失稳，形成大面积工作面来压，发生煤壁片帮、端面冒顶、顶板台阶下沉等灾害现象。

工作面调斜则可以避免工作面一次性大面积揭露空巷。工作面机头超前机尾割煤13m左右，使工作面前方煤柱形成梯形煤柱，继续推进工作面则形成三角形煤柱。形成三角形煤柱过程中应力集中首先发生在三角形煤柱的机头侧的顶角处，如图6-8（a）所示。集中应力的范围也在20~30m之间，而集中应力所造成的三角形煤柱塑性破坏区在30~35m之间，在此范围内煤柱顶角的支承强度降低。因此，在工作面调斜过程中工作面前方三角形煤柱的机头侧顶角处的煤体是重点保护的对象，应采取煤壁注浆加固、打设膨胀锚杆、端面支护及缩短控顶距等技术措施，防止煤壁发生片帮现象，保证工作面顺利推过破坏区空巷。表6-2为工作面前方支承压力特征。

表6-2 工作面前方支承压力特征

机尾与空巷间距/m	*B-B* 监测线应力峰值/MPa	*B-B* 监测线应力集中系数	峰值点距煤壁距离/m	*C-C* 检测线应力集中系数
25	11.97	1.50	4	1.35
19	14.51	1.81	3~4	1.40
13	18.23	2.28	3~4	1.75
10	19.72	2.47	3	1.88
7	20.51	2.56	3	2.04
4	12.71	1.59	4	2.21

工作面揭露空巷时形成三角形煤柱时，三角形煤柱从机头开始有50m左右已经完全塑性变形，如图6-8(k)所示，所以在理论计算中选择不规则煤柱1/2处构造“有效承载区”是有依据的。实际生产中为防止此部分塑性变形的煤体片帮，可将此部分煤体先开采、先揭露。

6.3.2 沿走向超前支承压力分析

沿工作面走向布置监测线，监测煤壁超前支承压力分布，便于进一步掌握煤体应力集中状况。监测线布置位置如图6-16所示，监测线75用于检测机头附近煤壁支承压力，监测线105用于检测工作面中部煤壁支承压力，监测线135用于监测机尾附近支承压力，监测线130、监测线140和监测线150可将机尾附近支承压力的监测细化。在监测线上每隔1m取一个检测点，范围从空巷前后各30m（图6-17中的横坐标27~30m为空巷）进行监测。

因上节已对倾斜方向上机尾距空巷25m、19m、13m、10m、7m和4m的煤壁内支承压力进行过分析，因此本节将不再对检测线之间的支承压力进行横向对比。

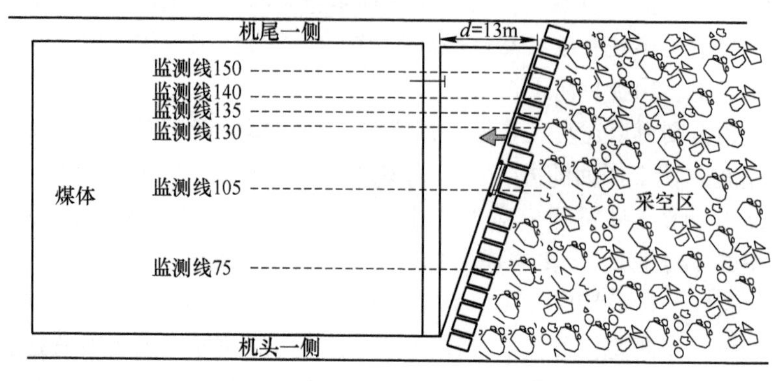

图 6-16 走向检测线布置示意图

如图 6-17 所示，机尾距空巷 25m 时，监测线 75、105、135 上不规则煤柱支承压力峰值较大且呈现双峰状；空巷内侧煤壁支承压力较小且呈现单峰状，先增大后减小，与正常开采煤壁前方支承压力分布相似。

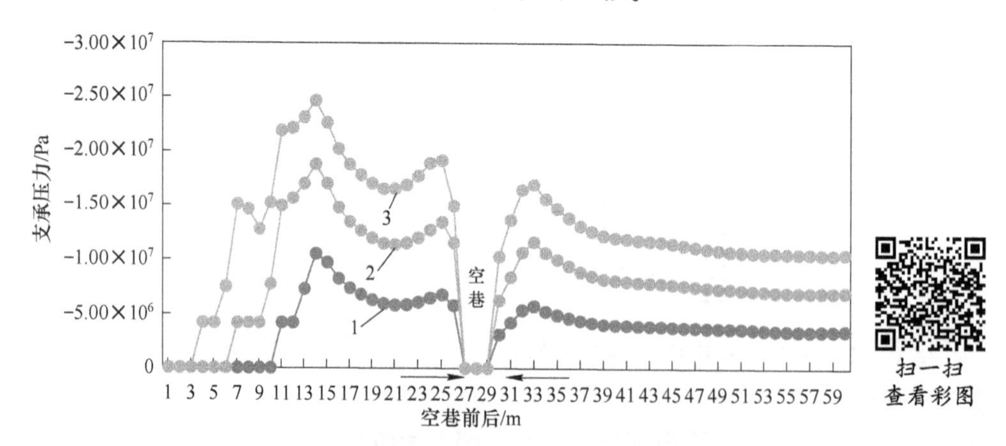

图 6-17 机尾距空巷 25m 支承压力分布图

1—监测线 75；2—监测线 105；3—监测线 135

如图 6-18 所示，机尾距空巷 19m 时，监测线 75、105、135 上不规则煤柱支承压力峰值较大且双峰形状渐趋不明显；空巷内侧煤壁支承压力较小且呈现单峰状，先增大后减小，与正常开采煤壁前方支承压力分布相似。

如图 6-19 所示，机尾距空巷 13m 时，监测线 75、105、135 上不规则煤柱与空巷内侧煤壁支承压力峰值大小相近，且均呈现单峰状，先增大后减小，说明随着工作面即将揭露空巷，机头附近不规则煤柱已经全部进入塑性状态。

如图 6-20 所示，机尾距空巷 10m 时，监测线 75、105、135 上不规则煤柱内支承压力峰值较小，且均呈现单峰状；空巷内侧煤壁支承压力急剧增大，说明随着工作面揭露空巷，超前支承压力已向空巷内侧煤壁转移。

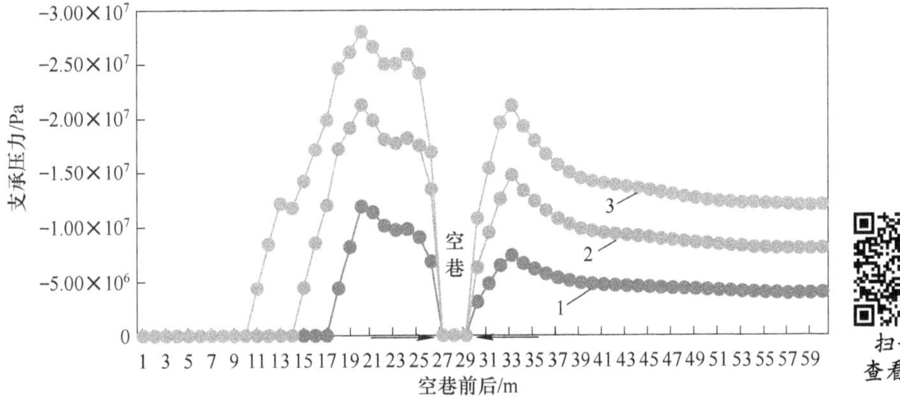

扫一扫
查看彩图

图 6-18 机尾距空巷 19m 支承压力分布图

1—监测线 75；2—监测线 105；3—监测线 135

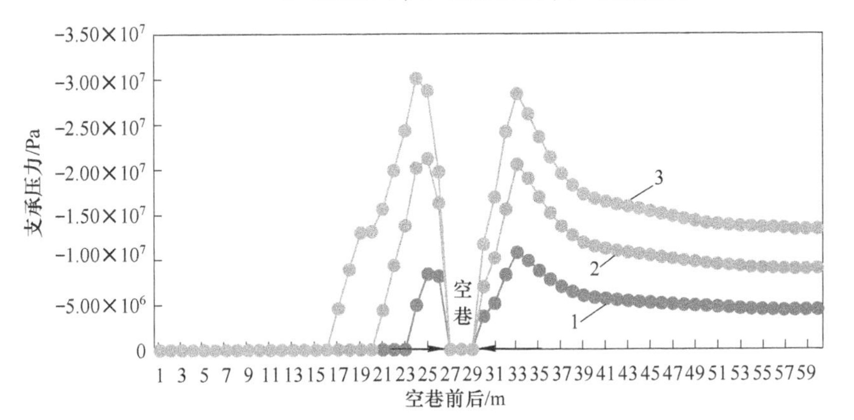

扫一扫
查看彩图

图 6-19 机尾距空巷 13m 支承压力分布图

1—监测线 75；2—监测线 105；3—监测线 135

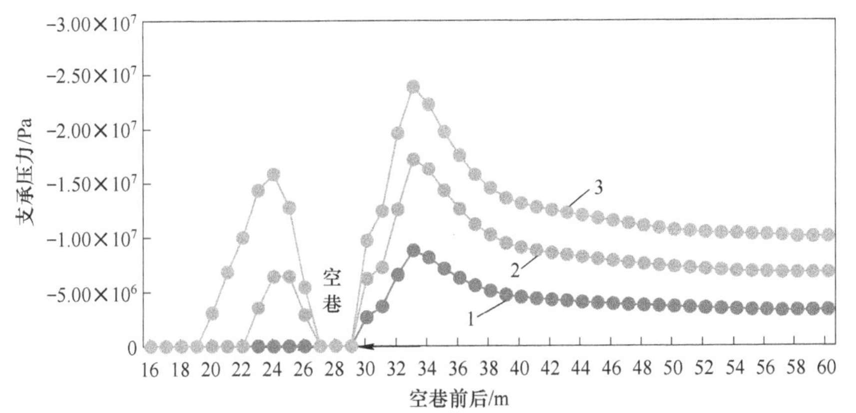

扫一扫
查看彩图

图 6-20 机尾距空巷 10m 支承压力分布图

1—监测线 75；2—监测线 105；3—监测线 135

如图6-21所示，机尾距空巷7m时，监测线75、105上数据已不能较准确反映煤壁内应力大小，因此引入监测线130、140和150。此时支承压力形状与机尾距空巷10m时类似，但空巷内侧煤壁支承压力再次急剧增大，超前支承压力向空巷内侧煤壁大幅度转移。

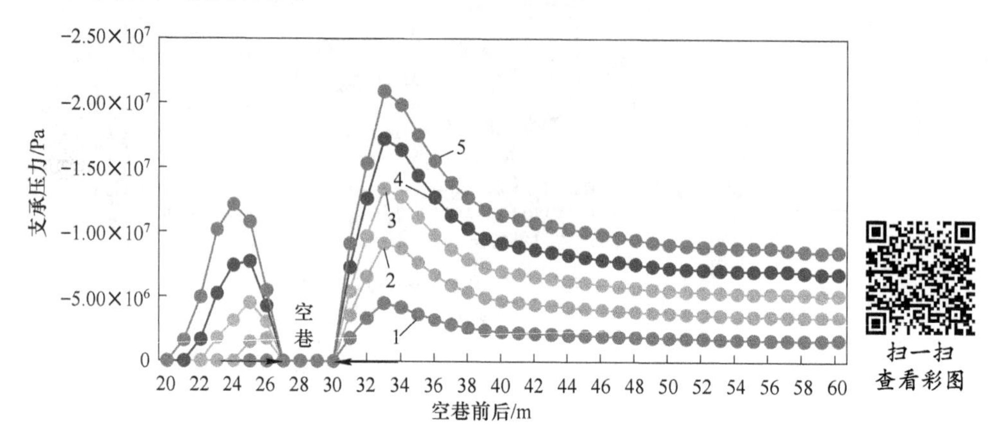

图6-21 机尾距空巷7m支承压力分布图

1—监测线75；2—监测线105；3—监测线130；4—监测线140；5—监测线150

如图6-22所示，机尾距空巷4m时，监测线130、140、150上不规则煤柱内支承压力峰值继续减小，空巷内侧煤壁支承压力减小，说明随着工作面完全揭露空巷，超前支承压力分布已向正常开采转变。

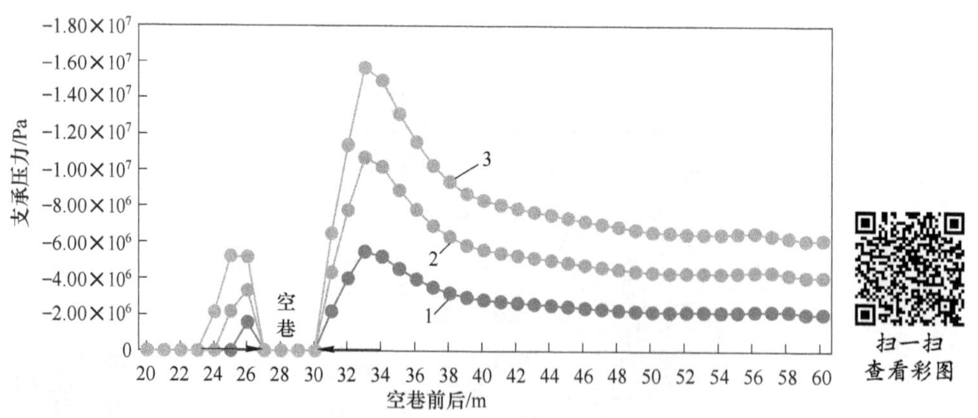

图6-22 机尾距空巷4m支承压力分布图

1—监测线130；2—监测线140；3—监测线150

6.4 小结

使用FLAC3D软件，根据E13105工作面实际地质条件，对工作面调斜过空巷整个过程进行数值模拟分析，分析结果表明：

（1）理论计算得出崔家寨矿 E13105 工作面平行揭露空巷时，矩形煤柱宽 13m 失稳，调斜角度为 6°时，梯形煤柱机头距离空巷 14m 时失稳，数值模拟得到机尾距离空巷 25m、机头距离空巷 12m 时，机头段煤体会出现明显应力集中，应力集中系数为 1.5。这也可以合理地解释调斜煤柱提前失稳的现象，理论计算与数值模拟基本符合。

（2）机尾距离空巷 20m 以下、机头距离空巷 7m 以下时，此时机头端煤柱内应力陡增，峰值点在机头端煤体 5~6m 之间，支承压力峰值在 14.5MPa 左右，并在机尾距离空巷 10m 左右达到极值 20MPa。

（3）工作面调斜过程中，机头一侧工作面要超前机尾一侧 13m 左右，这是为了避免工作面和空巷直接大面积贯通，使得工作面前方支承压力太大。工作面的调斜使机头一侧的煤柱最早出现应力集中，支承压力向机头一侧空巷后方实体煤转移，当整个工作面调斜完成之后，工作面前方的应力场形成。

（4）工作面调斜揭露空巷过程中形成三角形煤柱，应力集中首先发生在顶角处，然后随工作面的逐渐揭露向机尾一侧煤柱转移，在集中应力作用顶角处煤体首先发生破坏失稳，随着不断揭露空巷机尾一侧煤柱发生失稳。三角形煤柱的顶角处为煤壁加固以及端面支护的重点部位，可以将发生大面积塑性变形的尖角煤体先行开采出来。

7 破坏区煤层综采矿压显现规律实测研究

为进一步分析工作面过小煤窑空巷过程中顶板的运动及来压规律，掌握煤层内不存在小煤窑空巷与煤层内存在小煤窑空巷的两种情况下工作面的矿压显现规律，并为工作面支架—围岩关系、支架适应性研究及工作面的超前支护距离的确定提供依据，本章对 1 号煤层 E13103 工作面进行了矿山压力监测与实测数据分析。其中，E13103 工作面自开切眼开始前 439m 内不存在小煤窑空巷，而在随后的 240m 内存在 4 条与工作面近于平行的小煤窑空巷，空巷的宽度从 2. 6m 到 4m 不等，相邻两空巷间距从 70m 到 85m 不等。通过对工作面过空巷前后的支架受力特征进行分析，研究工作面过空巷的情况下工作面特殊的矿压显现规律。采用工作面矿压观测设备对 E130103 工作面中的综采支架工作阻力，工作面支架载荷等工况特征进行连续监测。

7.1 工作面矿山压力实测

7.1.1 监测方案

工作面支架压力监测方案如图 7-1 所示，工作面采用走向长壁后退式采煤法采煤，全部垮落法处理采空区顶板。工作面长度 110m，开采高度为 4m。工作面内共有 80 架液压支架，每隔 14 台支架设一个压力监测分站，分别为测点 1（15 号支架）、测点 2（30 号支架）、测点 3（45 号支架）、测点 4（60 号支架）、测点 5（75 号支架）。监测设备采用尤洛卡公司的 KJ216 型综采支架工作阻力监测

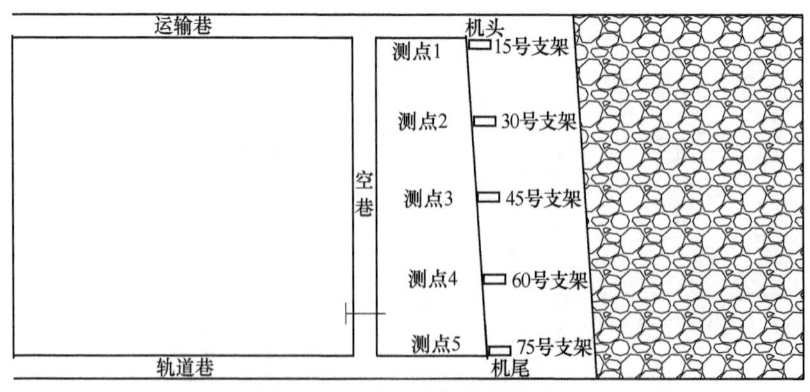

图 7-1　工作面支架监测方案

系统，对工作面支架初撑力、工作阻力和来压情况等特征进行连续监测，保证数据的连续性和完整性的同时汇总海量观测数据进行统计分析，总结工作面调斜过空巷矿压显现规律，为工作面支护提供理论依据，为支架选型提出指导意见。

按照崔家寨矿生产经验及前述分析可知，工作面与空巷间距在 46m 以上时，工作面开采推进并没有影响到空巷。而工作面在开切眼推进了 439m 时才揭露第一条空巷，所以可以认为前 390m 为工作面正常回采阶段。

由于所监测的工作面煤层为缓倾斜煤层，因此，所监测的支架阻力、支架所受载荷变化规律，可以揭示工作面在初采阶段及工作面过空巷前后的矿压显现规律。

7.1.2　监测内容

采用尤洛卡公司研发的 KJ216 型支架工作阻力监测系统，对工作面支架初撑力、工作阻力和来压情况等特征进行连续监测。在保证数据的连续性和完整性的同时汇总海量观测数据进行统计分析，总结工作面调斜过空巷矿压显现规律，为工作面支护提供理论依据，为支架选型提出指导意见。

7.2　矿压显现规律

7.2.1　正常回采阶段顶板垮落及支架来压特征

通过对工作面液压支架的工作阻力进行现场检测、数据处理与加权分析，建立了液压支架工作阻力的监测数据与工作面推进距离的关系曲线，其中以工作面推进距离为横坐标、液压支架时间加权工作阻力为纵坐标。同时，计算了各支架时间加权平均阻力 $\overline{P}_m$ 及均方差 σ，并以 $\overline{P}_m+\sigma$ 作为周期来压的判断依据。工作面正常回采阶段各测点实测结果如图 7-2～图 7-6 所示。

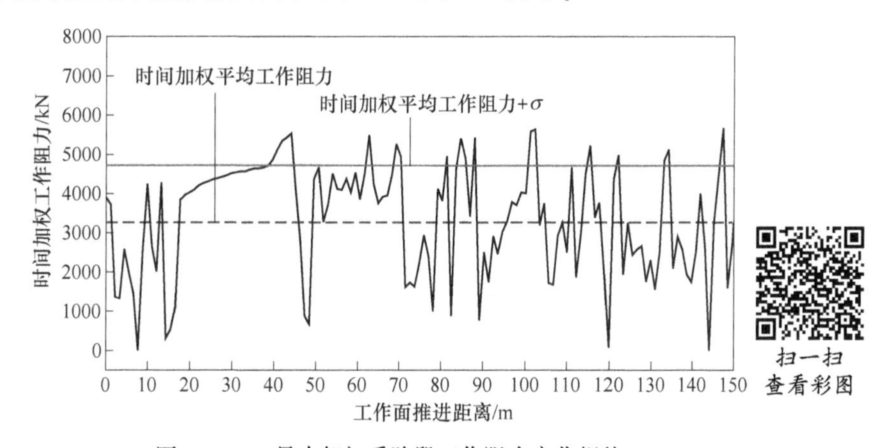

图 7-2　15 号支架初采阶段工作阻力变化规律

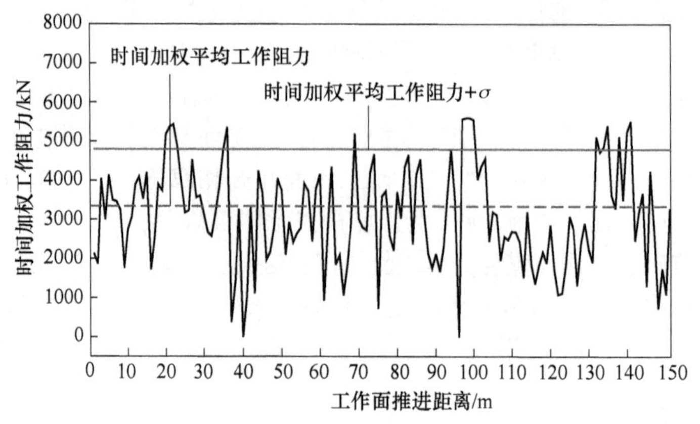

扫一扫
查看彩图

图 7-3 30 号支架初采阶段工作阻力变化规律

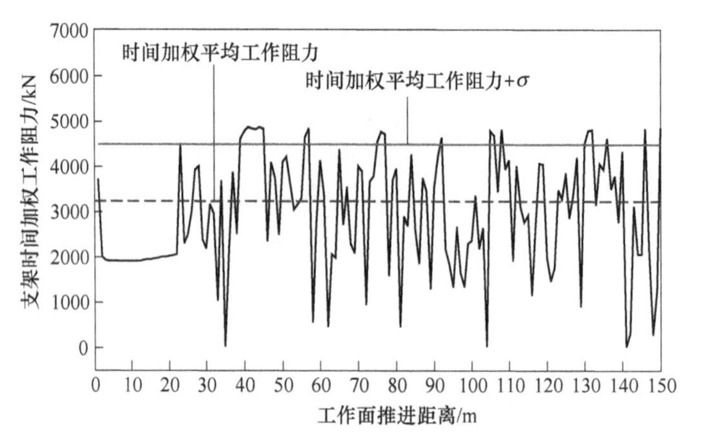

扫一扫
查看彩图

图 7-4 45 号支架初采阶段工作阻力变化规律

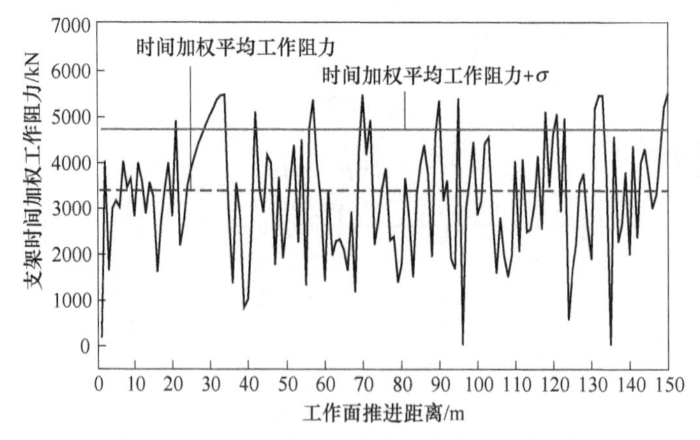

扫一扫
查看彩图

图 7-5 60 号支架初采阶段工作阻力变化规律

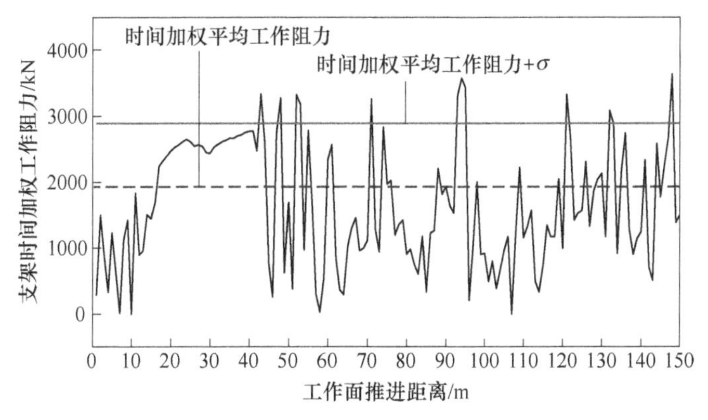

图 7-6 75 号支架初采阶段工作阻力变化规律

表 7-1 为工作面初次来压情况统计表，表 7-2 为工作面周期来压步距统计表，表 7-3 为工作面周期来压支护阻力统计表。

表 7-1 工作面初次来压情况统计表

支架编号	15 号	30 号	45 号	60 号	75 号	平均值
来压步距/m	43	38	27	30	39	35.4
来压强度/kN	5100	4840	5786	5372	4365	5092.4
动载系数	1.7	1.77	2.1	1.97	1.9	1.88

表 7-2 工作面周期来压步距统计表 （m）

支架编号	1*T*	2*T*	3*T*	4*T*	5*T*	6*T*	平均值
15 号	15	9	16	17	14	15.6	14.4
30 号	19	19	16	22	16	13	17.5
45 号	14	19	16	14	22	14	16.5
60 号	11	16	13	18	9	21	14.7
75 号	18	21	13	13	14	15	15.7
平均值	15.8						

注：*T* 为周期，表示第几次周期来压步距。

表 7-3 工作面周期来压支护阻力统计表

支架编号	15 号	30 号	45 号	60 号	75 号	平均值
平均阻力/kN	3267	3236	3442	3395	1833	3035
周期来压时平均阻力/kN	5300	4820	5600	5480	3600	4960
占额定阻力比值/%	81	74	86	84	56	76
动载系数	1.62	1.49	1.63	1.61	1.96	1.63

通过分析图 7-2～图 7-6 以及表 7-1～表 7-3 可以得到，E13103 工作面初采阶段的矿压规律如下。

A 直接顶初次垮落

E13103 工作面在初采阶段进行了井下顶板垮落情况观测，由于工作面直接顶为强度较低的黏土岩，因此自工作面开切眼开始，直接顶就随工作面随采随落，且直接顶垮落岩石块度较小，并且直接顶垮落时伴随着“板炮”声，持续时间约 1.5d。同时，根据支架阻力的监测结果，直接顶垮落时支架增阻明显，直接顶垮落动载系数 1.28～1.34，平均值 1.31。

B 基本顶初次来压

表 7-1E13103 工作面初次来压情况显示，当工作面推进至 27m 左右时，工作面中部基本顶开始垮落。当工作面机头推进 43m，即工作面平均推进 35.4m 时，工作面端头基本顶垮落完毕。由此认为基本顶破断特征如下：

工作面中部基本顶的初次垮距较短，而两端的垮落步距较长，且从工作面中部基本顶开始垮落到两端头垮落完毕，持续时间约 3d。同时，根据表 7-1 统计数据分析可知，工作面中部支架的来压强度较大，来压强度为 5786kN，而两端头支架的来压强度较小，且机尾附的支架来压强度普遍较小。根据支架工作阻力变化曲线分析可知，基本顶初次来压沿工作面倾向表现出了明显的不同步现象（见图 7-2～图 7-6），即工作面支架从机头到中部增阻特性明显，部分支架安全阀开启。

C 基本顶周期来压

表 7-2 和表 7-3 中 E13103 工作面周期来压情况显示，在基本顶初次跨落后，工作面支架会受到一次冲击，造成支架压力普遍增大的现象，这就是工作面的初次来压现象。工作面初次来压后，随着工作面的继续推进，工作面基本顶又会发生周期破断，周期破断同样会造成工作面支架的工作阻力增大的现象，这就是工作面的周期来压现象。一般地，周期来压的强度与来压步距都比初次来压小。由图 7-2～图 7-6 及表 7-2 和表 7-3 分析可知：

15 号支架的最大周期来压步距为 17m，最小周期来压步距为 9m，平均值为 14.4m，周期来压强度为 5300kN，占额定工作阻力的 81%，动载系数为 1.62，来压时间比较短，来压强度比较大。

30 号支架的最大周期来压步距为 22m，最小周期来压步距为 13m，平均值为 17.5m，周期来压强度为 4820kN，占额定工作阻力的 74%，动载系数为 1.49，来压时间比较短，来压强度不大。

45 号支架的最大周期来压步距为 22m，最小周期来压步距为 14m，平均值为 16.5m，周期来压强度为 5600kN，占额定工作阻力的 86%，动载系数为 1.63，来压时间持续时间较长，来压强度比较大。

60 号支架的最大周期来压步距为 21m，最小周期来压步距为 9m，平均值为

14.7m，周期来压强度为5480kN，占额定工作阻力的84%，动载系数为1.61，来压时间比较长，来压强度较大。

75号支架的最大周期来压步距为21m，最小周期来压步距为13m，平均值为15.7m，周期来压强度为3600kN，占额定工作阻力的56%，动载系数为1.96，来压时间比较短，来压强度不大。

7.2.2 揭露空巷过程顶板垮落及支架来压特征

7.2.2.1 单一支架过不同空巷

选取工作面距第一条空巷前50m到工作面推过第四条空巷后300m范围内的支架工作阻力进行整理分析，即选取工作面推进至390~690m之间的支架工作阻力数据，分析工作面位置与支架支护阻力的关系。工作面在300m范围内先后揭露了4条平行的小煤窑空巷，4条平行小煤窑空巷分别位于距切眼439m、509m、592m、674m处。选取E13103工作面15号支架数据进行处理并分析，得到工作面推进距离与支架工作阻力之间的关系如图7-7所示。

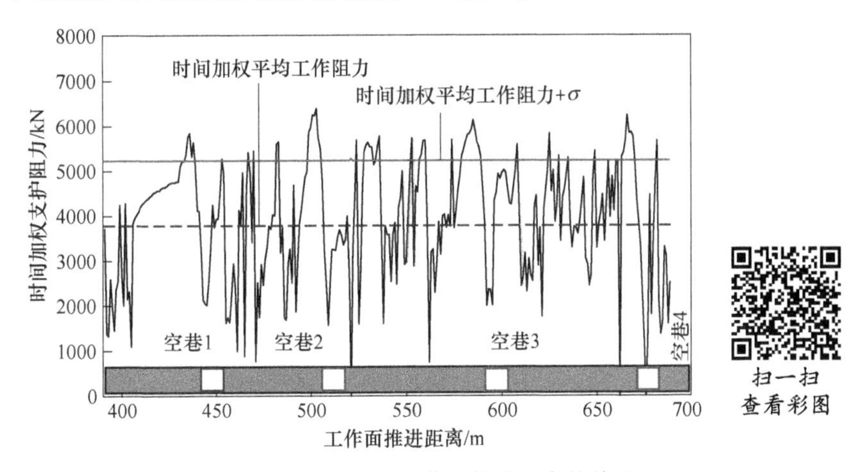

图7-7 15号支架工作阻力与工作面推进距离的关系

15号支架揭露各空巷前支护阻力统计表见表7-4。

表7-4 15号支架揭露各空巷前支护阻力统计表

空巷编号	支护阻力峰值/kN	峰值点与空巷间距/m	动载系数	与额定工作阻力比/%
空巷1	5800	7	1.49	89.2
空巷2	6282	10	1.62	96.6
空巷3	6100	8	1.57	93.8
空巷4	5859	8	1.51	90.1

15 号支架在工作面推进到距离第一条空巷 20m 处，支架工作阻力开始逐渐增加，随着工作面继续推进至距第一条空巷 7~9m 时，支架工作阻力出现了峰值区，约为 5800kN。在穿过第一条空巷的过程中，支架工作阻力维持在一个较低的水平，平均约为 2254kN。推过第一条空巷之后，随着顶板悬露长度的增加，支架工作阻力又逐渐增加，并且在推过第一条空巷约 15m 后，支架工作阻力再次出现峰值，为 4200kN。在此之后，工作面揭露每一条空巷时均呈现出相同趋势。在距第二条空巷 11~8m 处，支架工作阻力进入一个峰值区域，最高峰值为 6282kN，揭露第二条空巷过程中支架工作阻力为 2678kN，推过第二条空巷约 15m 后再次出现压力峰值，为 4173kN。在距离第三条空巷 9~7m 处，支架工作阻力出现压力峰值，为 6100kN；揭露第三条空巷过程中支架工作阻力为 3168kN，推过第三条空巷后约 10m 出现下一个压力峰值，为 4491kN。在距离第四条空巷约 8m 处，支架工作阻力出现压力峰值，为 5859kN，揭露第四条空巷过程中支架工作阻力为 2342kN。

综合以上工作面过空巷支架支护阻力与空巷空间位置关系及各参数统计分析可知，在工作面推进到距空巷 7~11m 时支架的支护阻力明显升高，工作面发生大面积来压；而在工作面过空巷的过程中，支架的最大支护阻力也在此范围内，支架出现较长距离的高水平压力；主要原因为上覆关键层在工作面即将揭露空巷过程中，空巷与工作面间的煤柱失去稳定支承能力，造成工作面上方的顶板超前破断，导致基本顶的顶板的破断距突然加大，对支架造成冲击，从而使支架工作阻力大幅增加，导致工作面压力增大。同时小煤窑的存在使顶板较为破碎，关键层发生破断后的冲击，导致煤壁前方的顶板发生一定的扰动，从而给工作面造成一定的压力。

工作面在揭露小煤窑巷道之前，由于工作面与空巷之间的煤柱宽度逐渐减小，导致作用在支架上的压力逐渐增大，支架工作阻力呈现出较高水平。推进到距离小煤窑空巷附近时，工作面调整布置方向，减少了揭露面积，使得在揭露小煤窑空巷的过程中支架工作阻力较揭露前整体呈现出减小的趋势。穿过空巷之后，支架工作阻力变化与普通工作面一致。

7.2.2.2 不同支架过同一空巷

这四条空巷到开切眼的距离分别为 193m、270m、348m、426m，其矿压规律有相似性，选取第 3 条空巷为研究对象，对 15 号、30 号、45 号、60 号和 75 号支架数据进行统计分析，研究工作面推进在 315~380m 之间的矿压规律，即从距第 3 条空巷 33m 到工作面推过第 3 条空巷后 33m 的整个过程的矿压规律。支架工作阻力随工作面推进变化关系如图 7-8~图 7-12 所示。

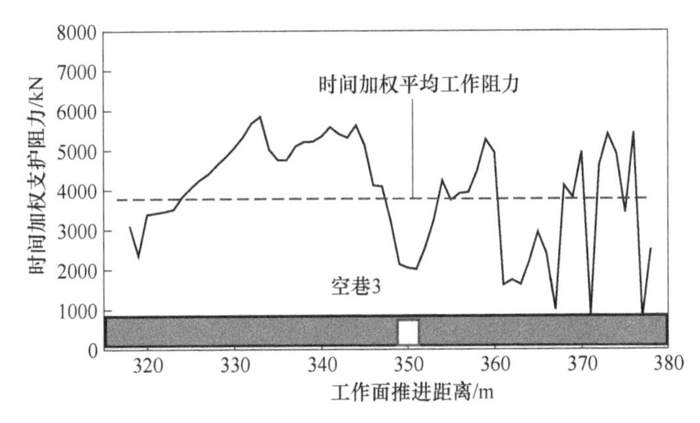

图 7-8　15 号支架平均工作阻力与推进距离的关系

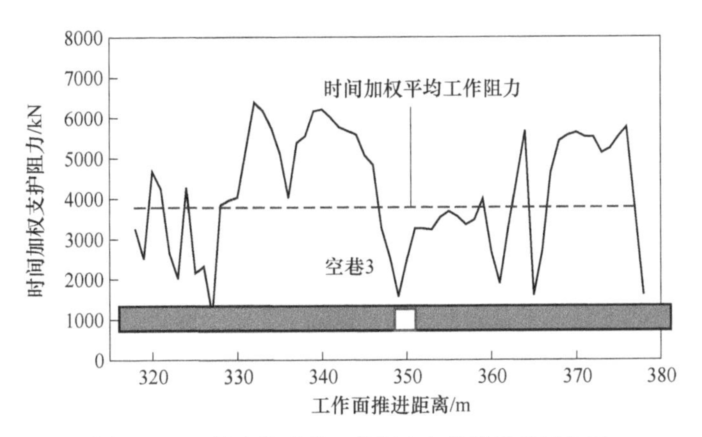

图 7-9　30 号支架平均工作阻力与推进距离的关系

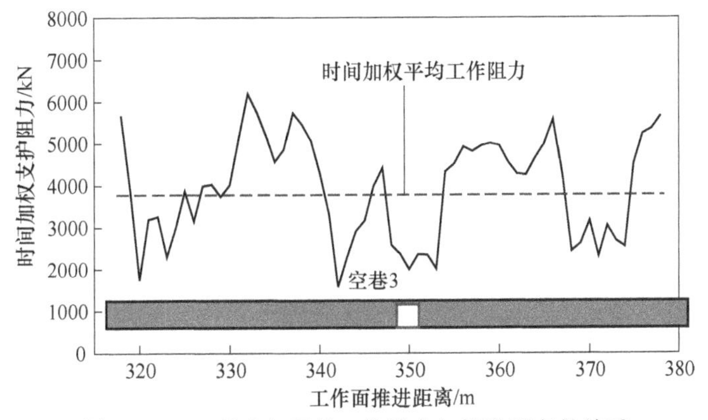

图 7-10　45 号支架平均工作阻力与推进距离的关系

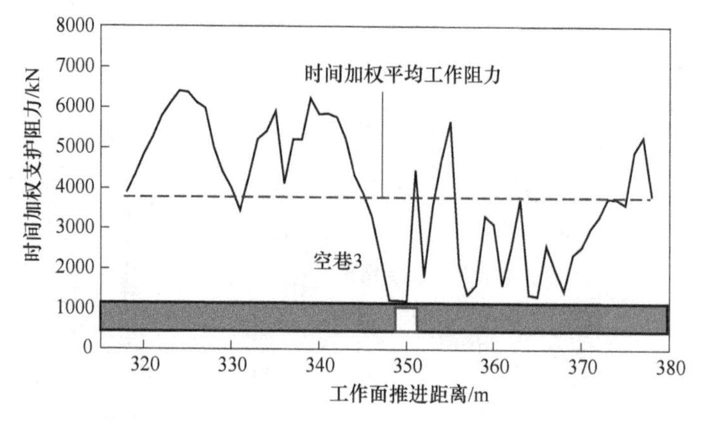

图 7-11 60 号支架平均工作阻力与推进距离关系

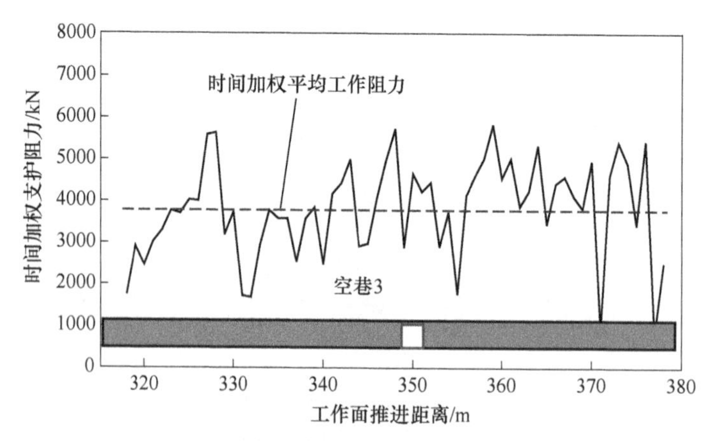

图 7-12 75 号支架平均工作阻力与推进距离关系

工作面距离空巷 30m 时开始进入调斜开采阶段，工作面先进行调斜再平行推进并逐步揭露空巷，此过程中支架工作阻力先增加后减小，在揭露空巷时达到谷值。15 号支架在距空巷 16m 时工作阻力出现峰值，一个工作循环即时间加权的平均工作阻力为 5842kN；继续推进，工作阻力先下降后上升，在距空巷 4m 处再次出现峰值，5842kN。支架揭露空巷的过程中，工作阻力的大小在一个较低的水平，为 2000~3000kN。工作面过空巷后，随着继续推进悬顶距的增加，支架工作阻力再次上升，在持续推进约 9m 后出现压力峰值，为 5100kN。其余支架在过空巷前后，来压趋势与 15 号支架大致相同。30 号支架距空巷 16m 处，初次压力峰值高达 6388kN，距空巷 7m 时二次压力峰值高达 6215kN，揭露空巷时支架阻力平均为 3600kN，空巷右侧 14m 处出现的压力峰值约为 5700kN。45 号支架距空巷 17m 处，初次来压峰值高达 6191kN，距空巷 10m 时二次压力峰值高达 5736kN，揭露空巷时支架阻力平均为 2200kN，空巷右侧 7m 处出现的压力峰值约为

4800kN。60 号支架距空巷 25m 处，初次来压峰值高达 6499kN，距空巷 8m 处，二次来压峰值高达 6410kN，揭露空巷时支架阻力平均为 1200kN，空巷右侧 5m 处出现的压力峰值约为 5800kN。75 号支架距空巷 21m 处，初次来压峰值高达 5798kN，揭露空巷时支架阻力平均为 4000kN，空巷右侧 9m 处出现的压力峰值约为 5988kN。

过第 3 条空巷过程参数统计见表 7-5。

表 7-5 过空巷过程工作阻力统计表

支架编号	支护阻力峰值/kN	前方峰值与空巷间距/m	后方峰值与空巷间距/m	动载系数	与额定工作阻力比/%
15 号支架	5842	4	9	1.49	94.2
30 号支架	6388	8	14	1.69	103.0
45 号支架	6197	10	7	1.57	100
60 号支架	6410	8	5	1.78	103.4
75 号支架	5798	0	9	1.61	96.7

图 7-13 为过空巷前后支架工作阻力三维分布图，x 轴为支架号，y 轴为工作面推进距离，z 轴为支架工作阻力；来压峰值一般出现在空巷前方 6~10m 处，平均为 6m。

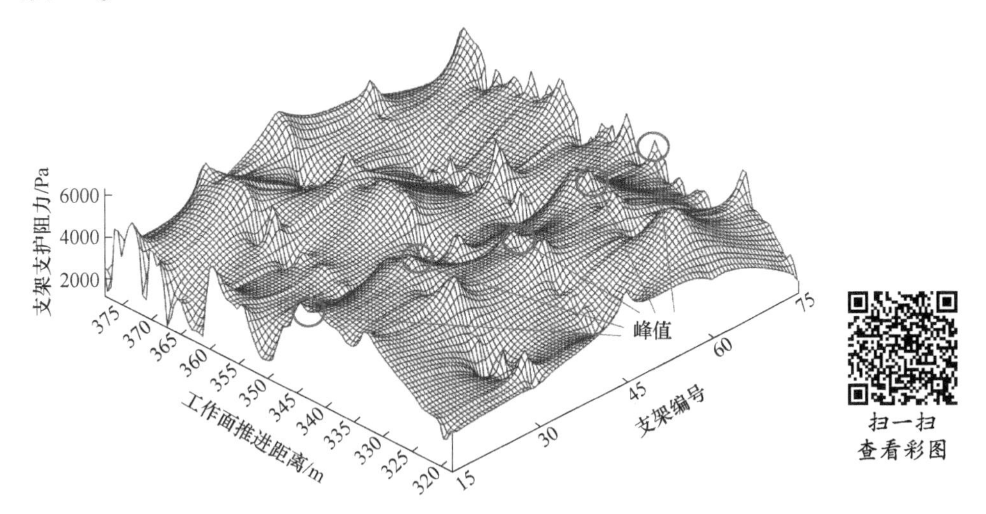

图 7-13 过空巷三维矿压示意图

经统计分析工作面调斜过空巷过程中支架工作阻力随支架到空巷距离的变化关系可知，在调斜开采阶段会出现两次来压峰值，初次来压峰值一般较大，发生在距空巷 15~20m 处，二次来压峰值相对较小，发生在距空巷 5~10m 处，在工作面揭露空巷的过程中支架工作阻力处在谷值，从2000kN到4000kN不等。工作面穿过空巷后来压形态与正常周期来压相类似。

长跨度块体的破断形成会导致工作面突然来压，形成过空巷最大初次来压峰值。工作面在距离空巷15~20m处出现大面积来压，工作阻力在较长时间内处于非常高的水平，此时煤壁顶板破碎，支护难度加大，极有可能造成冒顶压架事故；出现这种现象的主要原因为不规则煤柱变窄失稳导致支承力不足，工作面上方基本顶超前破断形成长跨度多支承失稳块体所致。距空巷5~10m时，长跨度块体的剧烈回转下沉是造成二次压力峰值的原因。

工作面平行揭露空巷会导致矩形煤柱的突然失稳以及基本顶应力的突然释放，对支架的冲击是非常大的。在调斜开采后，不规则煤柱失稳是从机头至机尾逐渐失稳，应力的冲击相对于平行揭露空巷要小许多。

7.2.3 监测结果分析

由以上分析可知，在通过空巷前后一定距离压力均出现峰值，而在过空巷期间压力均呈现出低水平。这种现象与上覆岩层的运动密切相关，随着工作面向前推进，与空巷之间的煤柱宽度逐渐减小，逐渐丧失承载能力；由于空巷的存在使得上覆岩层在空巷前方发生破断，当煤柱完全进入塑性状态时，上覆岩层破断造成工作面压力增大。穿过空巷以后，工作面推进至上覆岩层破断处，此时的破断块体相当于一个点支承状态，工作面继续向前推进，破断块体冒落，再次造成工作面压力增大。

7.3 支架适应性分析

液压支架是工作面主要设备之一，液压支架的适应性是指在其寿命内在遇到的各种环境的作用下能实现的所有的预定功能、性能和不被破坏的能力。工作面支架要具有良好的适应性，不仅要求支架在正常回采的条件下能够有足够的支护效果，而且在工作面遇到特殊突发情况下，也能保证工作面不会出现较大的矿压事故。这就要求工作面支架在支护刚度、支护强度上充分地与所在的工作面地质条件相符合。

E13103工作面采用ZZ6500-20/42支架，由以上分析可知，当工作面揭露空巷过程中支架的最大工作阻力（5800kN、6282kN、6100kN、5859kN）分别达到了6282kN，其中揭露第二条空巷时的最大工作阻力占额定工作阻力的96.6%，支架过空巷过程支架的额定工作阻力富裕系数较小。因此，支架在一定状态下并不能满足工作面安全生产，应提高支架的额定工作阻力，保障生产设备安全运行。

根据前面的计算结果可知，E13103工作面选用的支架额定工作阻力不能满足所需的工作面阻力要求，工作面存在发生较强烈矿压显现或压架的危险性。但工作面压架与否受工作面支护质量、工作面现场管理、推进速度等因素综合影响，一定条件下通过提高工作面支护质量和来压预报，充分发挥支架支护效能等措施，可以在一定程度上弥补支架工作阻力的不足，避免压架问题。

从 E13103 工作面支架的支护阻力数据分析发现，支架存在很多的问题，虽然前期进行了多次的维修与补强支护，但目前仍有支架存在无法给压的问题。工作面支架的自身问题客观存在，这必然影响到工作面强烈来压时支架的安全性。因此，E13103 工作面支架在工作阻力富裕量不足的情况下其自身性能和质量必须保证，才能很好地避免工作面矿压事故的发生。

7.4 小结

本章主要通过对 1 号煤层的 E13103 工作面进行矿压监测并分析矿压数据，得出在工作面初采阶段及工作面过空巷阶段工作面的矿压规律。其中，E13103 工作面自开切眼开始前 439m 内并没有小煤窑空巷，而在随后的 240m 内存在 4 条与工作面近于平行的小煤窑空巷，空巷的宽度从 2.6m 到 4m 不等，相邻两空巷间距从 70m 到 85m 不等。通过对工作面过空巷前后的支架受力特征进行分析，研究了存在空巷的情况下工作面的普遍矿压显现规律。

工作面从开切眼开始到推进 439m 之前并未揭露空巷，工作面的矿压显现规律与正常回采工作面一样；通过支架矿压分析得出工作面初次来压步距为 35.4m，周期来压步距为 15.8m，工作面来压强度并不大，周期来压的持续时间比较短。

由于工作面超前支承压力的影响，因此将工作面距空巷 30m 以内作为工作面过空巷开始检测的起点，通过工作面过空巷支架支护阻力的监测分析结果表明，支架工作面过空巷过程中的支护阻力普遍高于正常回采工作面的支护阻力，来压强度明显大于周期来压强度；且工作面过空巷过程中支架支护阻力发生在工作面揭露空巷前 7~10m 区间；这表明工作面上方顶板发生超前破断造成顶板破断距突然加大，从而使得工作面支架支护阻力发现普遍显著增加的现象。因此，这也进一步验证了第 3 章提出的工作面过空巷顶板破断力学模型的合理性。

8　破坏区煤层孤岛工作面综采数值模拟研究

本章依据 E13107 及相邻工作面的地质条件，建立工作面的三维模型，模拟孤岛工作面形成以后围岩应力的分布情况；模拟不同阶段中围岩应力的变化，更全面地掌握工作面围岩应力分布规律。

8.1　数值模拟

为了系统地掌握 E13107 工作面支承压力分布特征以及过破坏区空巷过程中围岩应力的变化规律，结合工作面地质情况，建立 FLAC3D 数值计算模型，分析孤岛工作面开采前围岩应力分布特征、孤岛工作面非破坏区阶段煤柱、工作面垂直应力和水平应力分布及其变化规律，以及工作面“摆动调斜”过破坏区空巷阶段垂直应力变化及煤柱塑性区演化规律。

8.1.1　模拟参数选择

根据 E13107 工作面煤岩层柱状图、自身地质条件和物理力学实验结果，确定计算模型的基本参数。

8.1.1.1　模型未开挖时煤岩层物理力学参数

模型开挖前，煤岩层是弹塑性较强的地质材料，在模型开挖前材料没有达到屈服极限，可认为其处于弹性状态。对顶底板岩层（粉砂岩、黏土岩、灰岩）、煤层采用 Elastic 各向同性弹性模型，此模型运算快，只需两个材料参数，即体积模量和切变模量。

8.1.1.2　模型开挖后煤岩层物理力学参数

模型开挖后，顶底板岩层是弹塑性材料，会产生较大塑性变形，在开挖后由于应力集中，材料会达到屈服极限，塑性变形较为严重。对顶底板岩层（粉砂岩、黏土岩、灰岩）采用莫尔-库仑本构模型，摩尔-库仑屈服准则为

$$f_s = (\sigma_1 - \sigma_3) - 2c\cos\varphi - (\sigma_1 + \sigma_3)\sin\varphi \qquad (8-1)$$

式中　σ_1，σ_3——最大、最小主应力；

c，φ——内聚力、摩擦角。

当$f_s<0$时，岩层将发生剪切破坏。E13107 工作面顶底板煤岩层岩石力学参数见表 8-1。

表 8-1 工作面顶底板物理力学参数

岩　性	体积模量/GPa	剪切模量/GPa	内聚力/MPa	内摩擦角/(°)	抗拉强度/MPa	容重/$kN \cdot m^{-3}$
粉砂岩	5.56	4.26	5.5	36	2.5	24.6
细砂岩	10.87	6.27	9.1	40	8.6	28.7
黏土岩	5.28	2.61	3	35	2.5	24.3
炭质黏土岩	5.28	2.61	3	35	2.5	24.3
3 号煤层	4.86	1.35	1.5	23	2	13.8
黏土岩	5.28	2.61	3	35	2.5	24.3
细砂岩	10.87	6.27	9.1	40	8.6	28.7
砂质黏土岩	5.28	2.61	3	35	2.5	24.3
黏土岩	5.28	2.61	3	35	2.5	24.3
1 号煤层	4.86	1.26	1.5	23	2	13.8
含炭黏土岩	5.28	2.61	3	35	2.5	24.3
鲕状黏土岩	5.28	2.61	3	35	2.5	24.3
灰岩	13.47	8.75	12	41	9	26.5

8.1.2 采空区充填材料参数确定

模型开挖后采用双屈服模型材料充填采空区，用来模拟实际采空区垮落岩石。采空区充填材料应力应变关系采用计算公式如下：

$$\sigma = \frac{E_0\varepsilon}{1 - \dfrac{\varepsilon}{\varepsilon_m}} \tag{8-2}$$

$$E_0 = \frac{10.39\sigma_c^{1.042}}{b^{7.7}} \tag{8-3}$$

$$b = \frac{h_m - h_n}{h_n} \tag{8-4}$$

$$\varepsilon_m = \frac{b - 1}{b} \tag{8-5}$$

式中　σ——采空区应力，MPa；

ε——采空区应变；

ε_m——采空区最大应变；

E_0——初始模量，MPa；

σ_c——基本顶细砂岩抗压强度，MPa；

b——碎胀系数；

h_m——采高，m；

h_n——垮落带高度，m。

冒落带高度、工作面采高等相关计算参数见表 8-2。

表 8-2 相关计算参数

项目	冒落带高度 /m	工作面采高 /m	碎胀系数	初始模量 /MPa	基本顶抗压强度 /MPa
取值	4.63	3.2	1.45	15.91	87.41

计算得出充填材料应力应变关系如图 8-1 所示。

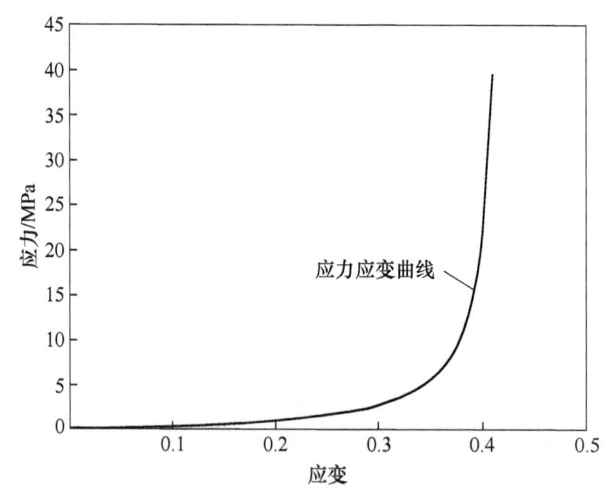

图 8-1 充填材料应力应变关系

根据应力应变关系调整参数赋值，最终参数见表 8-3。

表 8-3 采空区充填材料参数

项目	体积模量/GPa	剪切模量/GPa	摩擦角/(°)	弹性模量/GPa	泊松比
取值	16.39	7.45	22	19.41	0.3

8.1.3 数值模型建立

根据崔家寨矿 E13107 工作面地质概况，建立相应的数值计算模型。对于模型的侧面和底面，运用 fix 命令限制模型水平以及垂直方向的移动，在模型的上方，施加自重应力，大小与上覆岩层等效。数值计算模型如图 8-2 所示。

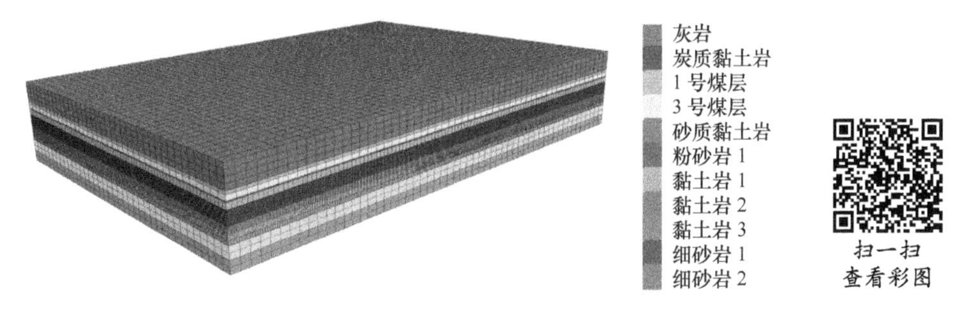

图 8-2 数值计算模型

E13107 孤岛工作面上部为 E13105 工作面，下部为 E13109 工作面，模型中 E13105 工作面长度为 100m，E13109 工作面长度为 120m，E13107 工作面长度为 110m，区段煤柱宽度均为 25m。为了更好地模拟效果，在模型边界处各留设了 50m 的边界煤柱。模型的长为 448m，宽为 304m，高为 75m。

首先开挖工作面前方的空巷，其次开挖 E13105 工作面和 E13109 工作面，再次开挖 E13107 工作面的运输平巷和回风平巷，通过开切眼贯通形成 E13107 孤岛工作面并推进回采。计算各个单元的应力平衡，随后进行处理并分析计算结果。图 8-3 为模型开挖示意图。

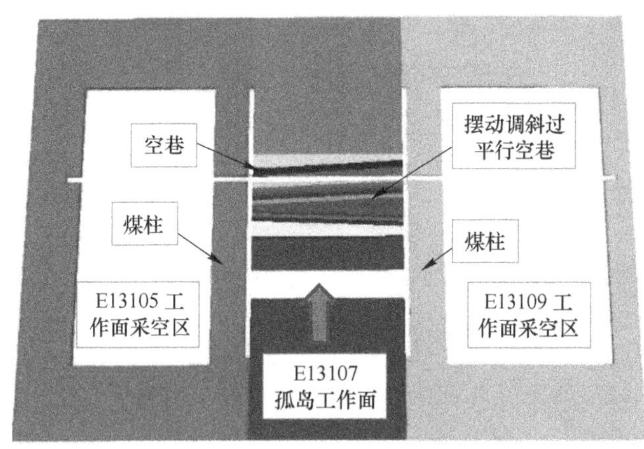

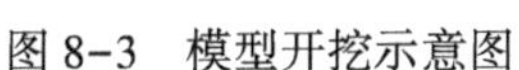
图 8-3 模型开挖示意图

8.2 非破坏区阶段开采模拟分析

E13107 工作面前 100m 内没有空巷，定义该阶段为工作面非破坏区阶段。工作面采用“摆动调斜”技术揭露空巷，定义工作面开始摆动调斜为破坏区过空巷阶段。

8.2.1 工作面开采前应力场分布模拟分析

由图 8-4～图 8-6 可知，两侧工作面开采以后，孤岛工作面围岩应力达到了新的平衡状态。其中，区段煤柱在采空区一侧产生较大范围的应力集中，上下端头煤柱应力集中无明显差异；在孤岛工作面内，回采巷道一侧及空巷两侧均受到不同程度的影响，主要在空巷与回采巷道交叉点附近范围内产生较明显的应力集中。

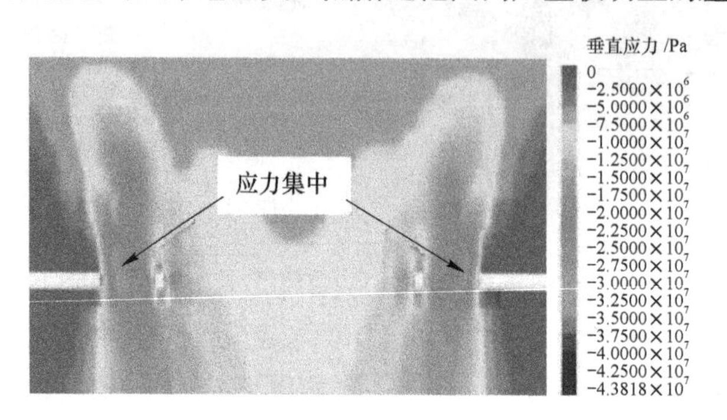

扫一扫
查看彩图

图 8-4 孤岛工作面开采前倾向垂直应力分布图

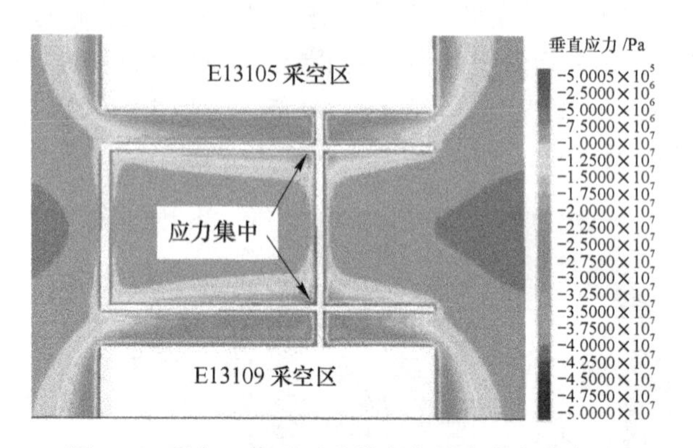

扫一扫
查看彩图

图 8-5 孤岛工作面开采前走向垂直应力分布图

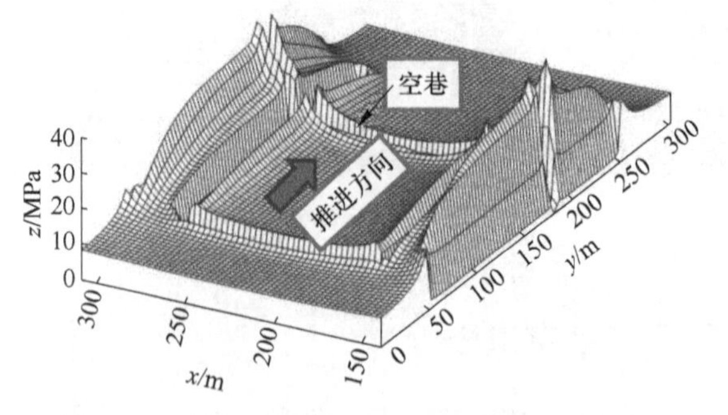

扫一扫
查看彩图

图 8-6 孤岛工作面开采前三维垂直应力分布图

x—工作面长度；y—模型长度（推进距离）；z—垂直应力

由图 8-7 和图 8-8 可知，两侧的采动对孤岛工作面内煤体水平应力影响很小。应力集中主要产生在区段煤柱采空区一侧，且下端头煤柱水平应力集中程度大于上端头，主要是由于下部工作面开采范围大于上部，采动影响较大导致。对比图 8-4 可知，开采范围对水平应力的影响程度大于垂直应力。

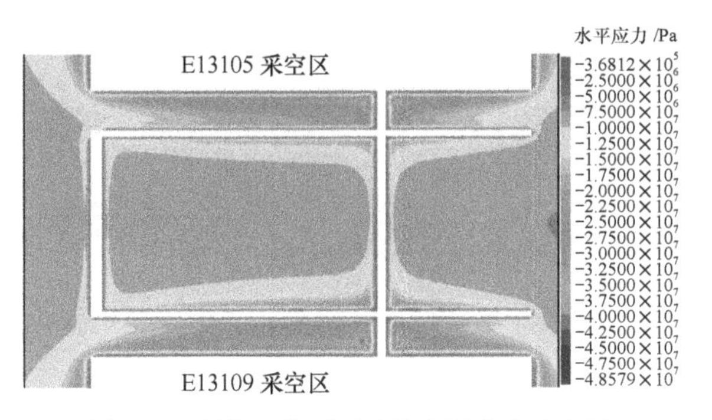

扫一扫
查看彩图

图 8-7 孤岛工作面开采前水平应力分布图

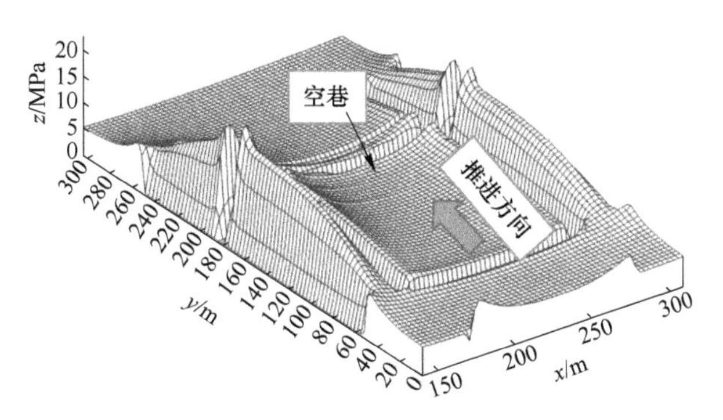

扫一扫
查看彩图

图 8-8 孤岛工作面开采前三维水平应力分布图

x—工作面长度；*y*—模型长度（推进距离）；*z*—水平应力

由图 8-9 可知，孤岛工作面开采前，应力集中程度明显的区域主要集中在区段煤柱上；对于工作面实体煤，中部区域受采动影响较小，应力集中系数为 1.2；应力集中区主要分布在空巷与回采巷道交叉位置附近区域，该区域最大应力集中系数为 2.4。

8.2.2 工作面回采过程中垂直应力分布模拟分析

8.2.2.1 超前支承压力分布模拟分析

工作面推进 20m 时支承压力分布如图 8-10 所示。

工作面推进 20m 时支承压力分布特征见表 8-4。

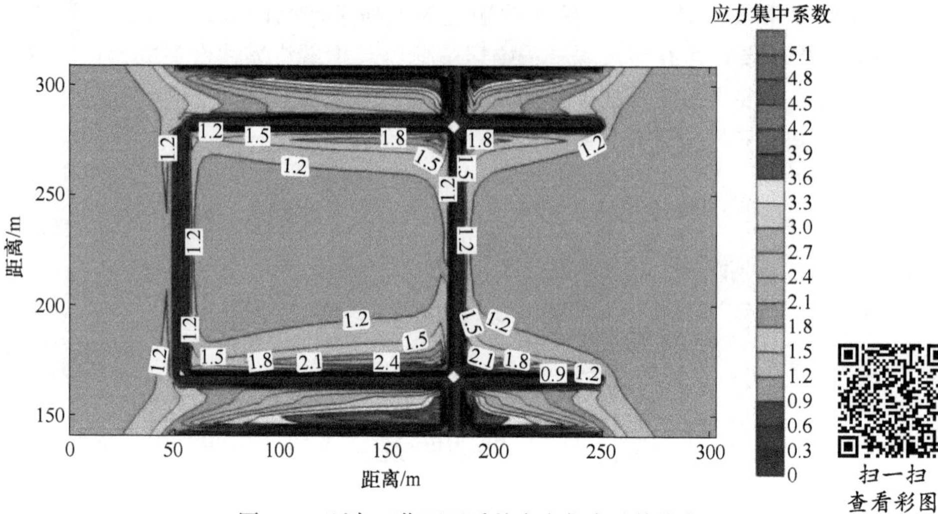

扫一扫
查看彩图

图 8-9　孤岛工作面开采前应力集中系数分布

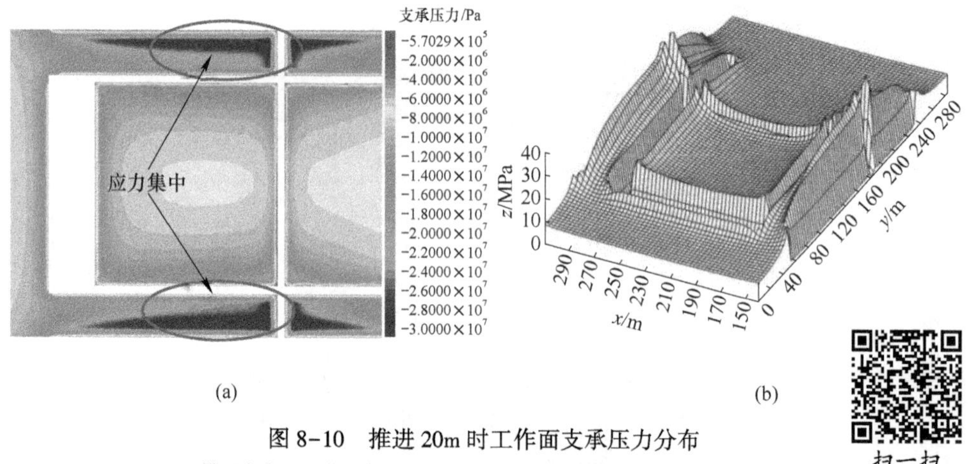

扫一扫
查看彩图

图 8-10　推进 20m 时工作面支承压力分布

x—模型宽度（工作面长度）；y—模型长度（推进距离）；z—支承压力

表 8-4　支承压力分布特征表

项　目	支承压力峰值/MPa	峰值点到煤壁距离/m	影响范围/m
空巷	10.4	4	12
工作面中部	17.5	4.6	34.2
工作面上端头	19.6	7.4	—
工作面下端头	20.1	7.2	—

由图 8-10 可知，两侧工作面的采动影响主要由区段煤柱承担，工作面煤体影响较小。由表 8-4 可知，对于空巷支承压力，在该推进距离下，支承压力峰值点大小为 10.4MPa，到工作面距离为 4m，影响范围约为 12m；对于超前支承压

力，中部位置支承压力峰值点大小为 17.5MPa，到工作面距离为 4.6m，影响范围约为 34.2m；工作面上下端头位置支承压力峰值点大小分别为 19.6MPa、20.1MPa，到工作面距离分别为 7.4m、7.2m。

工作面推进 40m 时支承压力分布如图 8-11 所示。

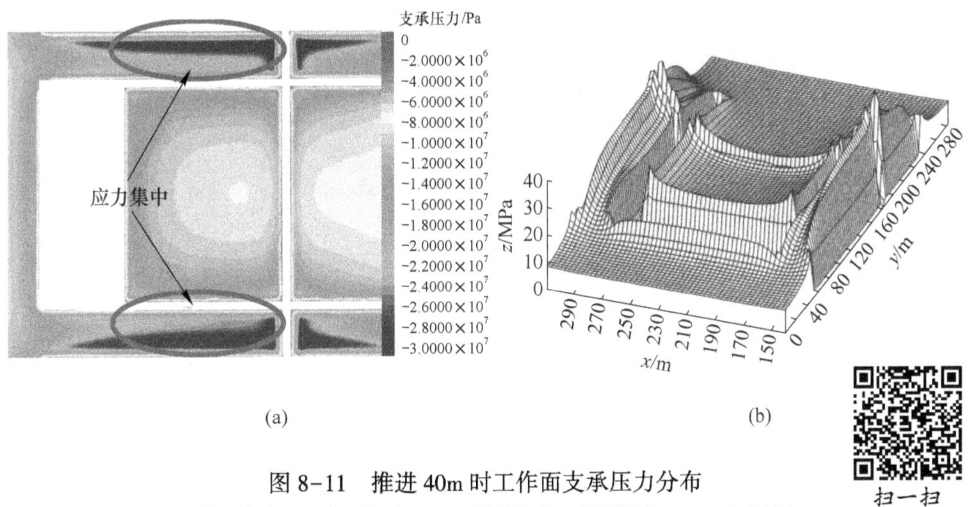

图 8-11 推进 40m 时工作面支承压力分布

x—模型宽度（工作面长度）；*y*—模型长度（推进距离）；*z*—支承压力

扫一扫
查看彩图

工作面推进 40m 时支承压力分布特征见表 8-5。

表 8-5 支承压力分布特征表

项　目	支承压力峰值/MPa	峰值点到煤壁距离/m	影响范围/m
空巷	10.6	3	12.3
工作面中部	19.2	5.7	35.6
工作面上端头	23.8	7.4	—
工作面下端头	24.4	7.1	—

由图 8-11 可知，随着工作面推进，区段煤柱应力集中程度增加。由表 8-5 可知，对于空巷支承压力，在该推进距离下，支承压力峰值点大小为 10.6MPa，到工作面距离为 3m，影响范围约为 12.3m；对于超前支承压力，中部位置支承压力峰值点大小为 19.2MPa，到工作面距离为 5.7m，影响范围约为 35.6m；工作面上下端头位置支承压力峰值点大小分别为 23.8MPa、24.4MPa，到工作面距离分别为 7.4m、7.1m。

工作面推进 60m 时支承压力分布如图 8-12 所示。

工作面推进 60m 时支承压力分布特征见表 8-6。

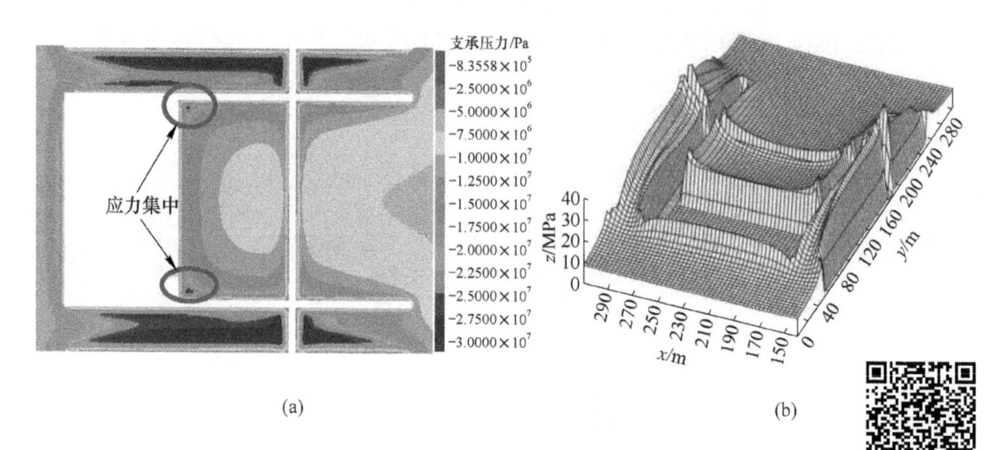

图 8-12 推进 60m 时工作面支承压力分布

x—模型宽度（工作面长度）；*y*—模型长度（推进距离）；*z*—支承压力

表 8-6 支承压力分布特征表

项　目	支承压力峰值/MPa	峰值点到煤壁距离/m	影响范围/m
空巷	10.3	3	11.6
工作面中部	21.3	8.2	34.9
工作面上端头	26.6	7.4	—
工作面下端头	27.3	8.1	—

由图 8-12 可知，区段煤柱应力集中程度仍在增加，工作面端头位置煤体应力集中程度明显。由表 8-6 可知，对于空巷支承压力，在该推进距离下，支承压力峰值点大小为 10.3MPa，到工作面距离为 3m，影响范围约为 11.6m；对于超前支承压力，中部位置支承压力峰值点大小为 21.3MPa，到工作面距离为 8.2m，影响范围约为 34.9m；工作面上下端头位置支承压力峰值点大小分别为 26.6MPa、27.3MPa，到工作面距离分别为 7.4m、8.1m。

工作面推进 80m 时支承压力分布如图 8-13 所示。

工作面推进 80m 时支承压力分布特征见表 8-7。

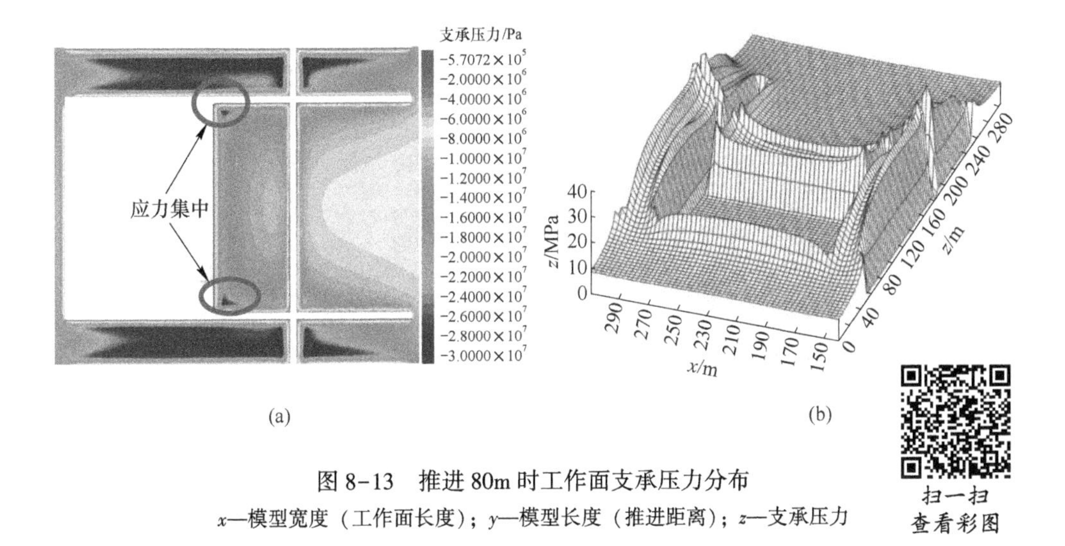

图 8-13 推进 80m 时工作面支承压力分布

x—模型宽度（工作面长度）；y—模型长度（推进距离）；z—支承压力

表 8-7 支承压力分布特征表

项　目	支承压力峰值/MPa	峰值点到煤壁距离/m
空巷	10.3	4
工作面中部	21.8	7.2
工作面上端头	28.1	6.4
工作面下端头	27.6	6.2

由图 8-13 可知，与推进 60m 相比，推进 80m 区段煤柱及工作面应力集中程度变化不大，表明此时支承压力已经达到稳定状态。由表 8-7 可知，对于空巷支承压力，在该推进距离下，支承压力峰值点大小为 10.3MPa，到工作面距离为 4m；对于超前支承压力，中部位置支承压力峰值点大小为 21.8MPa，工作面上下端头位置支承压力峰值点大小分别为 28.1MPa、27.6MPa，到工作面距离分别为 6.4m、6.2m。此时，超前支承压力与空巷支承压力发生叠加作用。

综合以上分析，两侧工作面的采动影响主要由区段煤柱承担，工作面煤体影响较小，现场应加强回采巷道的支护强度，保持巷道围岩稳定性。空巷支承压力峰值约为 10MPa，距离煤壁距离约为 3.5m，影响范围在 11m 左右；超前支承压力稳定后峰值约为 21MPa，距工作面煤壁距离约为 6m，影响范围约为 35m；工作面两端头支承压力稳定后峰值约为 27MPa，距离煤壁距离约为 7m。当空巷距离煤壁较远时，工作面回采过程对空巷支承压力影响不大；当煤壁距空巷距离小于超前支承压力与空巷支承压力影响范围之和时，即小于 46m 时，两者将发生叠加作用。

在工作面中部沿走向布置监测线 1，在两端头位置沿走向分别布置测线 2、监测 3，监测不同位置推进 20m、40m、60m、80m 时超前支承压力与空巷支承压力的分布状态。监测线布置如图 8-14 所示。

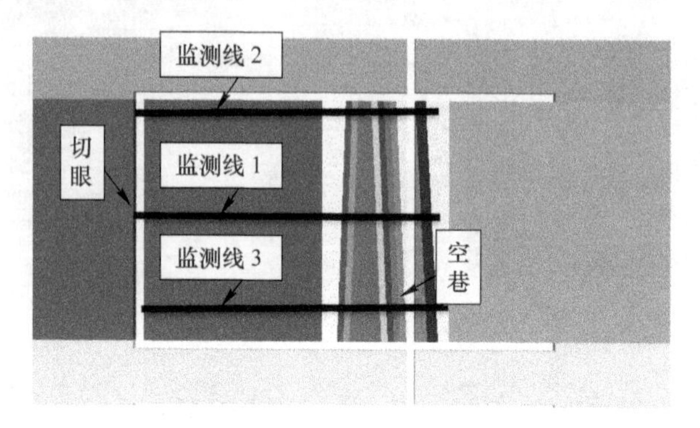

扫一扫
查看彩图

图 8-14 监测线布置示意图

由图 8-15 可知，推进 20m 时，两端头由于始终受相邻采空区影响，因而应力集中明显，峰值要大于工作面中部，随后达到一个稳定值约为 17MPa，且上下端头趋势一致，无明显差别。工作面中部超前支承压力达到峰值后，逐渐趋于原岩应力，而且两端头峰值距工作面距离超前工作面中部 2m。

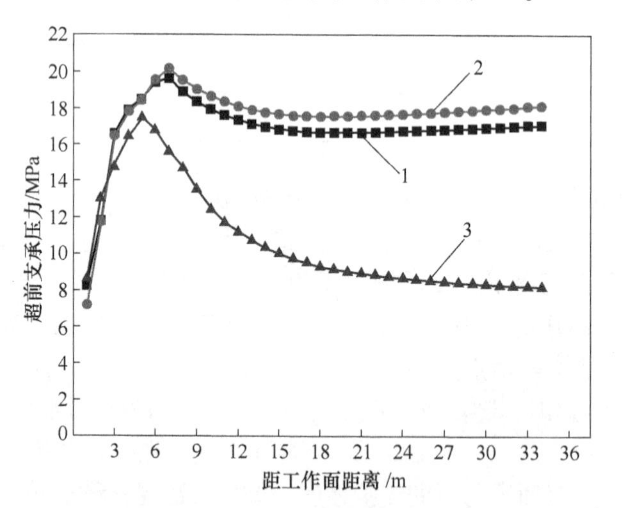

扫一扫
查看彩图

图 8-15 推进 20m 时超前支承压力随工作面位置变化曲线

1—工作面上端头；2—工作面下端头；3—工作面中部

由图 8-16 可知，受工作面采动影响，各部位支承压力峰值均有所增大，两端头与工作面中部峰值差距也有所增大；两端头峰值距工作面距离超前工作面中部 2m。

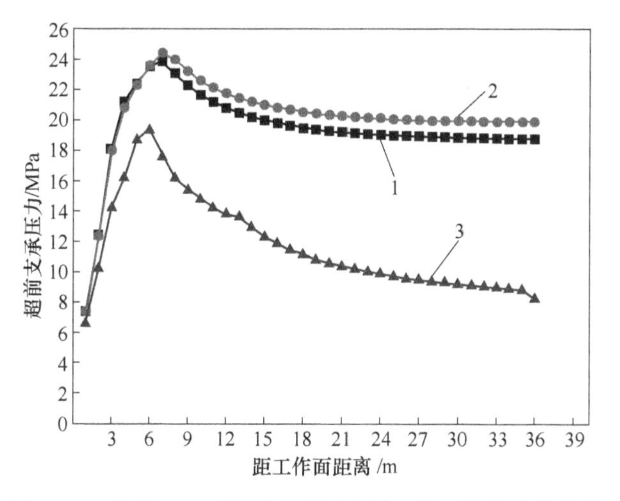

扫一扫
查看彩图

图 8-16 推进 40m 时超前支承压力随工作面位置变化曲线
1—工作面上端头；2—工作面下端头；3—工作面中部

由图 8-17 可知，由于采动范围的进一步增加，工作面中部和两端头位置超前支承压力峰值相比推进 40m 时继续增大，且端头位置与工作面中部峰值差距进一步增加，同时工作面超前支承压力峰值点也向煤体内前移；两端头与工作面中部峰值距工作面距离无明显差异。

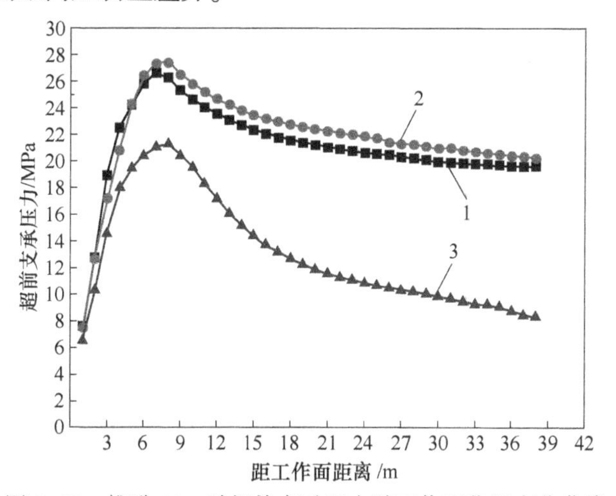

扫一扫
查看彩图

图 8-17 推进 60m 时超前支承压力随工作面位置变化曲线
1—工作面上端头；2—工作面下端头；3—工作面中部

由图 8-18 可知，工作面中部以及两端头位置超前支承压力峰值与开采 60m 时相比，无明显变化，表明超前支承压力在回采 60m 时已经达到稳定状态。两端头煤壁前方约 30m 处，超前支承压力出现了先减小后增大的现象，工作面中部超前支承压力稳定后仍旧高于原岩应力，这表明两者已经相互叠加。

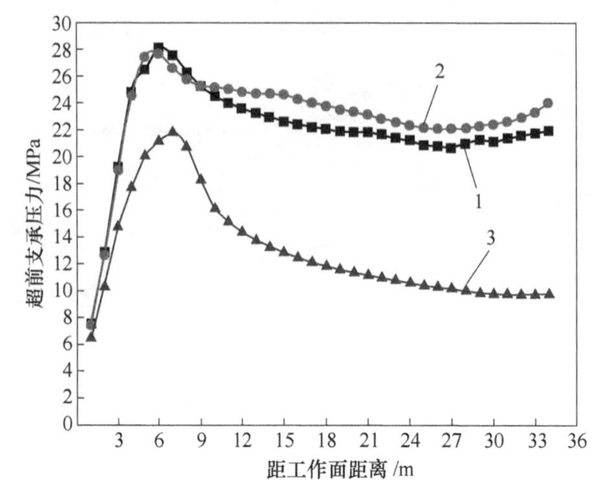

扫一扫
查看彩图

图 8-18 推进 80m 时超前支承压力随工作面位置变化曲线
1—工作面上端头；2—工作面下端头；3—工作面中部

空巷上下端头位置处在与回采巷道交叉点位置附近，由图 8-19 可知，两端头空巷支承压力峰值远大于工作面中部，之后趋于稳定，约为 19MPa。两侧采空区对工作面中部位置影响不大，所以在中部位置，空巷支承压力峰值和影响范围都比较小。但空巷不同位置的支承压力峰值距煤壁距离无明显差别，上端头峰值距离略微超前于下端头。对比分析图 8-19～图 8-21，工作面回采至 60m 时，采动对空巷支承压力没有产生影响。

由图 8-22 可知，工作面回采至 80m 时，空巷支承压力峰值及距煤壁距离无明显变化，达到稳定以后，工作面中部空巷支承压力高于原岩应力，两端头位置无明显增加；这表明支承压力的叠加作用在应力集中区表现并不明显。

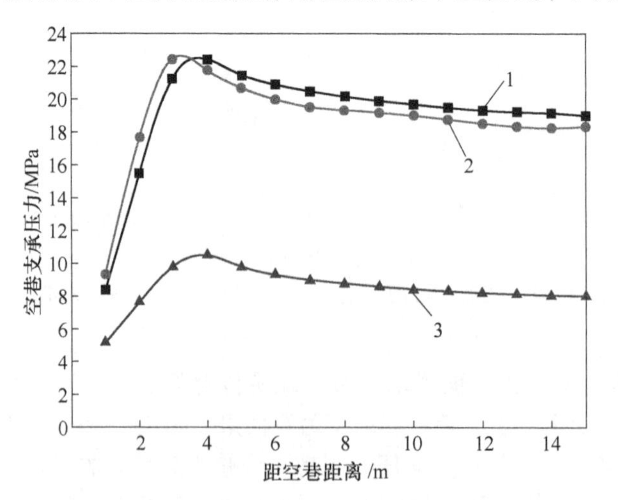

扫一扫
查看彩图

图 8-19 推进 20m 时空巷支承压力随煤壁位置变化曲线
1—工作面下端头；2—工作面上端头；3—工作面中部

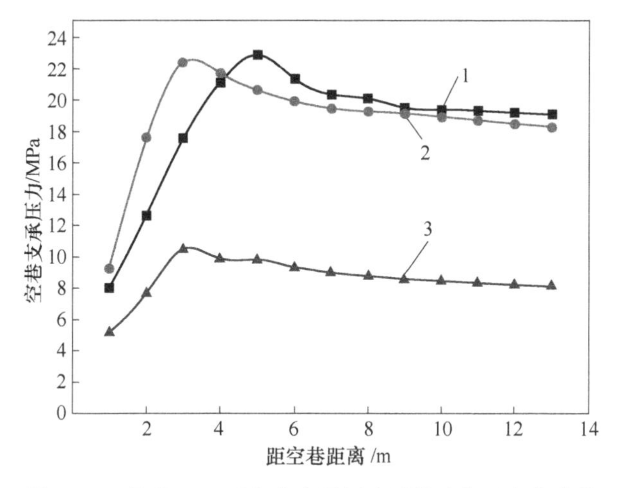

图 8-20 推进 40m 时空巷支承压力随煤壁位置变化曲线

1—工作面下端头；2—工作面上端头；3—工作面中部

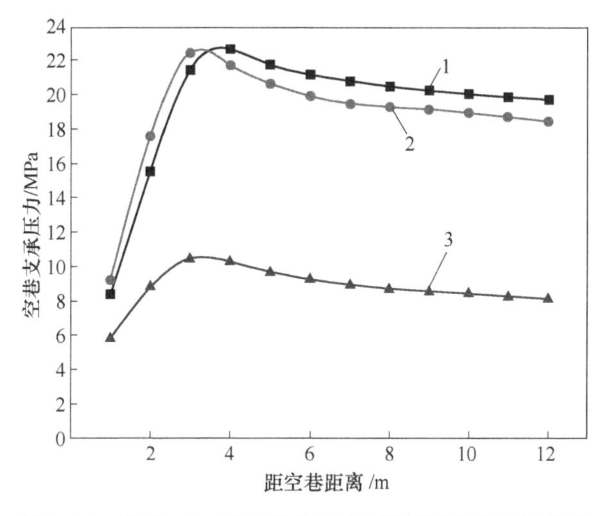

图 8-21 推进 60m 时空巷支承压力随煤壁位置变化曲线

1—工作面下端头；2—工作面上端头；3—工作面中部

8.2.2.2 工作面回采过程中区段煤柱垂直应力分析

对于孤岛工作面区段煤柱，受相邻工作面采动影响，采空区一侧应力集中较为明显。随着工作面的推进，对煤柱的采动影响逐渐增大，煤柱应力集中的范围和强度都明显增大，且上下端头煤柱无明显差异。在孤岛工作面下端头煤柱距切眼20m、40m、60m、80m 处分别布置监测线 1、监测线 2、监测线 3、监测线 4，监测工作面回采过程中对不同位置煤柱受力状态的影响，监测线布置如图 8-23 所示。

监测线 1 监测结果如图 8-24 和表 8-8 所示。

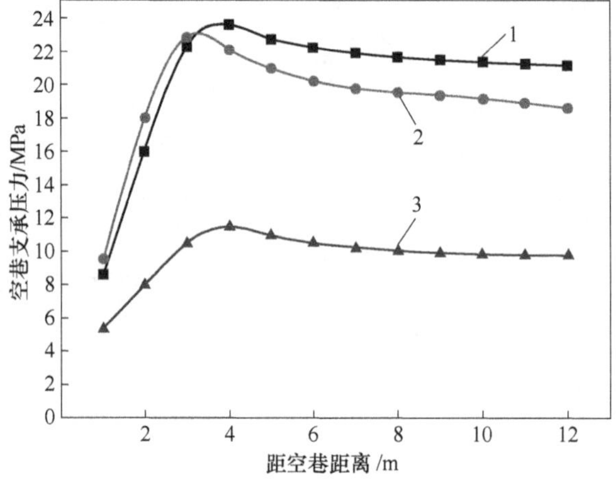

扫一扫
查看彩图

图 8-22 推进 80m 时空巷支承压力随煤壁位置变化曲线

1—工作面下端头；2—工作面上端头；3—工作面中部

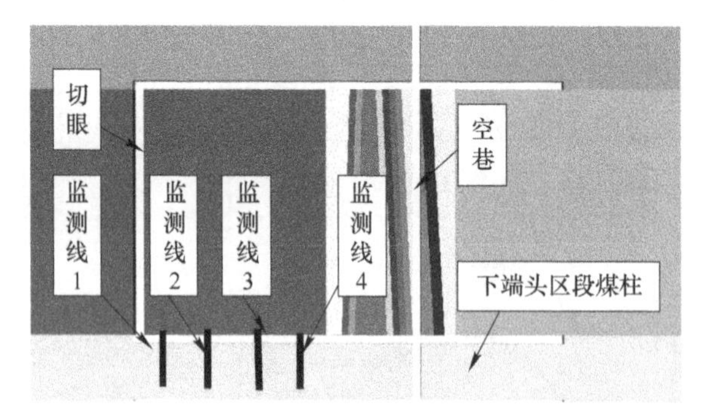

扫一扫
查看彩图

图 8-23 区段煤柱监测线布置示意图

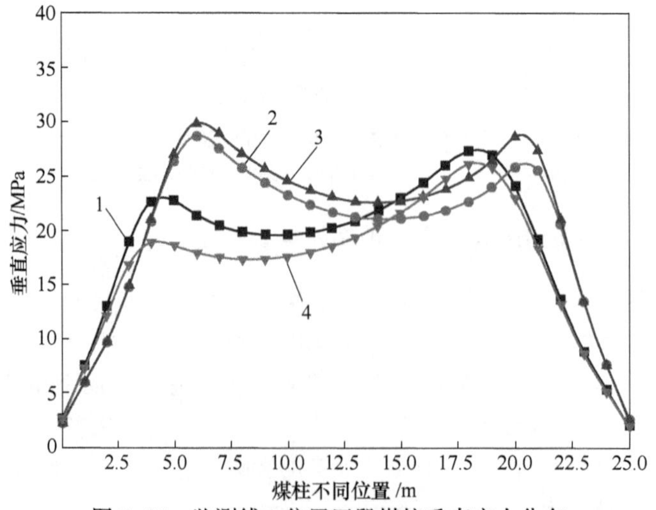

扫一扫
查看彩图

图 8-24 监测线 1 位置区段煤柱垂直应力分布

1—推进 40m；2—推进 60m；3—推进 80m；4—推进 20m

表 8-8 监测线 1 位置区段煤柱垂直应力分布特征

项 目	推进 20m	推进 40m	推进 60m	推进 80m
工作面一侧峰值/MPa	18.8	22.8	28.7	29.8
塑性区宽度/m	4.2	5.1	6.2	7.2
采空区一侧峰值/MPa	26.1	27.3	25.8	28.6
塑性区宽度/m	8.3	8.0	6.3	6.1

由图 8-24 和表 8-8 可知，工作面回采过程中，监测线 1 位置煤柱始终处于双峰叠加状态。工作面回采前 60m，工作面一侧煤柱侧向支承压力峰值逐渐增加，增加幅度逐步增大，塑性区的宽度也不断增大，但增加幅度较小；推进 60m 以后，监测线 1 位置侧向支承压力增幅较小，回采 80m 时基本达到稳定状态，不再发生变化。工作面回采前 40m 对于监测线 1 位置采空区一侧支承压力峰值影响不大，在回采 40~60m 过程中，监测线 1 位置采空区一侧发生了明显的卸压现象，支承压力塑性区宽度减小，之后处于状态，无明显变化。

监测线 2 监测结果如图 8-25 和表 8-9 所示。

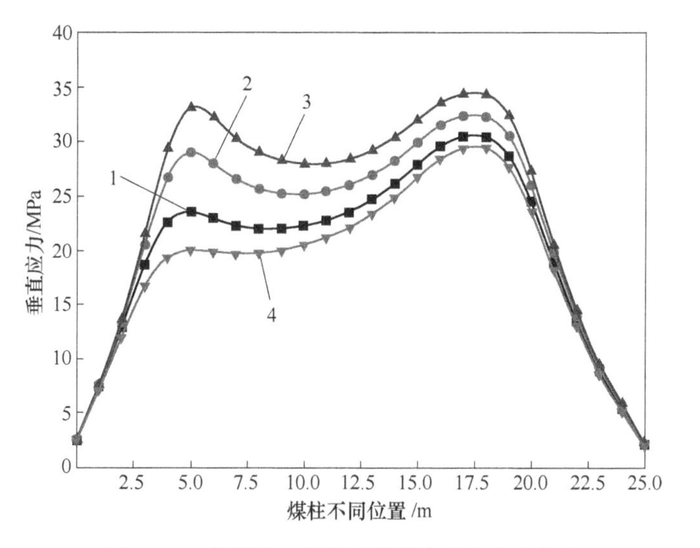

图 8-25 监测线 2 位置区段煤柱垂直应力分布

1—推进 40m；2—推进 60m；3—推进 80m；4—推进 20m

表 8-9 监测线 2 位置区段煤柱垂直应力分布特征

项 目	推进 20m	推进 40m	推进 60m	推进 80m
工作面一侧峰值/MPa	20.0	23.5	29.0	33.1
塑性区宽度/m	5.2	5.1	5.3	5.2

续表 8-9

项　目	推进 20m	推进 40m	推进 60m	推进 80m
采空区一侧峰值/MPa	29.4	30.4	32.4	34.4
塑性区宽度/m	8.3	9.2	9.0	9.3

由图 8-25 和表 8-9 可知，工作面回采过程中，监测线 2 位置煤柱始终处于双峰叠加状态，随着工作面回采，工作面一侧煤柱侧向支承压力峰值逐渐增加；但与监测线 1 不同的是，监测线 2 位置侧向支承压力塑性区宽度无明显变化，工作面一侧始终为 5m 左右，采空区一侧为 7m 左右。工作面回采表明监测线 1 位置发生的卸压现象并未影响监测线 2 位置煤柱受力状态。

监测线 3 监测结果如图 8-26 和表 8-10 所示。

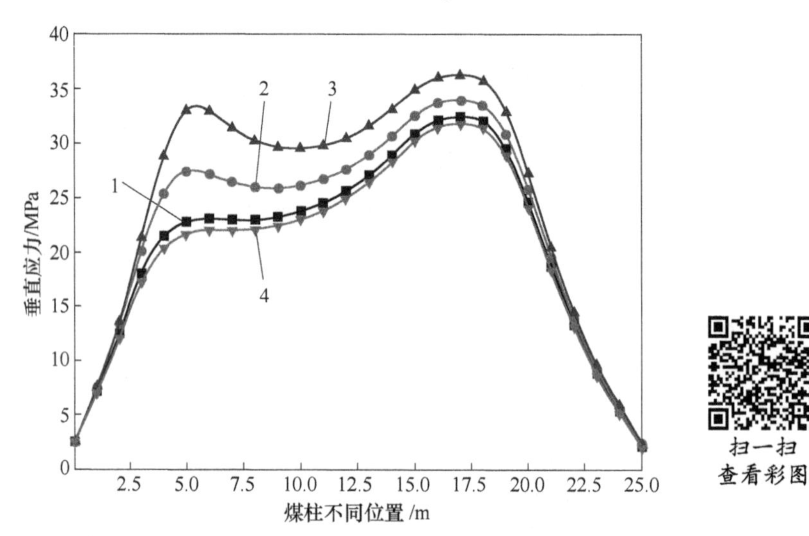

图 8-26　监测线 3 位置区段煤柱垂直应力分布

1—推进 40m；2—推进 60m；3—推进 80m；4—推进 20m

表 8-10　监测线 3 位置区段煤柱垂直应力分布特征

项　目	推进 20m	推进 40m	推进 60m	推进 80m
工作面一侧峰值/MPa	21.6	23.0	27.3	33.0
塑性区宽度/m	5.2	6.4	5.2	5.1
采空区一侧峰值/MPa	31.7	32.3	33.9	36.2
塑性区宽度/m	9.1	9.2	9.1	9.3

由图 8-26 和表 8-10 可知，监测线 3 位置煤柱处于双峰叠加状态，工作面回采前 40m，由于工作面后方采空区已逐渐趋于稳定压实状态，同时到该位置煤柱

距离较大，对煤柱受力状态影响不大；在回采 40~60m 过程中，随着距监测线 3 煤柱位置距离减小，侧向支承压力峰值出现增大。回采 80m 时，监测线 3 与监测线 2 位置煤柱受力状态一致；表明回采 80m 时，监测线 2、监测线 3 位置煤柱侧向支承压力均已达到最终稳定状态。监测线 3 位置采空区一侧支承压力变化趋势与工作面一侧基本一致，但变化幅度小于工作面一侧。回采过程中，煤柱两侧塑性区宽度均无明显变化，与监测线 2 位置一致。

监测线 4 监测结果如图 8-27 和表 8-11 所示。

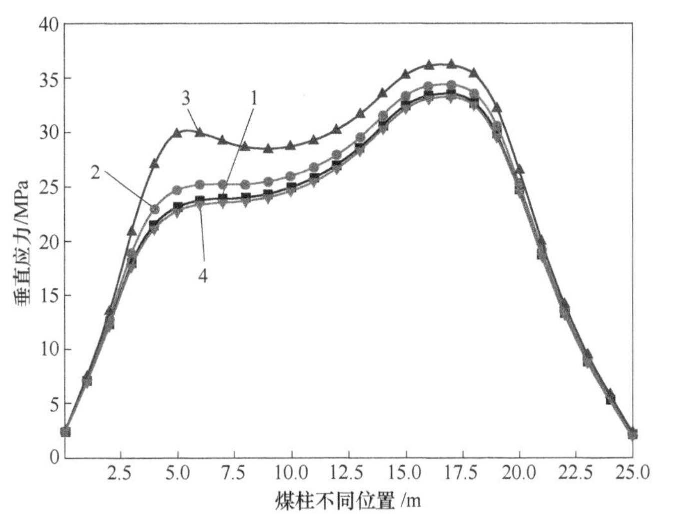

图 8-27 监测线 4 位置区段煤柱垂直应力分布

1—推进 40m；2—推进 60m；3—推进 80m；4—推进 20m

表 8-11 监测线 4 位置区段煤柱垂直应力分布特征

项 目	推进 20m	推进 40m	推进 60m	推进 80m
工作面一侧峰值/MPa	23.3	23.6	25.1	29.9
塑性区宽度/m	6.2	6.2	6.1	6.1
采空区一侧峰值/MPa	33.1	33.4	34.3	36.1
塑性区宽度/m	9.1	9.3	9.1	9.3

由图 8-27 和表 8-11 可知，监测线 4 位置煤柱也处在双峰叠加状态，前 40m 回采过程对监测线 4 位置煤柱受力状态几乎没有影响；回采到 60m 时，工作面一侧煤柱侧向支承压力峰值出现小幅度的增加；回采到 80m 时，对比监测线 3 位置，工作面一侧煤柱的支承压力峰值出现了一定程度的减小，这是由于在回采到 80m 附近时，工作面采空区悬露岩层发生了破断，产生了卸压作用，由于破断岩层后方采空区已经稳定，因而对后方煤柱受力不会产生大的影响。

8.2.3 工作面回采过程中水平应力分析

8.2.3.1 区段煤柱水平应力分布

工作面回采 20m、40m、60m、80m 时水平应力分布如图 8-28～图 8-31 所示。

由图 8-28～图 8-31 可知，孤岛工作面回采过程中，水平应力逐渐增大之后趋于稳定，整体上小于垂直应力，由于两端头应力集中程度高，水平应力大于工作面中部；由于下部工作面开采范围大于上部，采动对工作面下端头影响大于上部，导致工作面下部水平应力大于上部。

利用原监测线分别监测回采过程中工作面和区段煤柱水平应力变化过程，孤岛工作面不同位置水平应力变化曲线如图 8-32 所示。表 8-12 为水平应力分布特征。

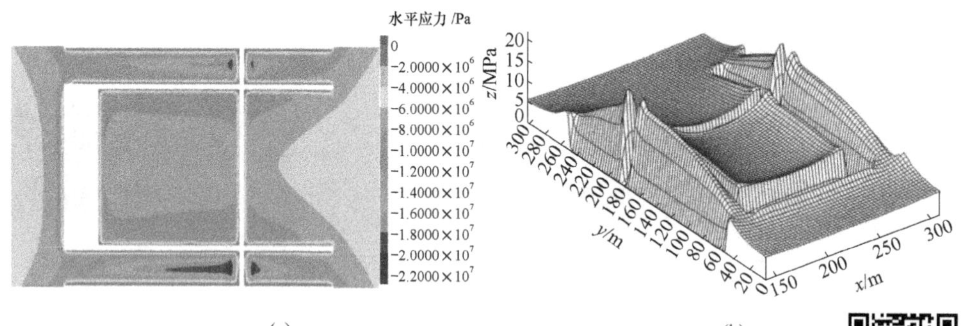

(a)　　　　(b)

扫一扫
查看彩图

图 8-28　推进 20m 时工作面水平应力分布

x—工作面长度；y—模型长度（工作面推进长度）；z—水平应力

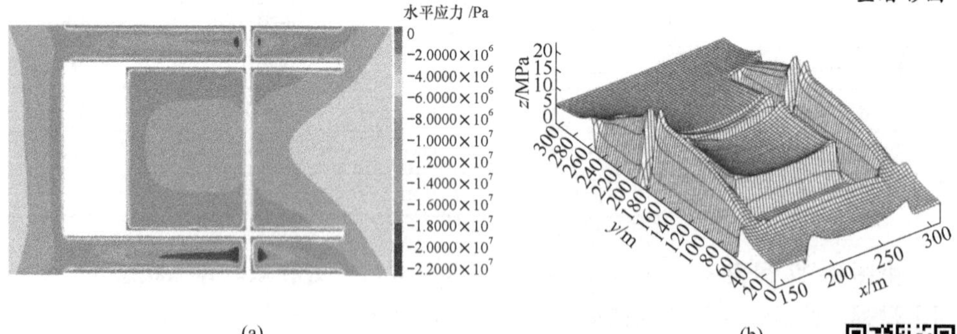

(a)　　　　(b)

扫一扫
查看彩图

图 8-29　推进 40m 时工作面水平应力分布

x—工作面长度；y—模型长度（工作面推进长度）；z—水平应力

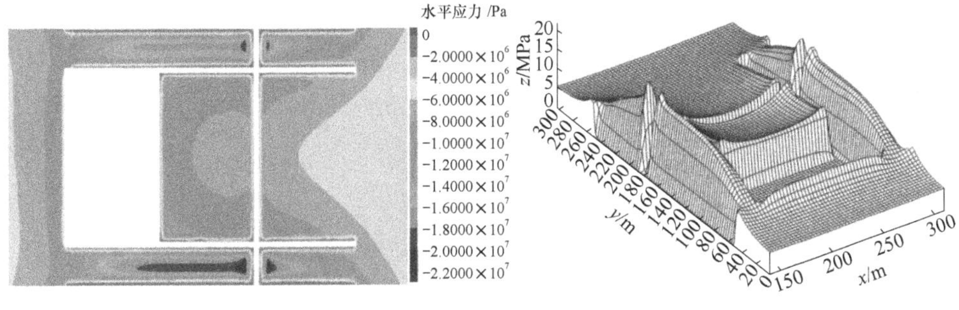

图 8-30 推进 60m 时工作面水平应力分布

x—工作面长度；y—模型长度（工作面推进长度）；z—水平应力

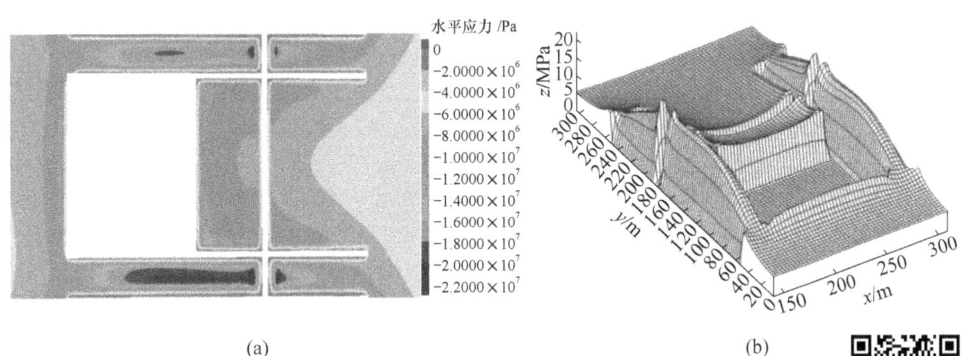

图 8-31 推进 80m 时工作面水平应力分布

x—工作面长度；y—模型长度（工作面推进长度）；z—水平应力

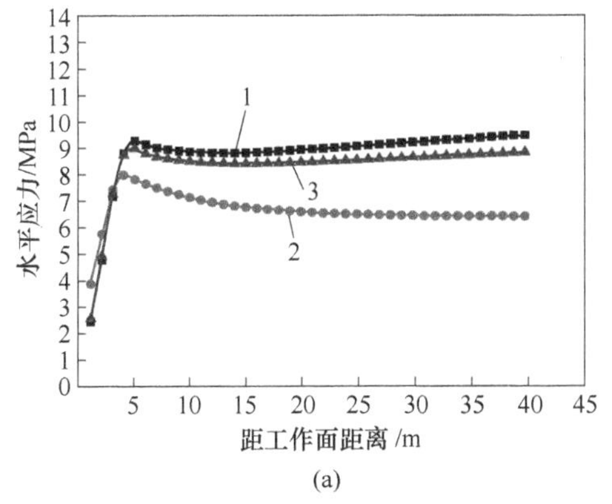

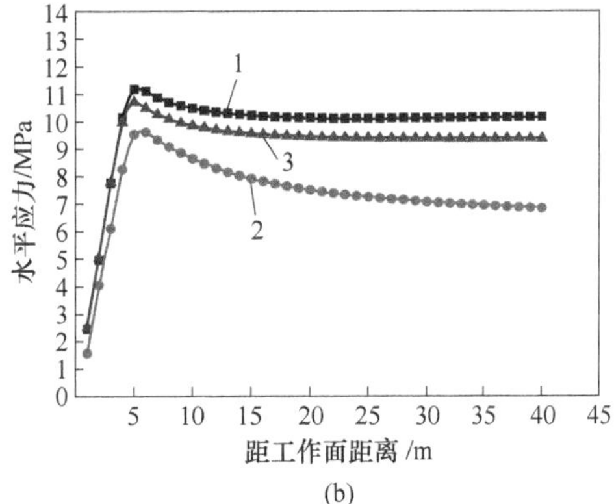

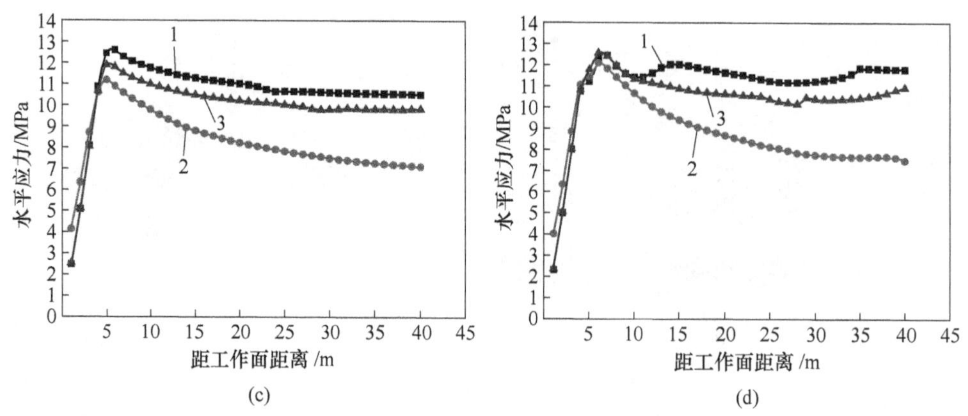

图 8-32 孤岛工作面不同位置水平应力变化曲线
（a）推进 20m；（b）推进 40m；（c）推进 60m；（d）推进 80m
1—工作面下端头；2—工作面中部；3—工作面上端头

扫一扫
查看彩图

表 8-12 水平应力分布特征

项 目	推进 20m		推进 40m		推进 60m		推进 80m	
	峰值/MPa	距煤壁距离/m	峰值/MPa	距煤壁距离/m	峰值/MPa	距煤壁距离/m	峰值/MPa	距煤壁距离/m
工作面上端头	9.3	5.2	11.2	5.3	12.6	6.1	12.3	7.1
工作面中部	8.0	4.3	9.6	6.1	11.2	5.3	12.0	6.2
工作面下端头	9.0	5.2	10.7	5.4	11.8	5.2	12.5	6.2

由图 8-32 和表 8-12 可知，随着回采的进行，工作面中部水平应力峰值逐渐增大至与两端头位置一致，达到稳定后峰值为 11.2~12.5MPa，到工作面距离为 5.2~7.1m。当回采至 80m 时，两端头位置水平应力出现先增大后减小的现象，中部也大于初始水平应力。上述数据表明，此时工作面与空巷间水平应力已经相互影响，而且此时两端头位置水平应力峰值与回采至 60m 时无明显差异；当回采至 60m 时，两端头位置水平应力已经达到平衡。

8.2.3.2 区段煤柱水平应力分析

由于下端头煤柱水平应力集中高于上端头煤柱，因此选择下端头煤柱分析孤岛工作面回采过程中，煤柱水平应力变化规律，如图 8-33 所示。

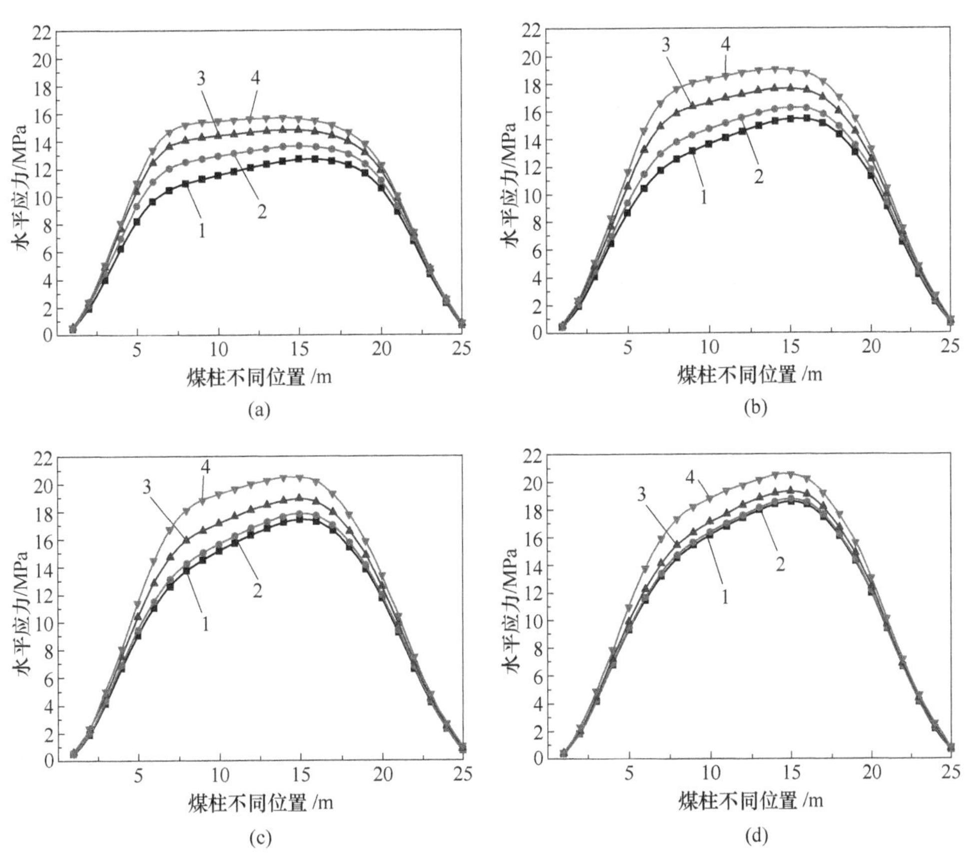

图 8-33 不同位置煤柱水平应力随工作面推进变化曲线
(a) 监测线 1；(b) 监测线 2；(c) 监测线 3；(d) 监测线 4
1—推进 20m；2—推进 40m；3—推进 60m；4—推进 80m

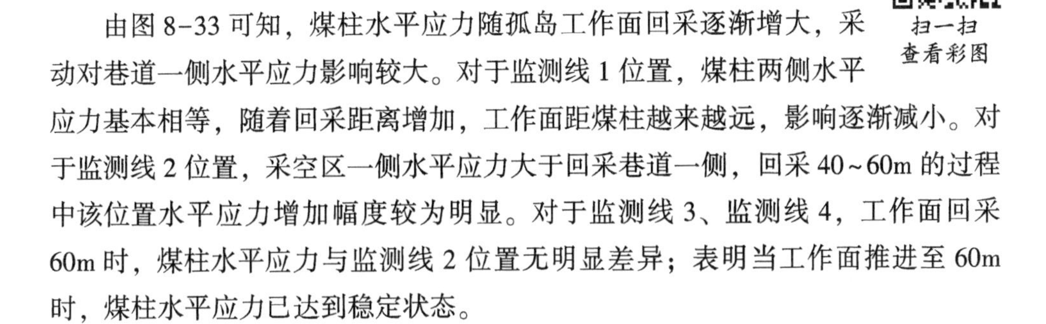

由图 8-33 可知，煤柱水平应力随孤岛工作面回采逐渐增大，采动对巷道一侧水平应力影响较大。对于监测线 1 位置，煤柱两侧水平应力基本相等，随着回采距离增加，工作面距煤柱越来越远，影响逐渐减小。对于监测线 2 位置，采空区一侧水平应力大于回采巷道一侧，回采 40~60m 的过程中该位置水平应力增加幅度较为明显。对于监测线 3、监测线 4，工作面回采 60m 时，煤柱水平应力与监测线 2 位置无明显差异；表明当工作面推进至 60m 时，煤柱水平应力已达到稳定状态。

8.2.4 工作面回采过程中应力集中系数变化规律

工作面回采 20m、40m、60m、80m 时应力集中系数分布如图 8-34~图 8-37 所示。表 8-13 为工作面应力集中系数分布特征。

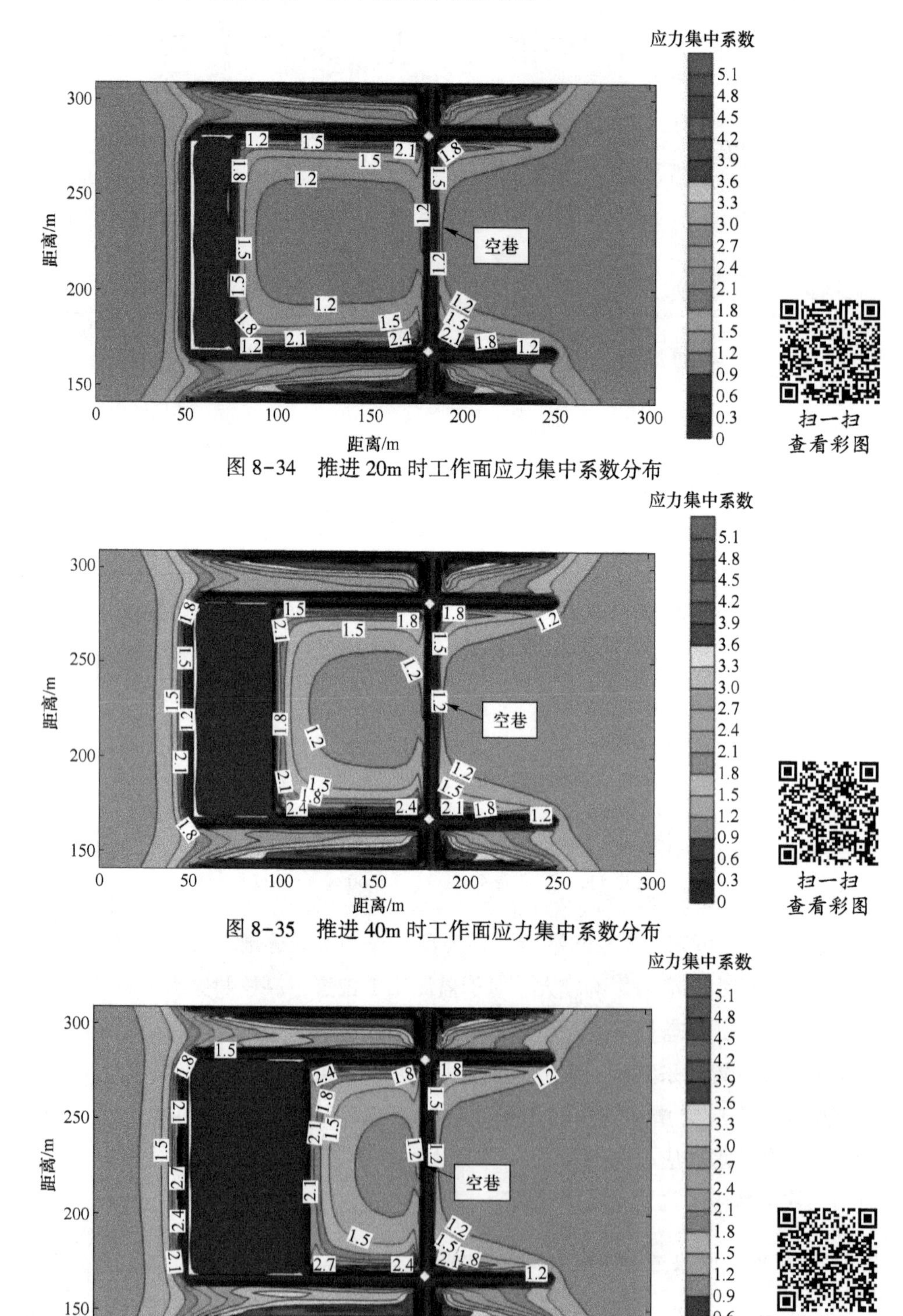

图 8-34　推进 20m 时工作面应力集中系数分布

图 8-35　推进 40m 时工作面应力集中系数分布

图 8-36　推进 60m 时工作面应力集中系数分布

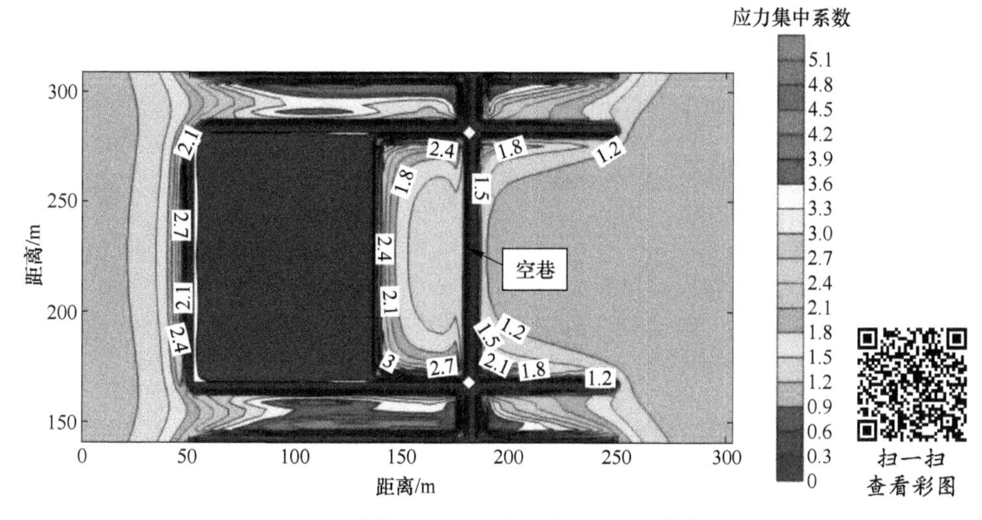

图 8-37 推进 80m 时工作面应力集中系数分布

表 8-13 工作面应力集中系数分布特征

项　目	推进 20m	推进 40m	推进 60m	推进 80m
工作面上端头	1.8	2.1	2.4	3
工作面中部	1.5	1.8	2.1	2.4
工作面下端头	1.8	2.4	2.7	3

由图 8-34~图 8-37 和表 8-13 可知，工作面回采至 60m 时，中部煤体应力集中系数为 2.1，两端头位置应力集中系数为 2.4~2.7；回采至 80m 时，中部煤体应力集中系数为 2.4，两端头位置应力集中系数均为 3。由此可知，推进 60m 时，工作面应力集中系数已基本达到稳定状态；推进 80m 以后，随着与空巷距离的减小，工作面应力集中系数将会增大。表 8-14 为空巷靠近工作面一侧应力集中系数分布特征。

表 8-14 空巷靠近工作面一侧应力集中系数分布特征

项　目	推进 20m	推进 40m	推进 60m	推进 80m
工作面上端头	2.1	1.8	1.8	2.4
工作面中部	1.2	1.2	1.2	1.5
工作面下端头	2.4	2.4	2.4	2.7

由图 8-34~图 8-37 和表 8-14 可知，对于空巷一侧煤体，工作面回采前 60m，空巷应力集中系数始终为 1.2，两端头位置应力集中系数无明显变化，表明此时工作面回采并未影响到空巷；推进 80m 时，空巷工作面中部应力集中系数

为1.5，两端头位置增大至2.4~2.7，此时工作面采动已经影响到空巷，随着工作面继续推进，空巷一侧应力集中系数将持续增加。

8.3 破坏区过空巷阶段开采模拟分析

8.3.1 破坏区过空巷阶段工作面垂直应力分析

在空巷距离30m时开始“摆动调斜”开采，由于空巷的存在，该阶段支承压力分布与非破坏区阶段差异较大，因此具有明显的叠加作用。由于工作面不同位置到空巷距离不同，因此以工作面中间为基准，布置监测线，监测“摆动调斜”过程中工作面前方支承压力变化。

8.3.1.1 机尾超前阶段

机尾超前阶段垂直应力分布图及支承压力变化曲线如图8-38~图8-41所示。

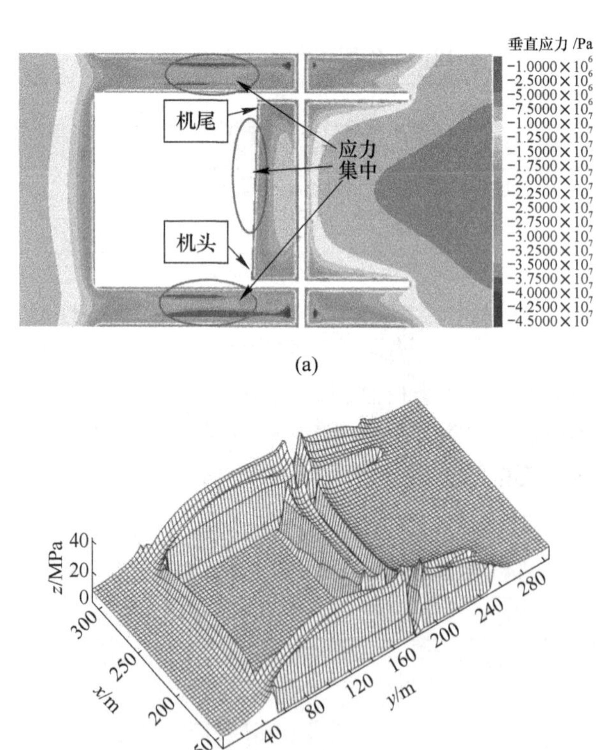

图8-38 机尾距空巷28m时垂直应力分布图

x—工作面长度；y—模型长度（工作面推进长度）；z—垂直应力

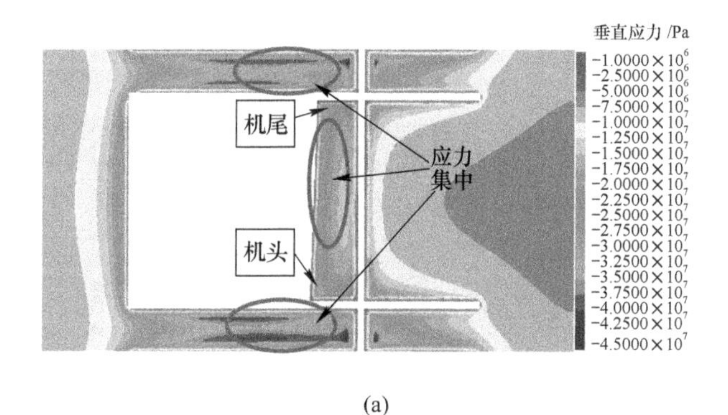

(a)

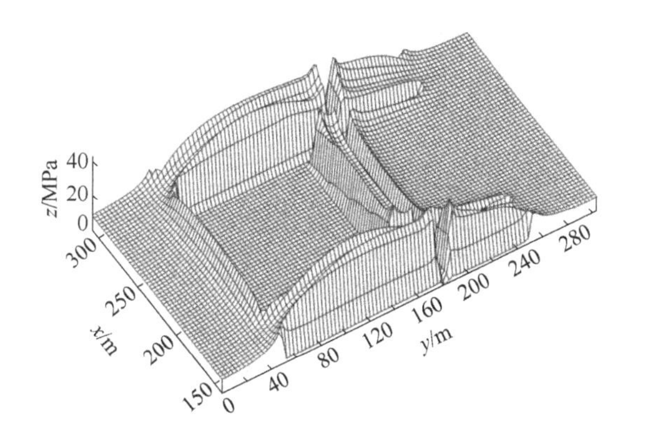

扫一扫
查看彩图

(b)

图 8-39 机尾距空巷 25m 时垂直应力分布图

x—工作面长度；*y*—模型长度（工作面推进长度）；*z*—垂直应力

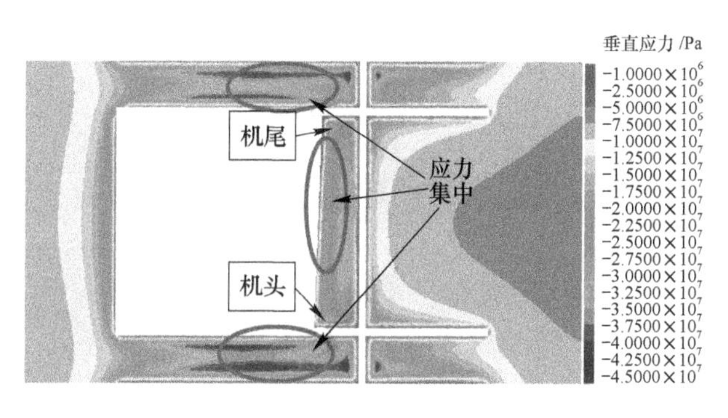

(a)

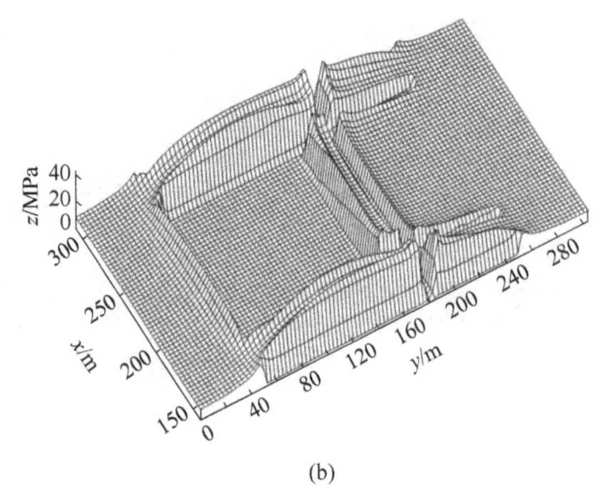

(b)

扫一扫
查看彩图

图 8-40 机尾距空巷 22m 时垂直应力分布图

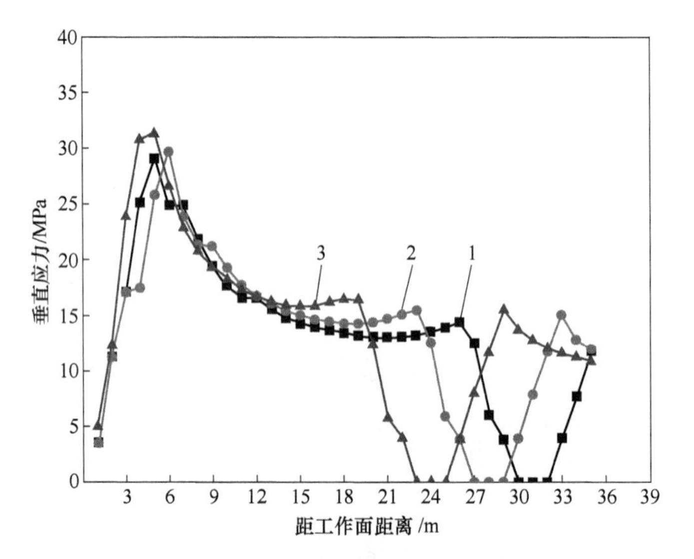

扫一扫
查看彩图

图 8-41 工作面前方支承压力分布曲线

1—机尾距空巷 28m；2—机尾距空巷 25m；3—机尾距空巷 22m

由图 8-38～图 8-41 可知，随着回采的进行，区段煤柱和工作面与空巷间煤柱应力集中程度逐渐增大，工作面与空巷间煤柱仍具有良好的承载能力，支承压力叠加作用明显，此时煤柱仍承载上覆岩层大部分载荷。

8.3.1.2 机头超前阶段

图 8-42～图 8-45 为机头超前阶段垂直应力分布图及支承压力变化曲线。

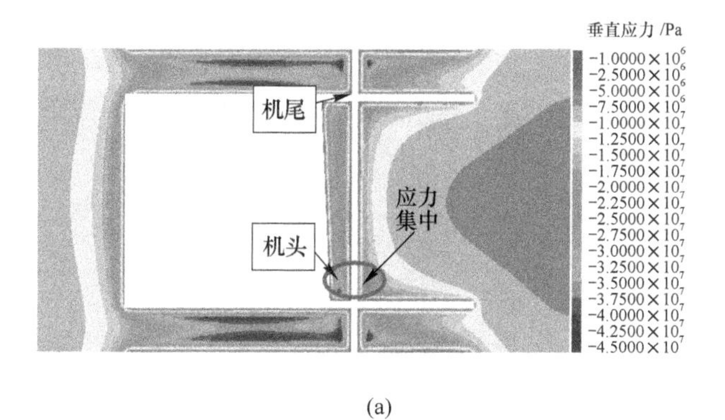

(a)

(b)

图 8-42 机头距空巷 12m 时垂直应力分布图

x—工作面长度；y—模型长度（工作面推进长度）；z—垂直应力

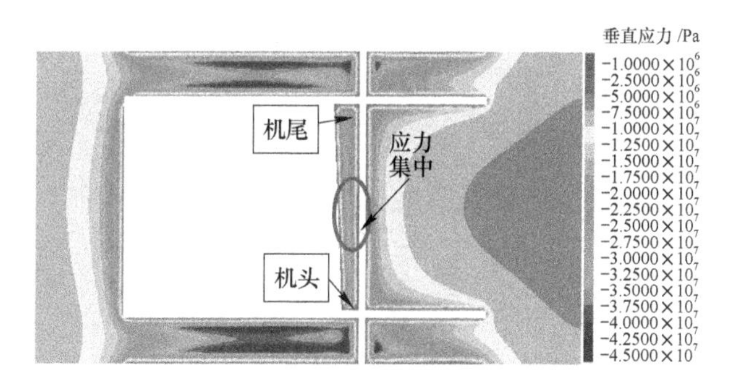

(a)

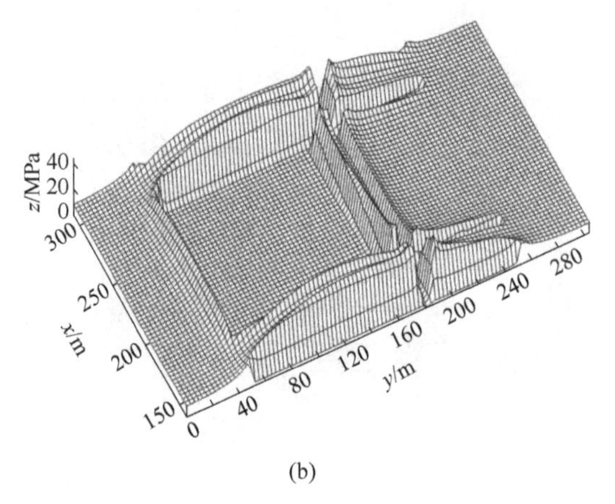

(b)

扫一扫
查看彩图

图 8-43　机头距空巷 9m 时垂直应力分布图

x—工作面长度；*y*—模型长度（工作面推进长度）；*z*—垂直应力

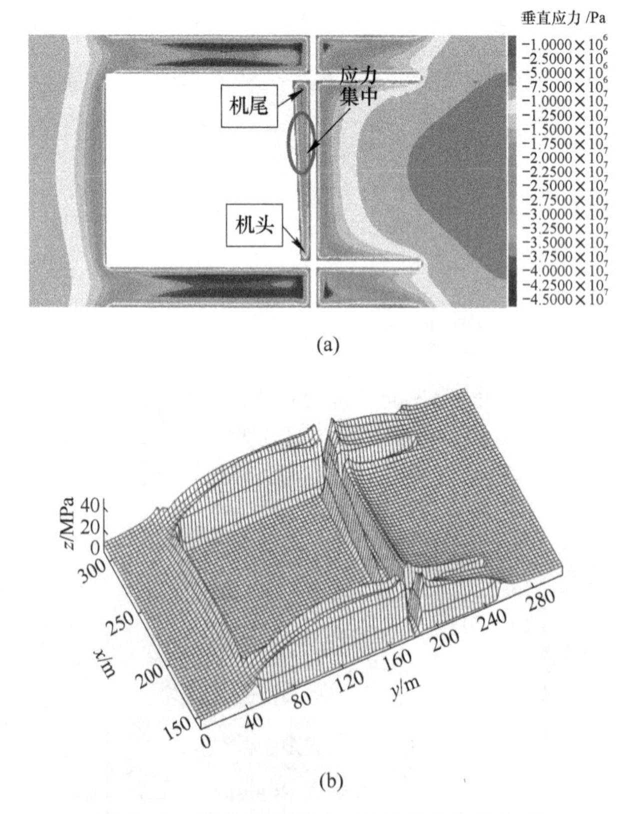

(b)

扫一扫
查看彩图

图 8-44　机头距空巷 6m 时垂直应力分布图

x—工作面长度；*y*—模型长度（工作面推进长度）；*z*—垂直应力

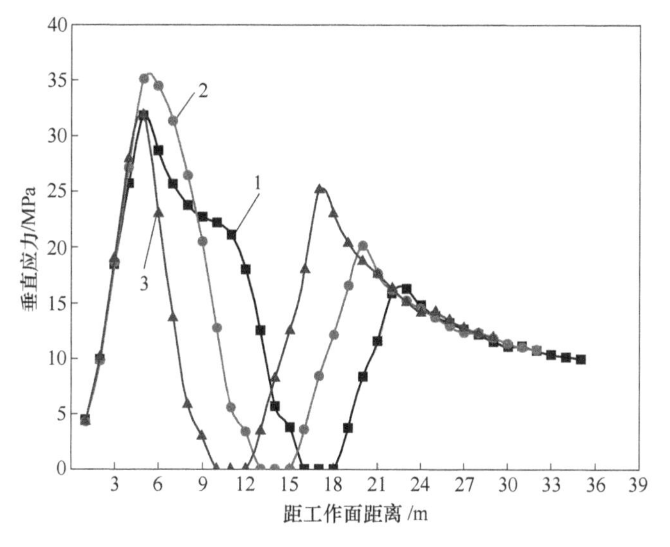

图 8-45 工作面前方支承压力分布曲线

1—机头距空巷 12m；2—机头距空巷 9m；3—机头距空巷 6m

由图 8-42～图 8-44 可知，当机头距空巷 9m 时，煤柱应力集中比较明显，继续推进至机头距空巷 6m，煤柱应力集中程度明显减低；这表明在机头距空巷 9m 位置附近，顶板岩层发生破断，因此过空巷前在此位置支架工作阻力达到最大。由图 8-45 可知，从机头距空巷 12m 推进到 6m 的过程，前方支承压力衰减速率逐渐加快，对空巷前方煤壁支承压力影响越来越明显。尤其是机头距空巷 9～6m 的过程，工作面前方支承压力迅速衰减，同时空巷煤壁前方支承压力大幅增加。

图 8-46～图 8-49 为机头超前过空巷前后垂直应力分布图及支承压力变化曲线。

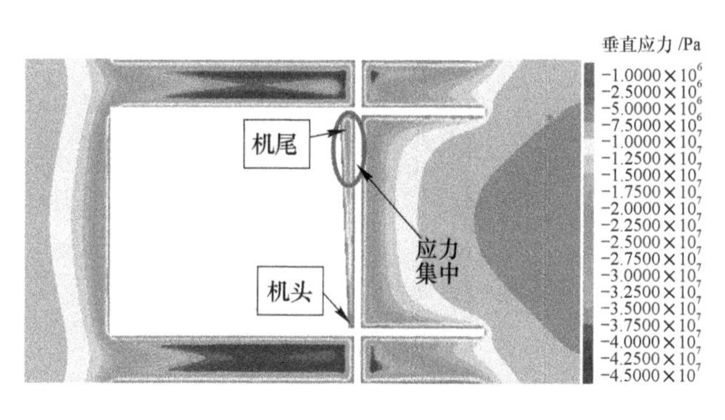

(a)

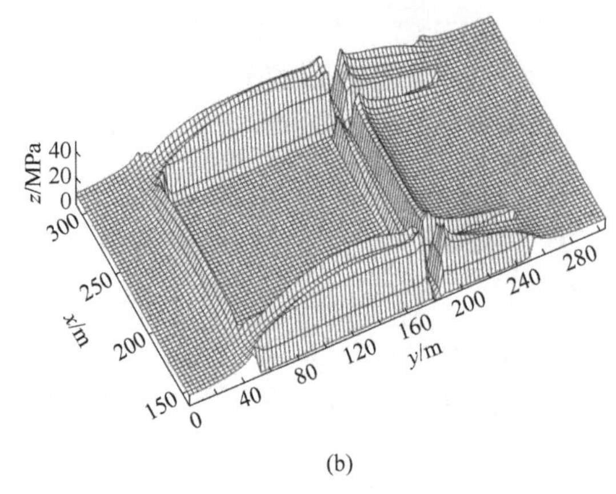

(b)

图 8-46　机头距空巷距 3m 时垂直应力分布图

x—工作面长度；y—模型长度（工作面推进长度）；z—垂直应力

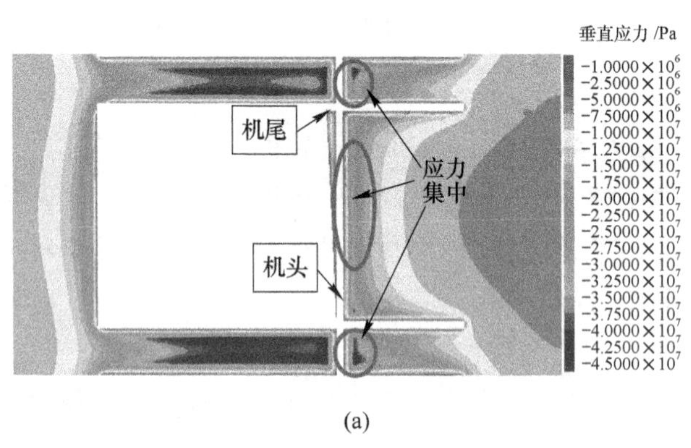

(a)

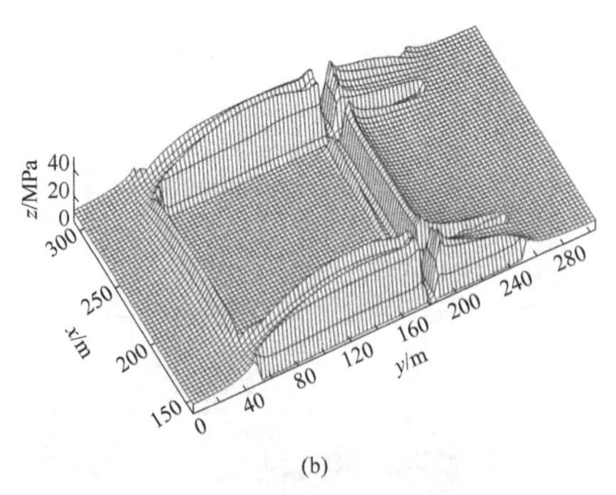

(b)

图 8-47　机头距空巷距 0m 时垂直应力分布图

x—工作面长度；y—模型长度（工作面推进长度）；z—垂直应力

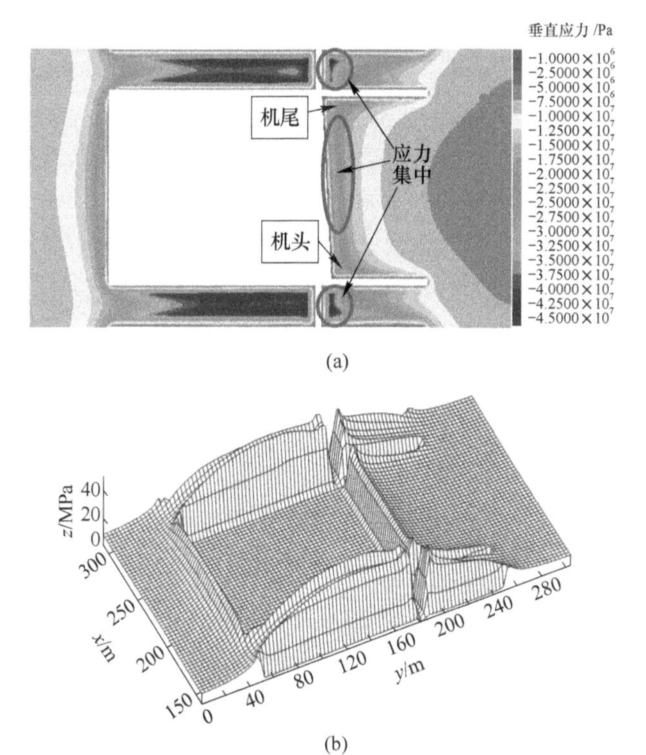

扫一扫
查看彩图

图 8-48 工作面过空巷后 3m 时垂直应力分布图

x—工作面长度；*y*—模型长度（工作面推进长度）；*z*—垂直应力

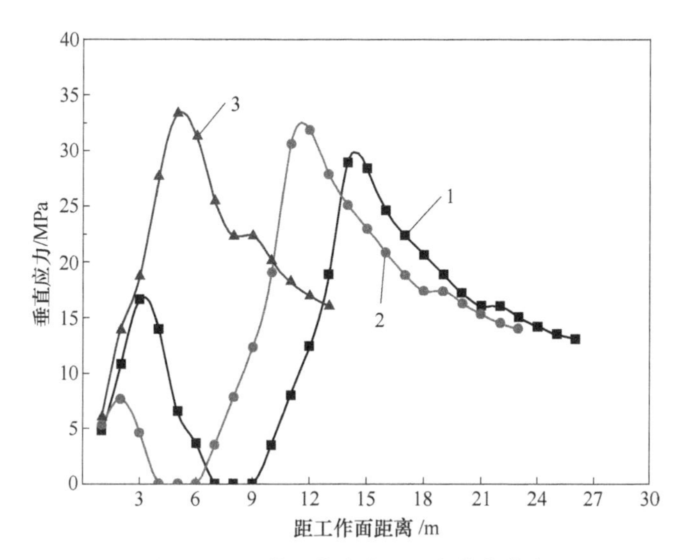

图 8-49 工作面前方支承压力分布曲线

1—机头距空巷 3m；2—机头距空巷 0m；3—机头过空巷 3m

分析图 8-42~图 8-48 可知，由机头距空巷 12m 到 3m 的过程，煤柱应力集中区出现向宽煤柱一侧动态迁移，防止了煤柱突然失稳；在机头距空巷 0m 时，煤柱仅有残余承载能力，空巷前方煤壁应力集中程度加剧；推进到过空巷后 3m 时，由于作用在煤壁上的载荷持续增加，工作面应力集中也在增加。

由图 8-49 可知，工作面由机头距空巷 3m 推进至 0m 的过程中，煤柱支承压力峰值不断降低，同时空巷前方煤体支承压力增幅明显；表明前方煤壁承担了大部分上覆岩层载荷，揭露空巷后煤体前方支承压力仍有小幅增大。

8.3.2 破坏区过空巷阶段煤柱塑性区演化规律

“摆动调斜”过空巷相当于回收工作面与空巷之间的煤柱，随着工作面的推进，煤柱宽度逐渐减小，煤柱将由弹性逐步向塑性转化，在全部转化为塑性时煤柱宽称为临界煤柱。由于工作面各位置煤柱宽度不同，以工作面中部位置煤柱宽度表示，沿工作面平行方向做剖面，煤柱塑性区随煤柱宽度演化过程如图 8-50 所示。

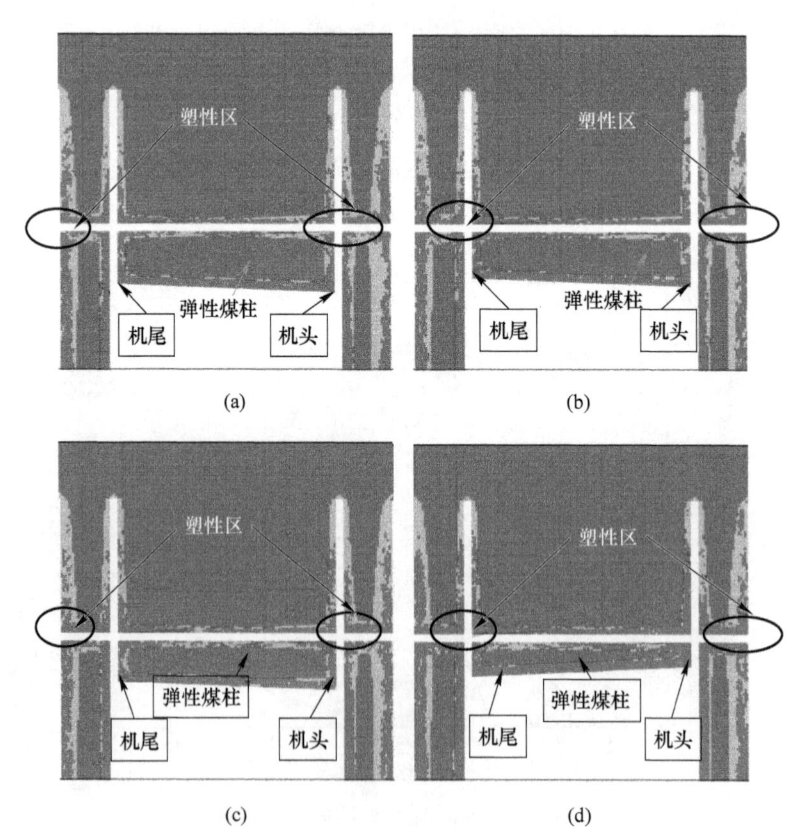

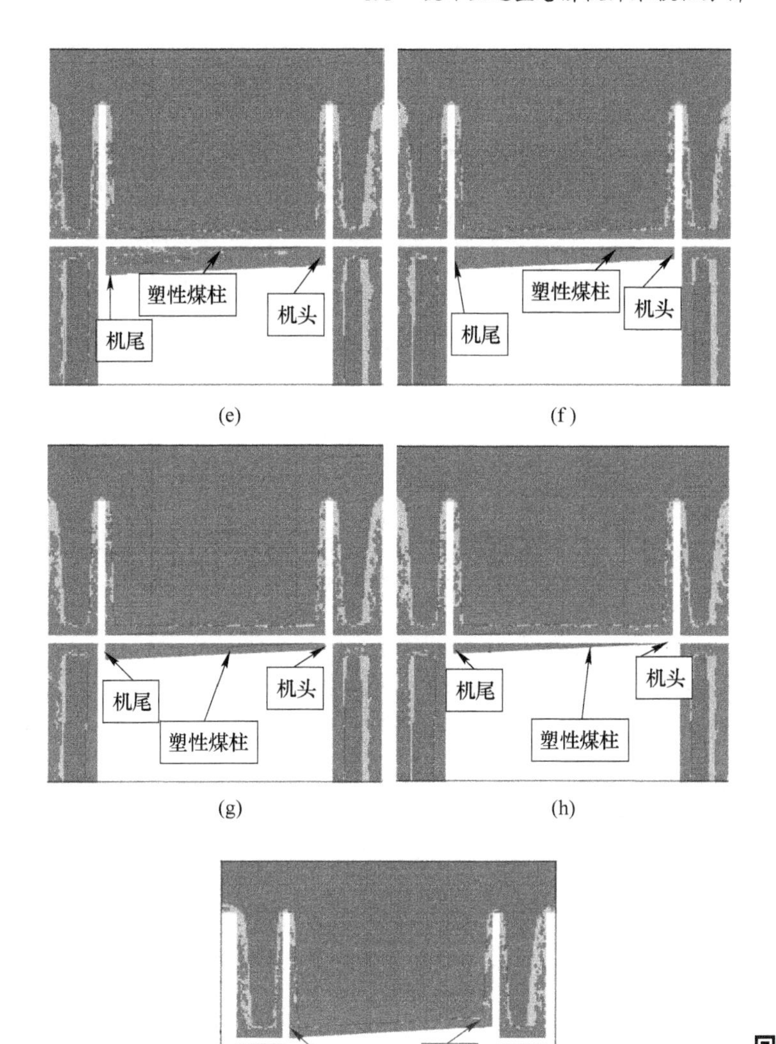

扫一扫
查看彩图

图 8-50 破坏区过空巷阶段煤柱塑性区演化过程

(a) 机尾距空巷 28m；(b) 机尾距空巷 25m；(c) 机尾距空巷 22m；
(d) 机头距空巷 12m；(e) 机头距空巷 9m；(f) 机头距空巷 6m；
(g) 机头距空巷 3m；(h) 机头距空巷 0m；(i) 机头过空巷 3m

沿工作面中心位置做垂直剖面，观测煤层垂直方向塑性区演化过程，如图 8-51 所示。

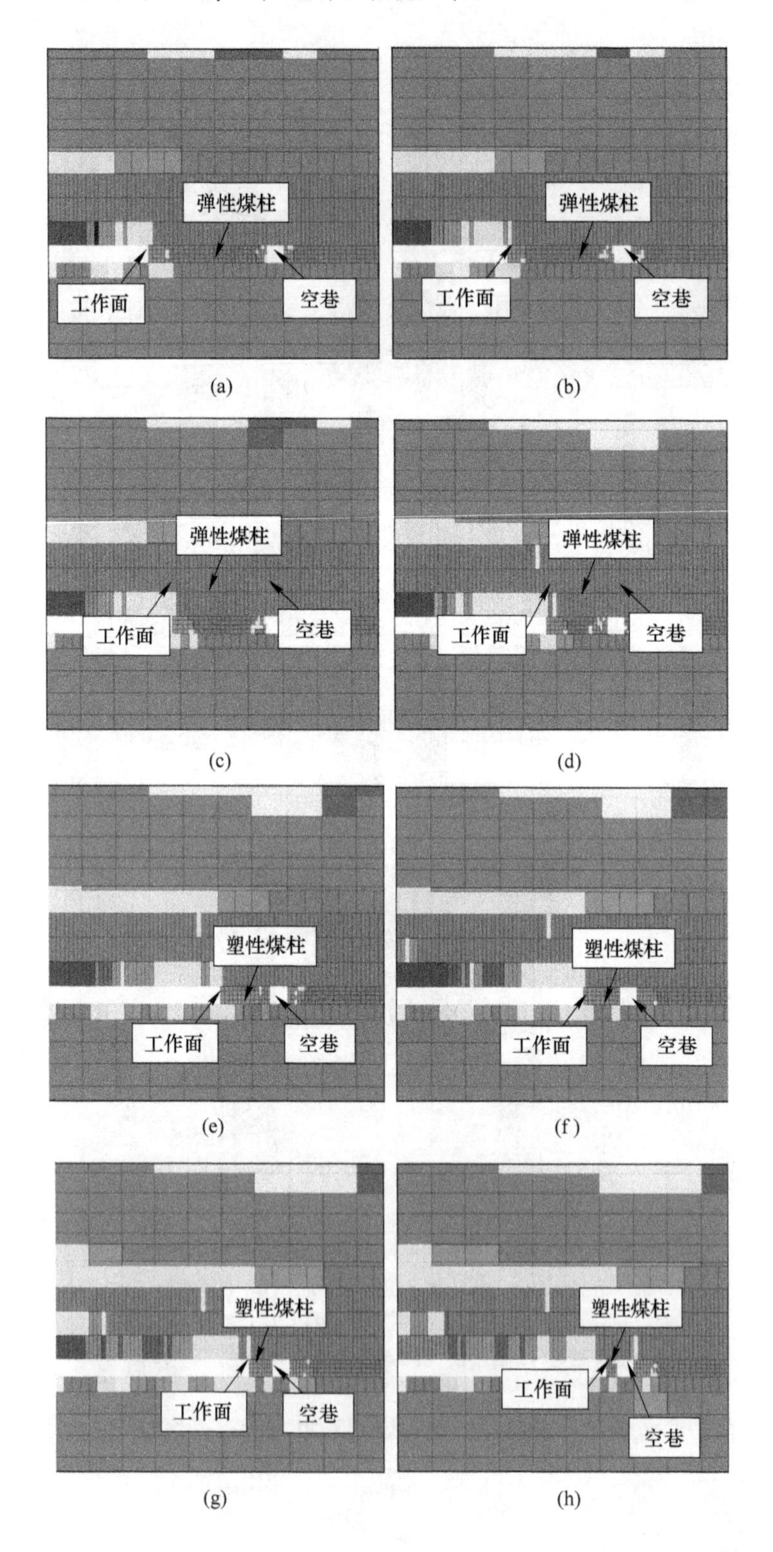
弹性煤柱
工作面
空巷
(a)
弹性煤柱
工作面
空巷
(b)
弹性煤柱
工作面
空巷
(c)
弹性煤柱
工作面
空巷
(d)
塑性煤柱
工作面
空巷
(e)
塑性煤柱
工作面
空巷
(f)
塑性煤柱
工作面
空巷
(g)
塑性煤柱
工作面
空巷
(h)

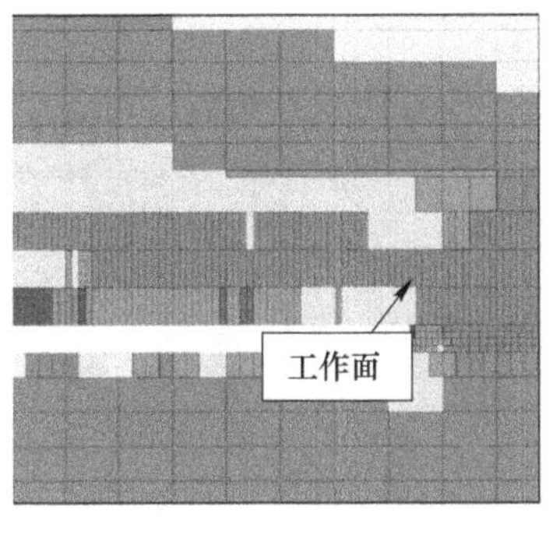

(i)

图 8-51 破坏区过空巷阶段煤柱塑性区演化过程
(a) 机尾距空巷 28m；(b) 机尾距空巷 25m；(c) 机尾距空巷 22m；
(d) 机头距空巷 12m；(e) 机头距空巷 9m；(f) 机头距空巷 6m；
(g) 机头距空巷 3m；(h) 机头距空巷 0m；(i) 机头过空巷 3m

由图 8-50 和图 8-51 可知，工作面由机尾距空巷 28m 推进至机头距空巷 12m 的过程，煤柱中部始终存在一部分弹性区；煤柱宽度从 12m 减小到 9m 的过程中，煤柱内弹性区由机头向机尾逐渐全部转化为塑性区，即临界煤柱宽度为 9m。此时，煤柱所承受载荷大于煤柱强度，现场生产中，应在由 12～9m 的推进过程中采取措施，加固煤壁，保持煤柱稳定性。随着煤柱宽度的进一步减小，煤柱失去承载能力，空巷前方煤体承受载荷逐渐增加，塑性区范围逐渐增大。

8.3.3 破坏区过空巷阶段煤柱应力集中系数变化规律

当煤柱宽度大于临界宽度时，工作面回采过程中应力集中系数分布如图 8-52 所示。

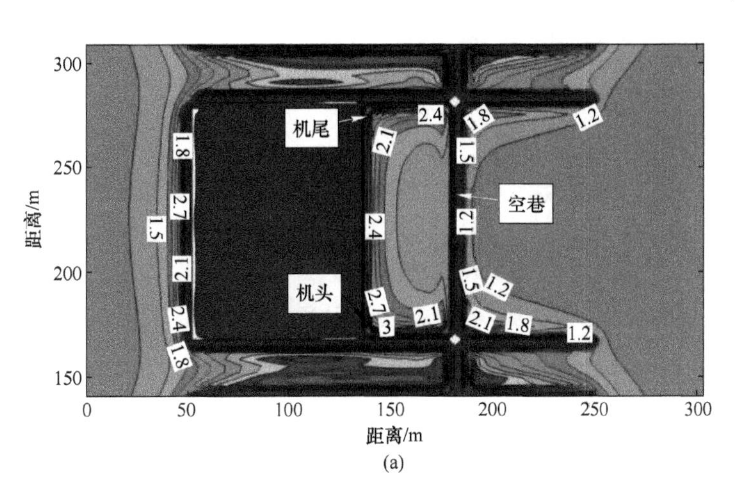

(a)

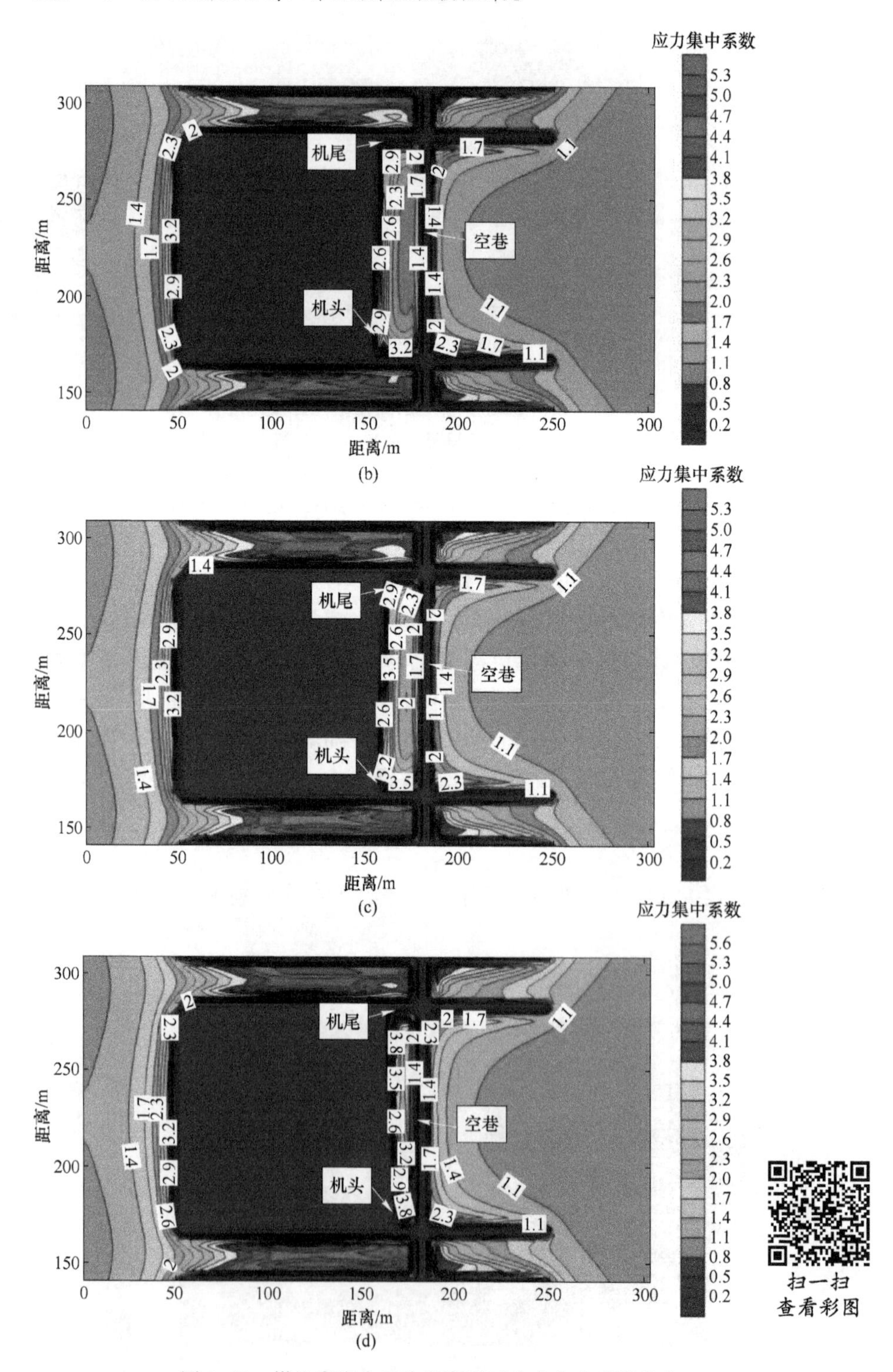

图 8-52 煤柱宽度大于临界宽度时应力集中系数分布

(a) 机尾距空巷 28m；(b) 机尾距空巷 25m；(c) 机尾距空巷 22m；(d) 机尾距空巷 12m

由图 8-52 可知，当煤柱宽度大于临界宽度时，煤柱仍然承担上覆岩层的载荷；随着煤柱宽度的减小，工作面以及空巷一侧的应力集中系数逐渐增大。当机头距空巷 12m 时，工作面中部应力集中系数为 2.6~3.5，机头机尾位置应力集中系数为 3.8，空巷一侧应力集中系数为 1.7~2.3。

当煤柱宽度小于等于临界宽度时，工作面回采应力集中系数分布如图 8-53 所示。

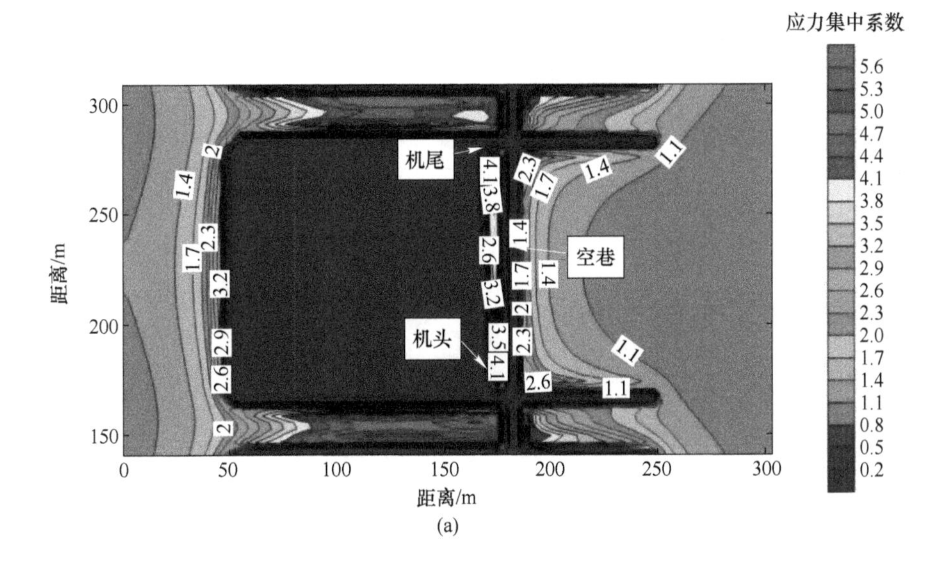

(a)

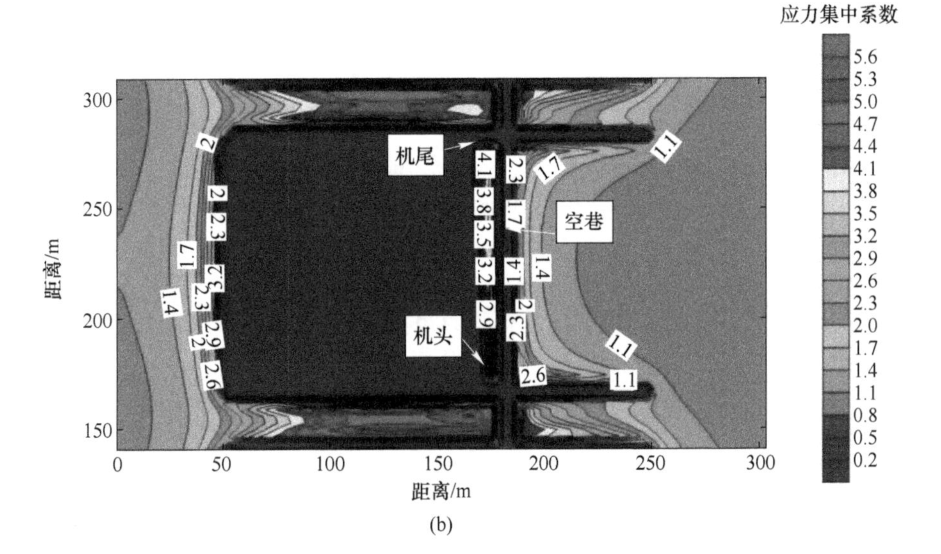

(b)

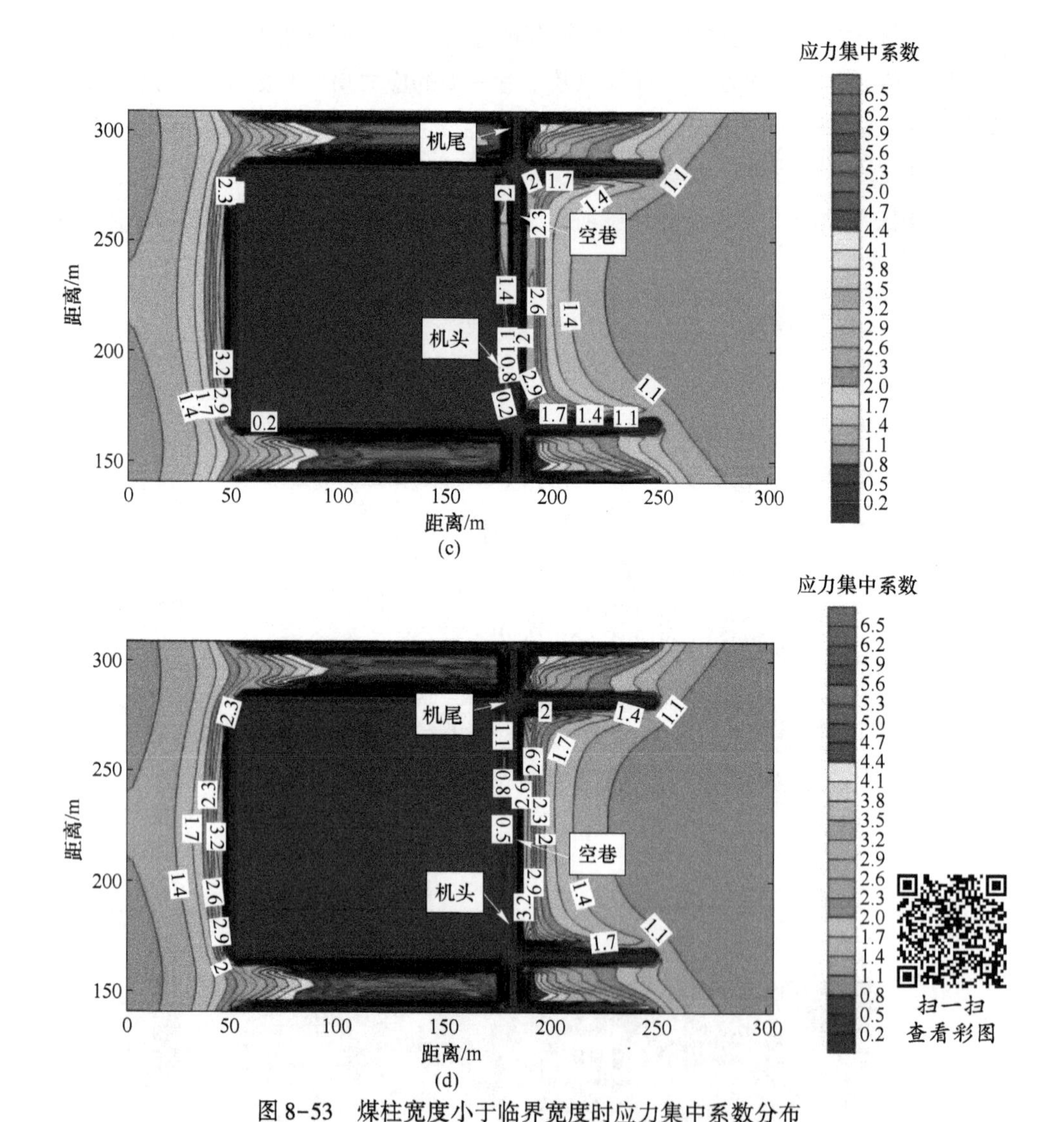

图 8-53　煤柱宽度小于临界宽度时应力集中系数分布

（a）机尾距空巷 9m；（b）机尾距空巷 6m；（c）机尾距空巷 3m；（d）机尾距空巷 0m

由图 8-53 可知，煤柱宽度达到临界宽度后，随着工作面推进，煤柱应力集中系数逐渐减小，同时应力集中区向宽煤柱一侧动态迁移，煤柱最大应力集中系数由 4.1 减小至 1.1。对于空巷前方煤体，由于上覆岩层载荷已经完全转移至前方煤体，应力集中系数由 1.4~2.6 增加至 2.6~3.2。

8.4　开采范围对孤岛工作面影响分析

两侧工作面开采后将会对孤岛工作面煤体产生一定的扰动，扰动程度的大小与两侧采空范围大小紧密相关。为研究采空范围对孤岛工作面的影响，建立数值模型，两侧采空范围分别为100m、120m、140m、160m、180m、200m，并进行相应分析。

8.4.1 不同采空范围工作面原始应力分布

相邻工作面不同采空范围工作面原始应力分布如图8-54所示。

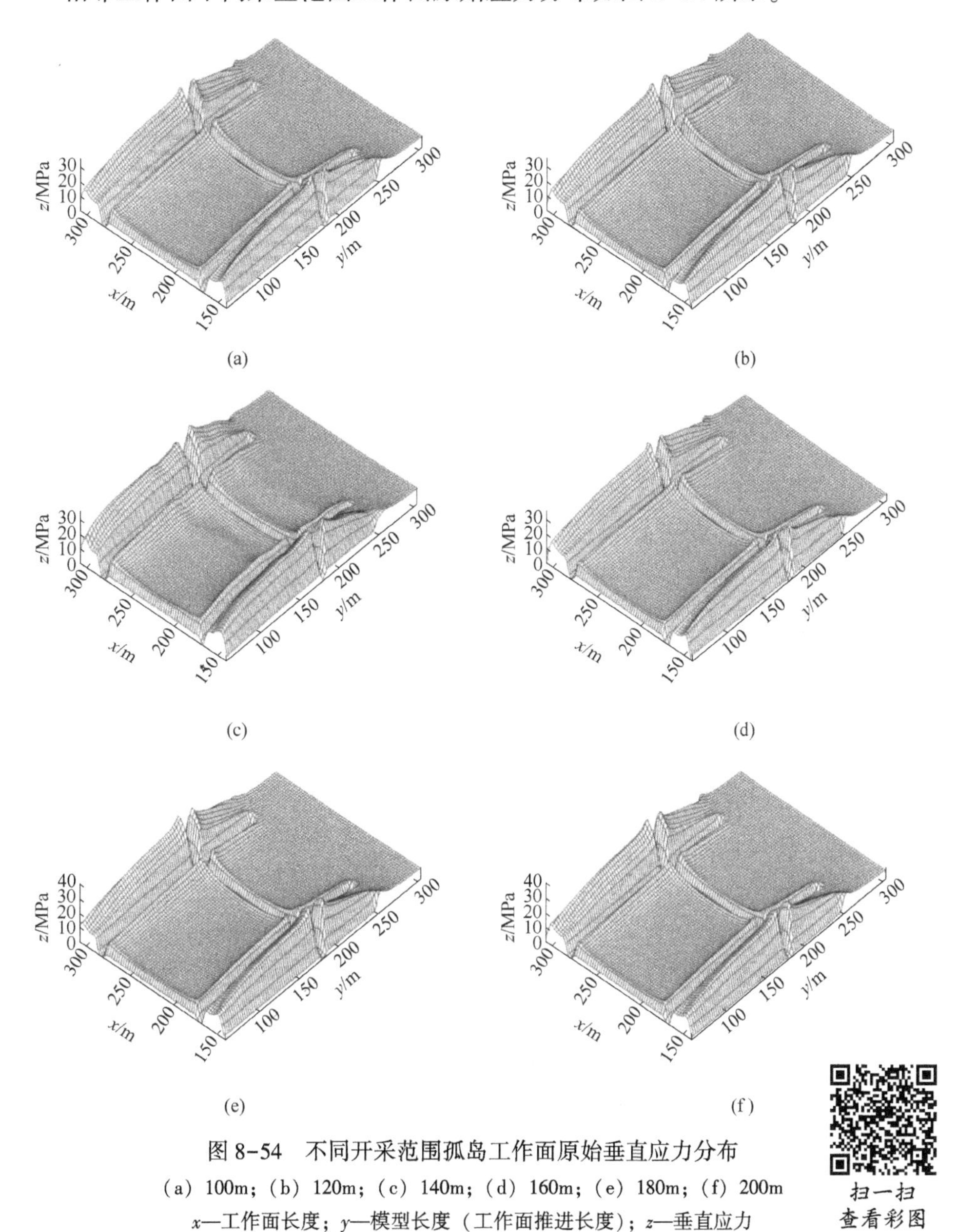

图8-54 不同开采范围孤岛工作面原始垂直应力分布

(a) 100m；(b) 120m；(c) 140m；(d) 160m；(e) 180m；(f) 200m

x—工作面长度；y—模型长度（工作面推进长度）；z—垂直应力

由图 8-54 可知，两侧工作面开挖产生的采动影响主要由区段煤柱承担。孤岛工作面内，两端头位置煤体受到一定程度的影响，其中受影响最大的区域是空巷与回采巷道交叉点位置附近，工作面中部的煤体受两侧工作面开采的影响相对较小。

8.4.2 采空范围对工作面垂直应力的影响

在工作面中部及上端头位置布置监测线，如图 8-55 所示。本节研究中，两侧工作面开挖范围一致，因此仅在工作面中部及上端头布置监测线，根据检测数据，得出不同开采范围工作面中部垂直应力变化曲线，如图 8-56 所示。

相邻工作面不同开采范围工作面中部垂直应力峰值变化如表 8-15 和图 8-57 所示。

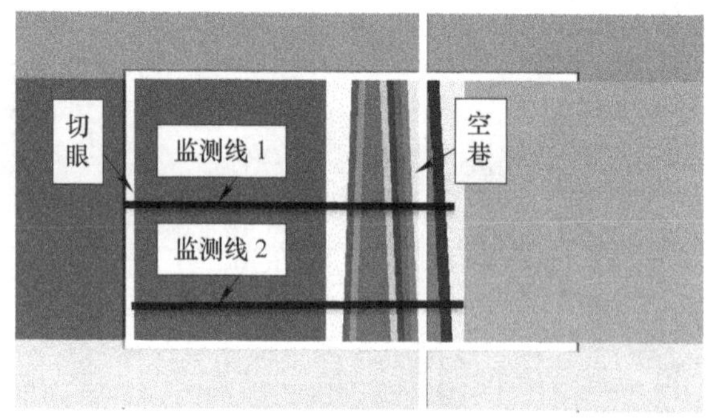

图 8-55 监测线布置示意图

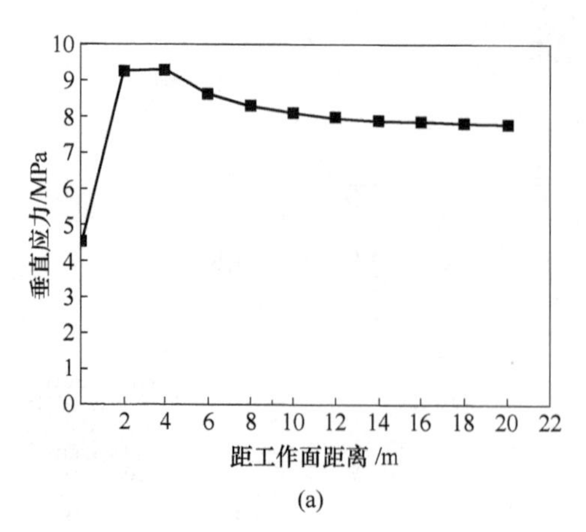

(a)

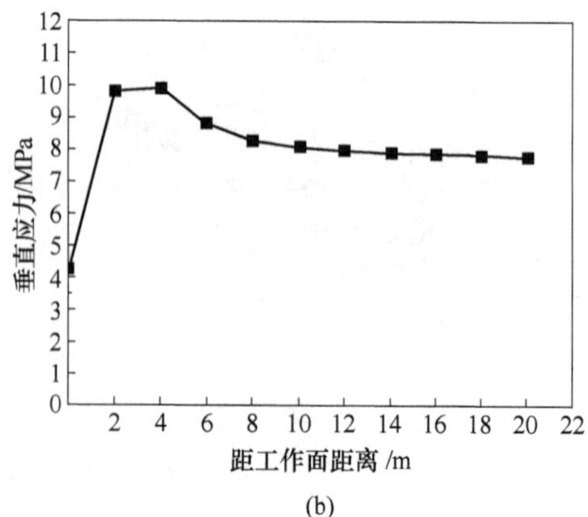

(b)

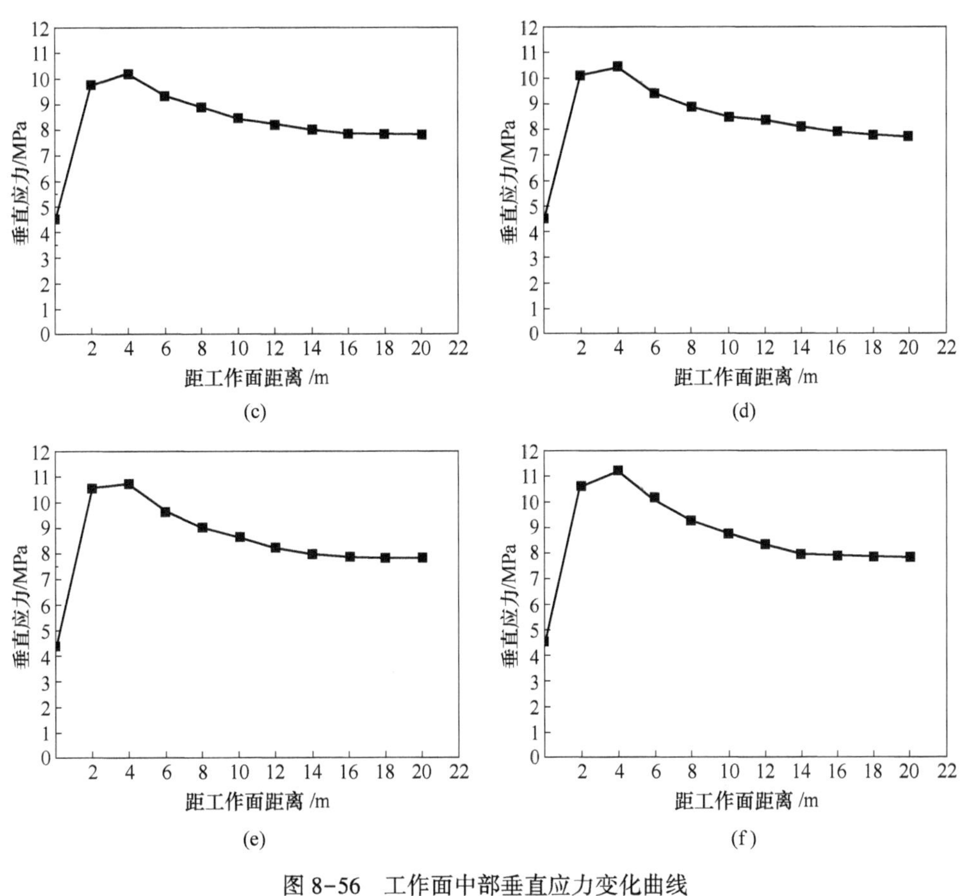

图 8-56 工作面中部垂直应力变化曲线
(a) 100m；(b) 120m；(c) 140m；(d) 160m；(e) 180m；(f) 200m

表 8-15 不同开采范围工作面中部垂直应力峰值

开采范围/m	100	120	140	160	180	200
垂直应力峰值/MPa	9.29	9.90	10.20	10.40	10.72	11.24

由图 8-56、图 8-57 和表 8-15 可知，随着两侧工作面开采范围的增大，孤岛工作面开采前中部垂直应力峰值呈现递增的趋势。开挖范围从 100m 增加到 200m 的过程中，工作面中部垂直应力峰值从 9.29MPa 增大到 11.24MPa，由于相邻工作面开挖主要影响靠近两侧采空区位置的煤体，因此工作面中部垂直应力增加幅度并不大。

不同开采范围工作面上端头位置垂直应力变化曲线如图 8-58 所示。

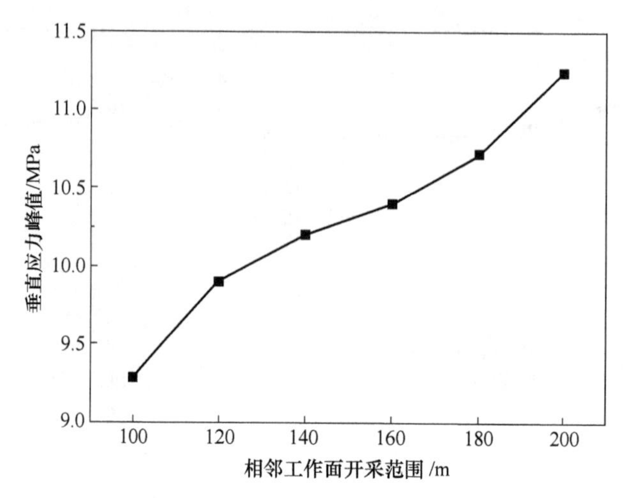

图 8-57 不同开采范围工作面中部垂直应力峰值变化曲线

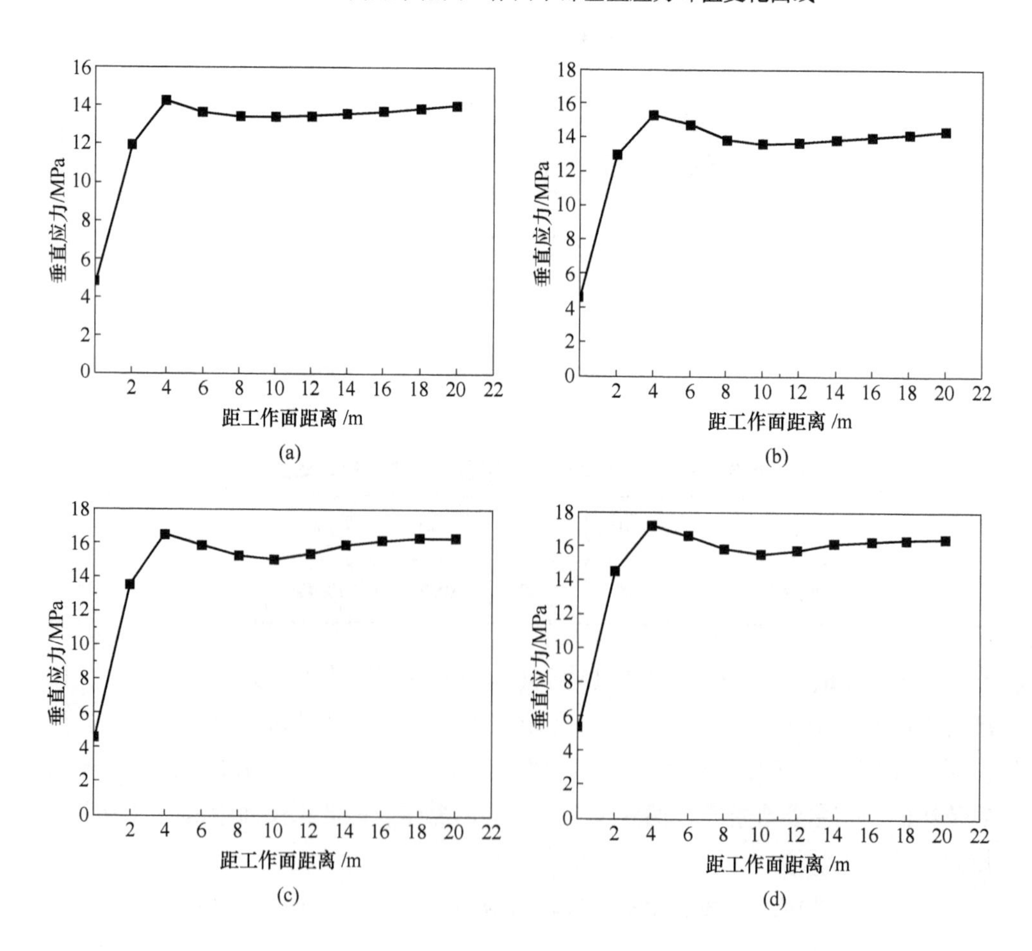

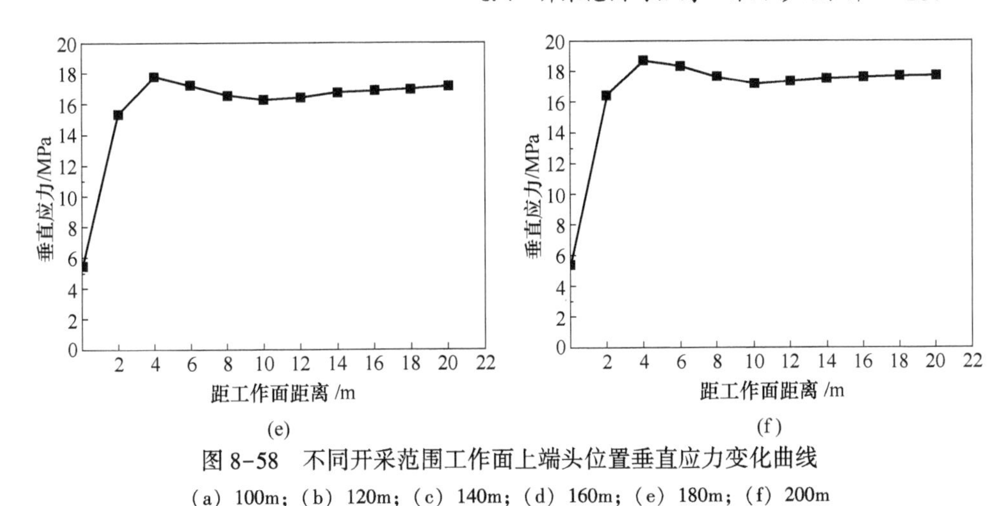

图 8-58 不同开采范围工作面上端头位置垂直应力变化曲线

(a) 100m；(b) 120m；(c) 140m；(d) 160m；(e) 180m；(f) 200m

相邻工作面不同开采范围工作面上端头垂直应力峰值变化如表 8-16 和图 8-59 所示。

表 8-16 相邻工作面不同开采范围工作面中部垂直应力峰值

开采范围/m	100	120	140	160	180	200
垂直应力峰值/MPa	14.26	15.39	16.48	17.18	17.80	18.74

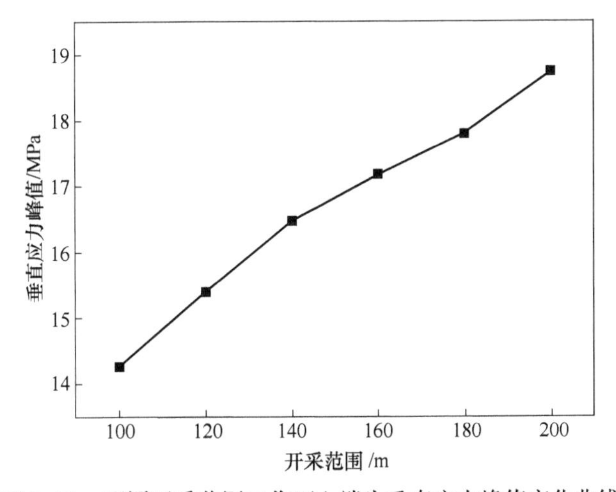

图 8-59 不同开采范围工作面上端头垂直应力峰值变化曲线

由图 8-58、图 8-59 和表 8-16 可知，两侧工作面开采范围的增大，对孤岛工作面端头位置煤体的影响要大于孤岛工作面开采前中部。开挖范围从 100m 增加到 200m 的过程中，工作面端头位置垂直应力峰值从 14.26MPa 增大到 18.74MPa；由于端头位置煤体始终处于应力集中范围内，垂直应力达到峰值后，会有一定范围的减小，之后随着煤体距空巷距离逐渐减小，将会呈现一定的递增趋势。

8.4.3 采空范围对空巷垂直应力的影响

不同开采范围对于空巷也产生一定的影响，根据监测线取空巷中部及上端头位置数据，得出空巷中部垂直应力变化曲线如图 8-60 所示。

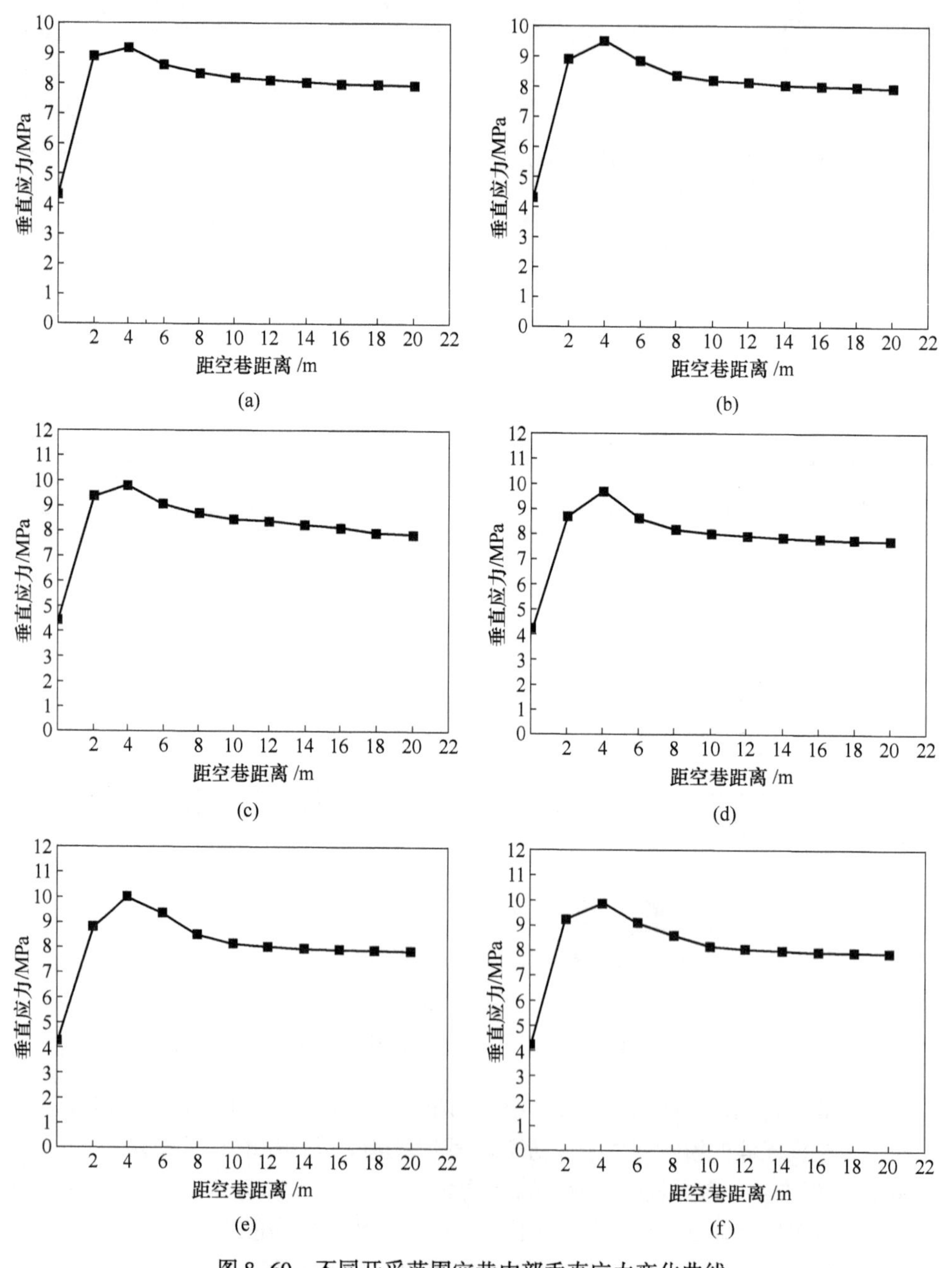

图 8-60 不同开采范围空巷中部垂直应力变化曲线

(a) 100m；(b) 120m；(c) 140m；(d) 160m；(e) 180m；(f) 200m

相邻工作面不同开采范围工作面中部垂直应力峰值变化如表 8-17 和图 8-61 所示。

表 8-17 不同开采范围空巷中部垂直应力峰值

开采范围/m	100	120	140	160	180	200
垂直应力峰值/MPa	9.20	9.53	9.88	9.78	10.05	9.87

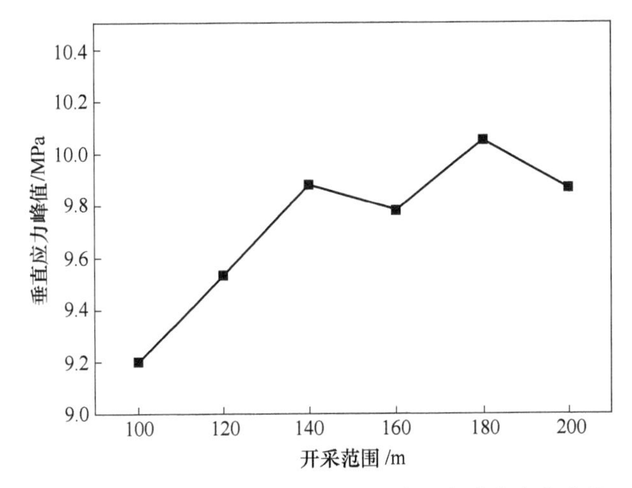

图 8-61 不同开采范围空巷中部垂直应力峰值变化曲线

由图 8-60、图 8-61 和表 8-17 可知，由于空巷宽度仅为 4m，两侧工作面开采范围的增大，对空巷中部煤体的影响非常小。开挖范围从 100m 增加到 200m 的过程中，空巷中部垂直应力峰值在 9.20~10.05MPa 的范围内变化。

不同开采范围空巷上端头位置垂直应力变化曲线如图 8-62 所示。

相邻工作面不同开采范围空巷上端头垂直应力峰值变化如表 8-18 和图 8-63 所示。

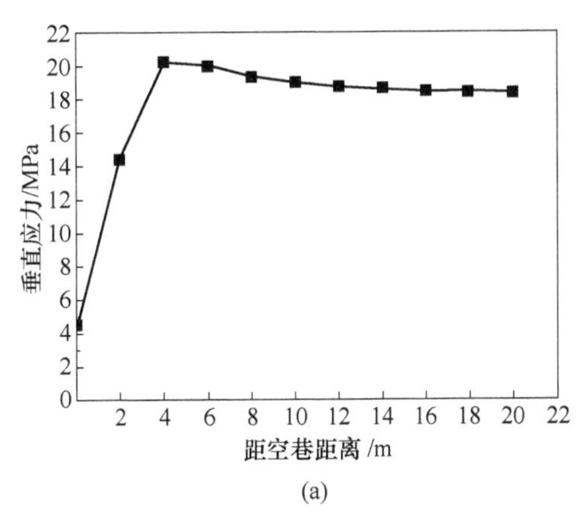

(a)

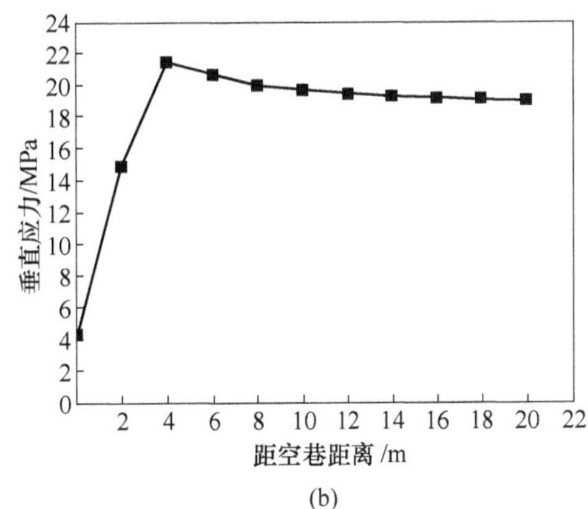

(b)

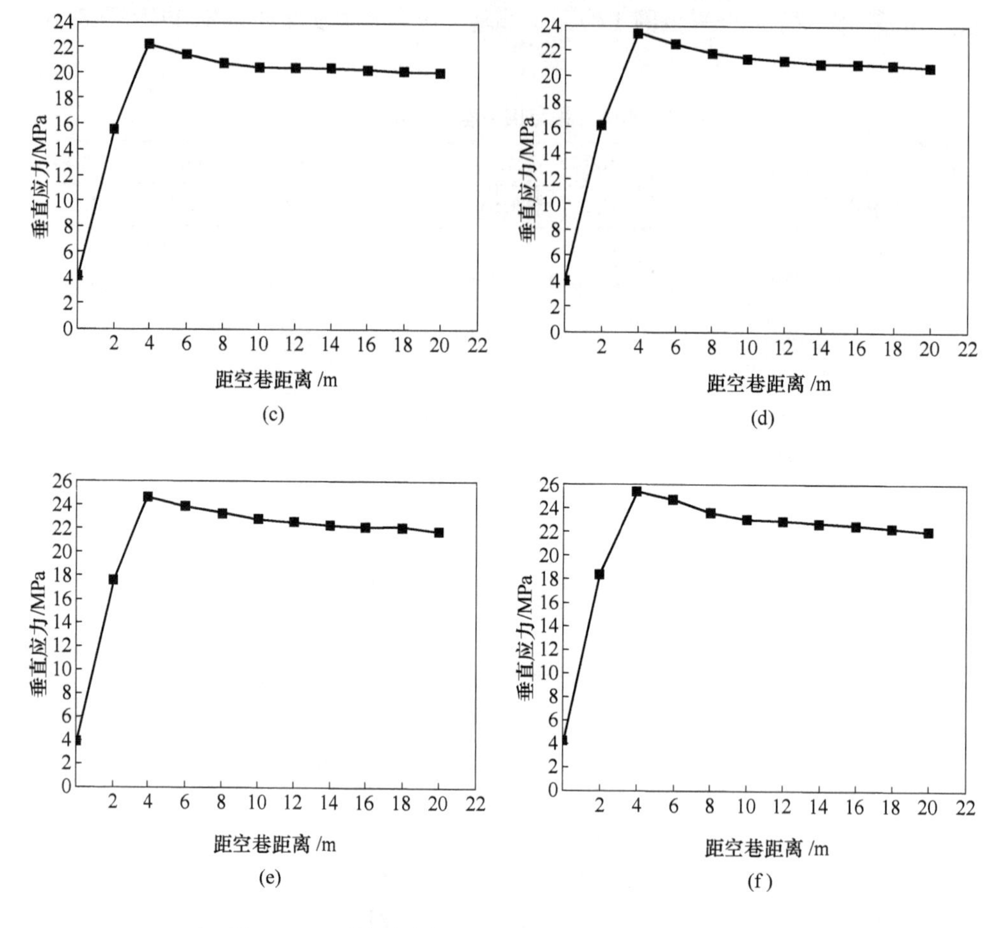

图 8-62 不同开采范围空巷上端头垂直应力变化曲线

(a) 100m; (b) 120m; (c) 140m; (d) 160m; (e) 180m; (f) 200m

表 8-18 不同开采范围空巷中部垂直应力峰值

开采范围/m	100	120	140	160	180	200
垂直应力峰值/MPa	20. 2	21. 5	22. 2	23. 4	24. 6	25. 4

两侧工作面开挖后，空巷与回采巷道交叉点位置是工作面内应力集中程度最大的区域。由图 4-62、图 4-63 和表 8-18 可知，随着两侧工作面开采范围的增大，对端头位置煤体影响明显，开挖范围从 100m 增加到 200m 的过程中，空巷端头位置垂直应力峰值从 20. 2MPa 增大至 25. 4MPa。

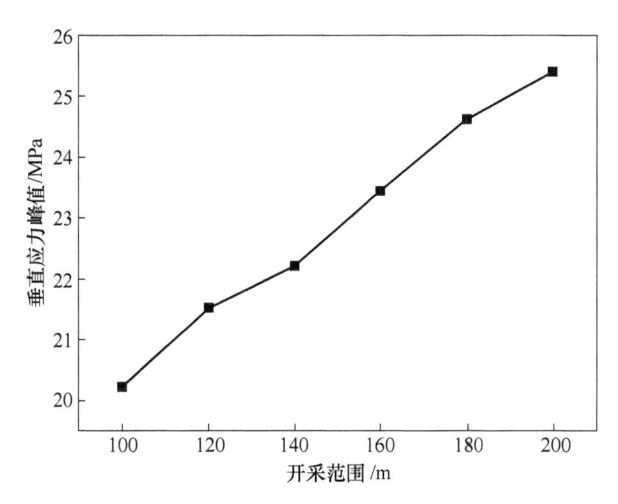

图 8-63 不同开采范围空巷上端头垂直应力峰值变化曲线

8.5 小结

本章采用 FLAC3D 对孤岛工作面开采进行了模拟，根据数值模拟分析，可得出以下结论：

(1) 孤岛工作面开采前垂直应力集中区主要分布在区段煤柱及空巷与回采巷道交叉点附近，上下端头煤柱无明显差异；水平应力集中区主要分布在区段煤柱上，下端头煤柱水平应力集中程度大于上端头煤柱，两侧工作面的采动对水平应力的影响大于垂直应力。

(2) 两侧工作面的采动影响主要由区段煤柱承担，工作面煤体影响较小，现场应加强回采巷道的支护强度，保持巷道围岩稳定性。非破坏区阶段工作面中部超前支承压力峰值点大小约为 21MPa，到工作面距离约为 6m，影响范围大小为 35m，工作面两端头位置超前支承压力大小高于中部，稳定后约为 28MPa，最终趋于约 20MPa，约为原岩应力的 2.5 倍，峰值点位置到工作面距离约为 8m。空巷位置支承压力峰值大小约为 10MPa，到工作面距离约为 3.5m，影响范围大小约为 11m；当煤壁距空巷距离 46m 时，两者将发生叠加作用，与理论计算结果近似。

(3) 区段煤柱受力始终处在双峰叠加状态，孤岛工作面回采对巷道一侧煤柱受力影响较大，对采空区一侧影响较小。随着工作面回采，煤柱受力将达到稳定状态，巷道一侧支承压力峰值约为 33MPa，塑性区宽度为 5~6m，采空区一侧支承压力峰值点大小约为 35MPa，塑性区宽度为 7~8m。

(4) 孤岛工作面回采过程中，水平应力逐渐增大之后趋于稳定，整体上小于垂直应力。稳定后峰值为 11.2~12.5MPa，距工作面距离为 5.2~7.1m。回采至60m时，两端头位置水平应力已经达到平衡；回采至80m时，工作面与空巷间水平应力已经相互影响。煤柱水平应力随孤岛工作面回采逐渐增大，当工作面推进至60m时，煤柱水平应力已达到稳定状态。

(5) 工作面推进过程中，应力集中系数逐渐增大。工作面回采至60m时，中部位置应力集中系数为2.1，两端头位置为2.4~2.7；推进80m以后，随着与空巷距离的减小，工作面应力集中系数将会增大。对于空巷一侧煤体，工作面回采前60m，工作面回采并未影响到空巷；推进80m时，工作面采动已经影响到空巷，空巷应力集中系数为1.5，两端头位置增大至2.4~2.7，之后空巷应力集中系数将持续增加。

(6)“摆动调斜”破坏区过空巷阶段，机尾超前推进过程中，煤壁前方支承压力与空巷支承压力叠加作用明显，支承压力峰值增大。在机头距空巷9m位置，顶板岩层发生破断，煤柱应力集中程度明显减低，支架过空巷前在此位置工作阻力达到最大。

(7) 机头距空巷9m后推进过程中，应力集中区由机头窄煤柱向宽煤柱一侧动态迁移，保持了围岩的稳定性；在距空巷3m及揭露空巷后3m，空巷前方煤壁承担大部分载荷，应力集中程度加剧。

(8) 临界煤柱宽度为9m，现场生产中，应在由12~9m的推进过程中采取措施，加固煤壁，保持煤柱稳定性。随着煤柱宽度的进一步减小，煤柱失去承载能力，空巷前方煤体承受载荷逐渐增加。当煤柱宽度小于等于9m时，随着煤柱宽度的减小，应力集中区向宽煤柱一侧动态迁移，煤柱最大应力集中系数从4.1减小至1.1。

(9) 孤岛工作面两侧工作面开采后的采动影响主要由区段煤柱承担，随着两侧工作面开采范围的增大，工作面内两端头位置煤体受影响逐渐增大，空巷与回采巷道交叉位置影响最大。

9 破坏区煤层孤岛工作面矿压显现规律实测

矿压显现规律研究对于顶板岩层控制、支架性能评价是必不可少的。本章对E13107孤岛工作面实测矿压数据进行分析，对比分析类似工作面矿压数据，全面掌握矿压显现规律，并研究工作面支架的工作状态以及适应性。

9.1 现场矿压实测

E13107工作面共有81组液压支架，其中第1组支架为20/42普通支架，位于转载机后方，第2、3、79、80、81组为20/42端头支架，第46~67组为ZY6400-21/45支架，其他均为ZZ6200-20/42普通型支架，共计安装ZZ6200-20/42支架59组、ZY6400-21/45支架22组。在工作面不同位置共设有3个观测点，分别为30号支架、45号支架、75号支架。(由于监测过程中设备出现损坏，部分数据丢失，本章选取各支架有效数据进行分析）工作面支架工作阻力监测方案如图9-1所示。

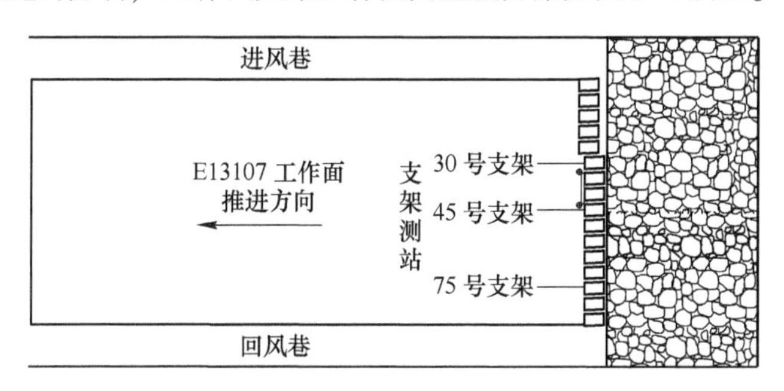

图9-1 工作面支架工作阻力监测方案

9.2 矿压显现规律分析

9.2.1 工作面非破坏区阶段矿压规律分析

根据监测所得支架工作阻力，建立支架时间加权工作阻力随推进距离的变化曲线。以时间加权平均工作阻力与均方差之和作为工作面来压判据，选取在该阶段内监测的有效数据得出各支架工作阻力变化曲线如图9-2和图9-3所示。

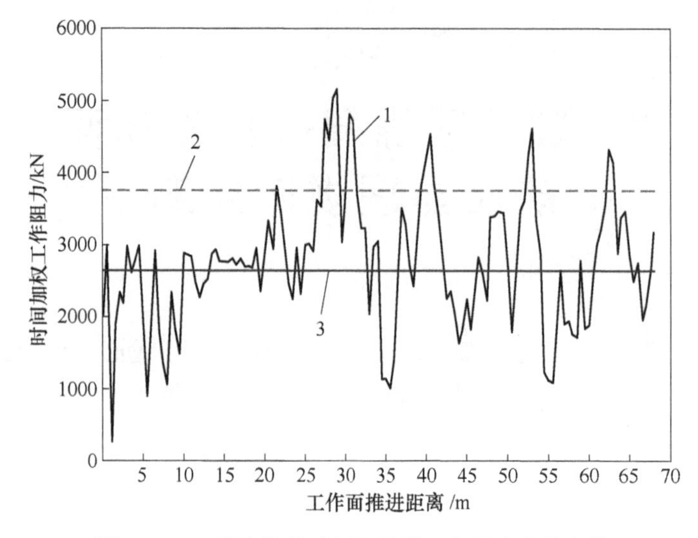

图 9-2 30 号支架非破坏区阶段工作阻力变化规律

1—时间加权工作阻力；2—时间加权平均工作阻力+σ；3—时间加权平均工作阻力

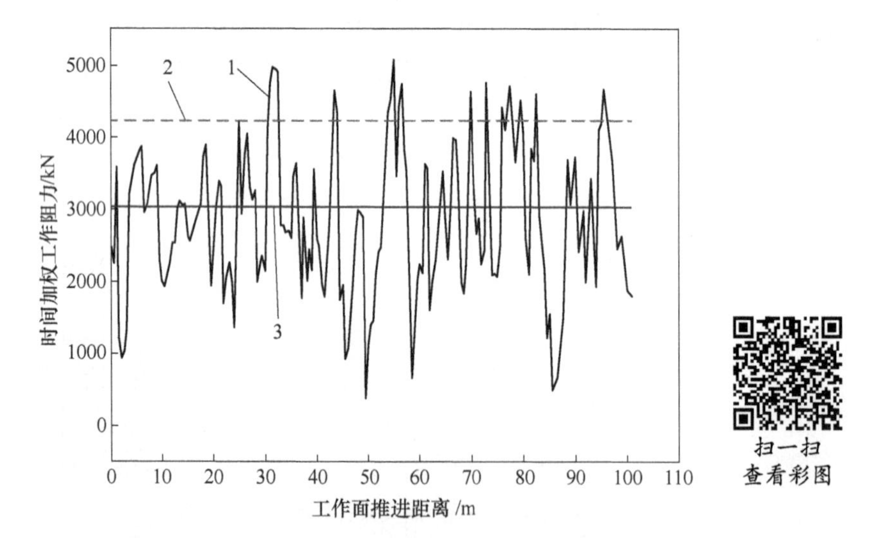

图 9-3 75 号支架非破坏区阶段工作阻力变化规律

1—时间加权工作阻力；2—时间加权平均工作阻力+σ；3—时间加权平均工作阻力

由图 9-2 可知，30 号支架所在位置工作面推进到 22m 时，直接顶初次垮落，支架工作阻力为 3824kN；工作面推进到约 30m 时，基本顶初次来压，支架工作阻力增加明显，来压时支架工作阻力为 5173kN；在非破坏区阶段，工作面共产生 3 次周期来压，来压强度在 4300~4600kN 之间。30 号支架非破坏区阶段来压参数见表 9-1~表 9-3。

表 9-1 工作面初次来压情况统表

支架编号	直接顶初次垮落步距/m	来压步距/m	来压强度/kN	占额定阻力比值/%	动载系数
30	22	30	5173	83.44	2.11
75	25	33	4962	80.03	1.64
平均值	23.5	31.5	5050	84.96	1.88

表 9-2 工作面周期来压步距统计表 (m)

支架编号	步距 1	步距 2	步距 3	步距 4	平均值
30	11	14	10	—	11.7
75	12	11	15	13	12.8
平均值	12.3				

表 9-3 工作面周期来压支护阻力统计表

支架编号	平均阻力/kN	周期来压时平均阻力/kN	占额定阻力比值/%	动载系数
30	2635	4499	71.27	1.79
75	3033	4719	76.11	1.56
平均值/kN	2834	4609	73.69	1.68

75 号支架位于机尾处，距离相邻工作面采空区距离较近。由图 9-3 可知，其工作阻力水平整体高于 30 号支架，当工作面推进到 25m 时，直接顶初次垮落，支架工作阻力为 4223kN；工作面推进到约 33m 时，基本顶初次来压，支架工作阻力增加明显，来压时支架工作阻力为 4962kN；在非破坏区阶段，工作面共产生 4 次周期来压，其中第三次周期来压持续距离较长，约为 12m，来压强度在 4600~5100kN 之间。75 号支架非破坏区阶段来压参数见表 9-1~表 9-3。

9.2.2 工作面破坏区过空巷阶段矿压规律分析

在监测范围内，E13107 工作面共揭露两条平行空巷，选取空巷前后的支架工作阻力数据进行分析，得出揭露空巷过程中支架工作阻力随工作面推进的变化规律。

9.2.2.1 揭露第一条空巷矿压显现规律

分别选取 45 号、75 号支架分析该过程，如图 9-4 和图 9-5 所示。

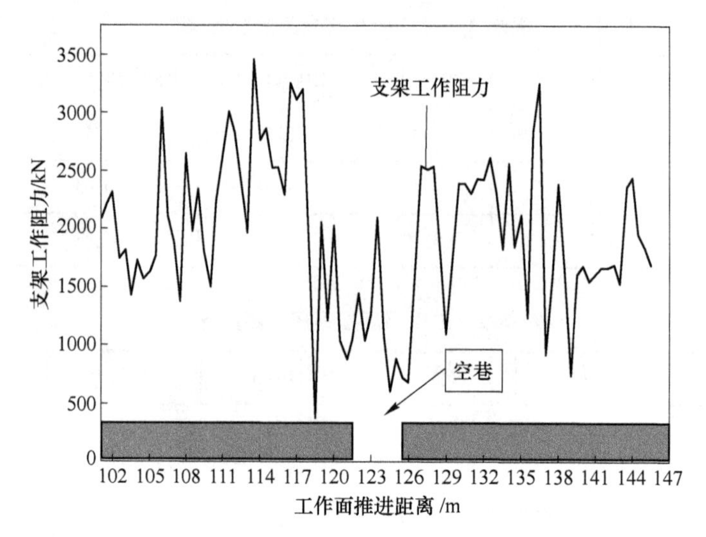

图 9-4　45 号支架过第一条空巷工作阻力变化规律

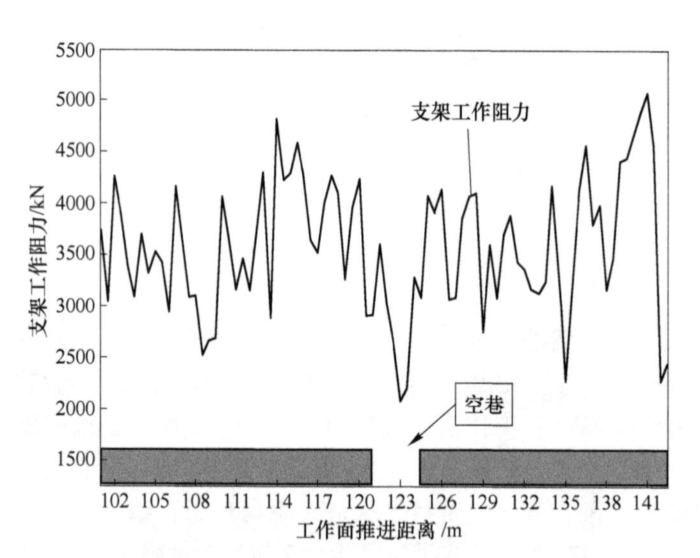

图 9-5　75 号支架过第一条空巷工作阻力变化规律

由图 9-4 可知，在揭露第一条空巷过程中，45 号支架工作阻力处在一个较低的水平，平均工作阻力为 1129kN；在空巷后方 5m 处，出现一个压力峰值，支架工作阻力为 3252kN，空巷后方 8m 处，出现一个更大的压力峰值，支架工作阻力位 3448kN；空巷前方的压力峰值出现在距离空巷 12m 处，支架工作阻力为 3256kN。

由图 9-5 可知，75 号支架在揭露第一条空巷过程中，矿压显现规律与 45 号支架呈现相同趋势，但 75 号支架工作阻力整体要高于 45 号支架。75 号支架在过空巷期间平均工作阻力为2842kN；空巷后方7m处出现压力峰值，支架工作阻力为4810kN；空巷前方16m处出现压力峰值，支架工作阻力为5073kN。表9-4为揭露第一条空巷矿压特征统计表。

表9-4 揭露第一条空巷矿压特征统计表

支架编号	平均阻力/kN	空巷后方压力峰值/kN	距空巷距离/m	空巷前方压力峰值/kN	距空巷距离/m
45	1129	3448	8	3256	12
75	2842	4810	7	5073	16

9.2.2.2 揭露第二条空巷矿压显现规律

30号、45号支架过第二条空巷工作阻力变化规律如图9-6和图9-7所示。

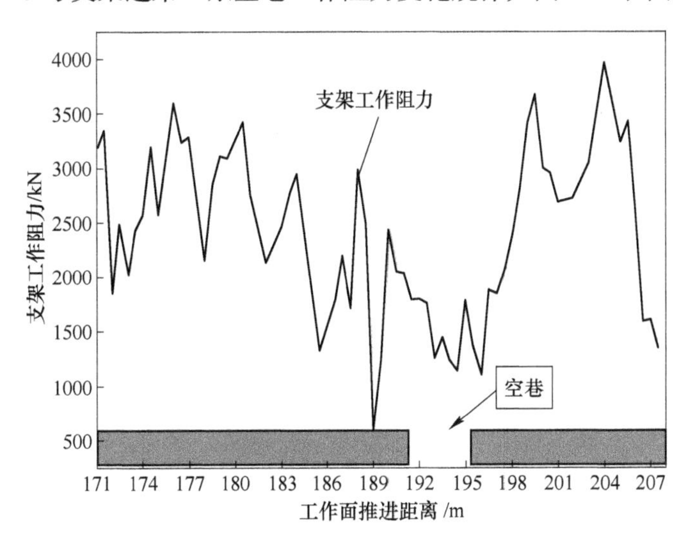

图9-6 30号支架过第二条空巷工作阻力变化规律

由图9-6可知，30号支架在揭露第二条空巷过程中，支架平均工作阻力为1588kN，低于空巷前后；空巷后方9m处出现压力峰值，支架工作阻力为3428kN，空巷后方14m处出现更大压力峰值，支架工作阻力为3592kN；空巷前方压力峰值出现在距离空巷5m处，支架工作阻力为3671kN，距离空巷前方10m处，出现更大压力峰值，支架工作阻力为3973kN。

由图9-7可知，45号支架在揭露第二条空巷过程中，支架平均工作阻力为2163kN；空巷后方9m处出现压力峰值，支架工作阻力为3528kN，空巷后方15m处出现更大压力峰值，支架工作阻力为4004kN；空巷前方压力峰值出现在距离空巷13m处，支架工作阻力为3402kN。表9-5为揭露第二条空巷矿压特征统计表。

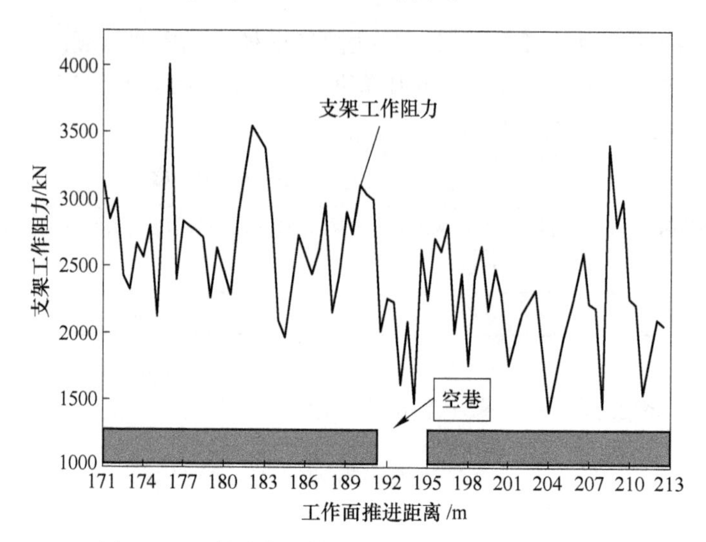

图 9-7　45 号支架过第二条空巷工作阻力变化规律

表 9-5　揭露第二条空巷矿压特征统计表

支架编号	平均阻力/kN	空巷后方压力峰值/kN	距空巷距离/m	空巷前方压力峰值/kN	距空巷距离/m
30	1588	3592	13	3973	10
45	2163	4004	15	3402	13

9.2.2.3　揭露空巷矿压显现规律分析

由以上分析可知，工作面在揭露空巷的过程中，支架工作阻力始终呈现较低水平。最大工作阻力出现在空巷前的 7~15m 内，并非支架即将揭露空巷时，揭露空巷后，最大工作阻力出现在距离空巷 12~16m 的范围内，这与顶板破断岩层的运动相关。随着工作面接近空巷，顶板岩层作用在支架上的力逐渐增加，支架工作阻力不断增大，之后煤柱逐渐失去稳定支承顶板的能力，导致顶板岩层超前破断，载荷转移到前方煤壁，破断岩块在空巷上方形成长跨度梁，支架工作阻力减小；揭露空巷以后，长跨度岩梁的载荷将持续作用在支架上，直至破断垮落，因而支架工作阻力在空巷后方一定距离达到最大。

9.2.3　矿压显现规律对比分析

E13103 工作面是与 E13107 工作面同一采区的非孤岛工作面，工作面内同样分布有平行工作面的空巷，且与 E13107 工作面为同一条废弃空巷。分析 E13103 工作面矿压数据，对比分析两个工作面来压特征，得出孤岛条件下对矿压显现规律的影响。

9.2.3.1 非破坏区阶段矿压规律对比分析

E13103、E13107 工作面非破坏区阶段矿压特征见表 9-6。

表 9-6 工作面非破坏区阶段矿压情况统计表

工作面编号	初次来压步距/m	初次来压强度/kN	周期来压步距/m	周期来压强度/kN
E13103	35.4	5092	15.8	4460
E13107	31.5	5050	12.3	4609

由表 9-6 可知，E13107 工作面在非破坏区阶段初次来压步距和周期来压步距均小于 E13103 工作面，两个工作面的初次来压强度无明显差异。周期来压强度 E13107 工作面要略大于 E13103 工作面，这是由于 E13107 工作面受两侧工作面采动影响，上覆岩层作用在工作面煤体上的力要大于普通工作面，因而导致孤岛工作面上覆岩层相比普通工作面要提前破断，而且垮落岩层对工作面的冲击也要大于普通工作面，周期来压强度要大于普通工作面。

9.2.3.2 破坏区过空巷阶段矿压规律对比分析

由表 9-7 可知，E13107 工作面在空巷前后的最大工作阻力略低于 E13103 工作面，过空巷期间支架工作阻力同样低于 E13103 工作面，主要是由于孤岛工作面在空巷附近围岩顶板岩层的破碎程度要大于 E13103 工作面。E13107 工作面空巷后方最大工作阻力出现位置大于 E13103 工作面，由于空巷的出现导致矿压规律出现变化，E13107 工作面周期来压步距较小，因而在过空巷前上覆岩层破断后距空巷距离较大，上覆岩层破断后在空巷上方形成长跨度岩梁，导致过空巷后上覆岩层破断垮落距离较长。

表 9-7 工作面破坏区过空巷阶段矿压情况统计表

工作面编号	空巷后方最大工作阻力均值/kN	距空巷平均距离/m	过空巷期间空巷工作阻力/kN	空巷前方最大工作阻力均值/kN	距空巷平均距离/m
E13103	4210	9	2610	4188	12.5
E13107	3964	11	1931	3926	13

9.2.3.3 支架工作阻力影响因素分析

由之前分析可知，E13107 孤岛工作面支架工作阻力与普通工作面并无明显的差异，与常规认知的孤岛工作面特点并不相符，主要是由以下几方面的原因导致：

（1）两侧工作面开采范围。E13107 孤岛工作面相邻工作面长度分别为 100m 和 120m，而区段煤柱宽度为 25m，占工作面长度比例分别为 25%和 21%。该条件下，两侧工作面开采产生的采动影响，主要由区段煤柱承担，仅端头位置煤体会受到较大采动影响，对工作面内其他位置煤体影响较小。

（2）空巷的卸压作用。E13107 工作面煤体受小煤窑破坏严重，工作面内空巷纵横交错，分布范围广。空巷的开挖对煤体有破裂和软化的作用，通常在应力集中程度大的区域，煤体内积聚了大量的能量，空巷的存在使得孤岛工作面内煤体处于卸压状态，能量无法积聚。与此同时，空巷周围会形成一定范围的卸压带，卸压带内煤体裂隙发育，应力水平低，不同空巷之间的卸压带相互贯通，形成更大的卸压范围。根据相关研究，巷道在弹塑性材料中开挖形成的卸压带宽度要大于弹性材料，工作面内煤体可视为弹塑性材料，因而对工作面卸压效果更为明显。

（3）上覆岩层性质。覆岩性质对于液压支架承受载荷大小有着较大的影响，由于岩层自身具有很好的承载能力，采场顶板压力主要是由岩层自身承担，液压支架仅承担一小部分，因此在基本顶破断后，直接顶厚度大的工作面承担了更多的载荷，支架承担的部分将会减小。E13107 工作面煤层上方为约 5m 厚的黏土岩直接顶，直接顶上方为约 10m 厚的细砂岩基本顶；而 E13103 工作面上方直接为 10m 厚的粉砂岩基本顶，E13107 工作面直接顶自身具有一定的承载能力，分担了部分支架的载荷。

由以上分析可知，开采范围小使得工作面煤体受采动影响较小，空巷的卸压作用使工作面煤体处于卸压状态，覆岩性质的差异使直接顶分担了支架的载荷。在三个因素的综合作用下，导致支架工作阻力大小与普通工作面差异不大。

9.3 小结

结合矿压监测数据，本章主要分析了 E13107 工作面在非破坏区阶段以及破坏区过空巷阶段矿压显现规律；对比分析 E13103 工作面矿压特征，得出孤岛工作面对初采及过空巷矿压显现规律的影响。

（1）在非破坏区阶段，E13107 工作面平均推进到 23.5m 时，直接顶发生大面积垮落，平均推进至 31.5m 时发生基本顶初次来压，来压强度为 5050kN；周期来压步距为 12.3m，来压强度为 4609kN。

（2）在破坏区过空巷阶段，最大工作阻力出现在空巷后方约 11m 处，大小平均为 3964kN；在揭露过程中，支架工作阻力处在较低水平，平均工作阻力为 1931kN；空巷前方约 13m 处出现最大工作阻力，大小约为 3926kN。

（3）E13107 工作面在非破坏区阶段初次来压步距和周期来压步距均小于 E13103 工作面，两个工作面的初次来压强度无明显差异。周期来压强度 E13107

工作面要略大于 E13103 工作面，过空巷期间，孤岛工作面与普通工作面压力变化趋势一致，但支架工作阻力小于普通工作面。

(4) 影响支架工作阻力主要包括两侧工作面开采范围、空巷的卸压作用、上覆岩层性质。在这三个因素的综合作用下，使得支架工作阻力与普通工作面差异不大。

参考文献

[1] 钱鸣高，石平五，许家林．矿山压力与岩层控制［M］. 徐州：中国矿业大学出版社，1998.

[2] 石平五. 采场矿山压力理论研究的述评［J］. 西安科技大学学报，1984（1）：49-51.

[3] 缪协兴，钱鸣高. 采场围岩整体结构与砌体梁力学模型［J］. 矿山压力与顶板管理，1995（Z1）：3-12，197.

[4] 宋振骐. 实用矿山压力及控制［M］. 徐州：中国矿业大学出版社，1993.

[5] 崔凯. 大采高小煤柱回采巷道围岩控制技术研究［D］. 太原：太原理工大学，2013.

[6] 钱鸣高. 矿山压力及其控制［M］. 北京：煤炭工业出版社，1984.

[7] 钱鸣高，缪协兴，何富连. 采场“砌体梁”结构的关键块分析［J］. 煤炭学报，1994（6）：557-563.

[8] 钱鸣高，张顶立，黎良杰，等. 砌体梁的“S-R”稳定及其应用［J］. 矿山压力与顶板管理，1994（3）：6-11，80.

[9] 钱鸣高，缪协兴. 采场上覆岩层结构的形态与受力分析［J］. 岩石力学与工程学报，1995（2）：97-106.

[10] 曹胜根，缪协兴，钱鸣高.“砌体梁”结构的稳定性及其应用［J］. 东北煤炭技术，1998（5）：22-26.

[11] 钱鸣高，缪协兴. 采场矿山压力理论研究的新进展［J］. 矿山压力与顶板管理，1996（2）：17-20，72.

[12] 卢国志，汤建泉，宋振骐. 传递岩梁周期裂断步距与周期来压步距差异分析［J］. 岩土工程学报，2010，32（4）：538-541.

[13] 陈忠辉，谢和平. 综放采场支承压力分布的损伤力学分析［J］. 岩石力学与工程学报，2000（4）：436-439.

[14] 陈忠辉，谢和平，王家臣. 综放开采顶煤三维变形、破坏的数值分析［J］. 岩石力学与工程学报，2002（3）：309-313.

[15] 姜福兴，马其华. 深部长壁工作面动态支承压力极值点的求解［J］. 煤炭学报，2002（3）：273-275.

[16] 靳钟铭，魏锦平，靳文学. 放顶煤采场前支承压力分布特征［J］. 太原理工大学学报，2001（3）：216-218.

[17] 张农，薛飞，韩昌良. 深井无煤柱煤与瓦斯共采的技术挑战与对策［J］. 煤炭学报，2015，40（10）：2251-2259.

[18] 刘金海，姜福兴，王乃国，等. 深井特厚煤层综放工作面支承压力分布特征的实测研究［J］. 煤炭学报，2011，36（S1）：18-22.

[19] 刘金海，姜福兴，朱斯陶. 长壁采场动、静支承压力演化规律及应用研究［J］. 岩石力学与工程学报，2015，34（9）：1815-1827.

[20] 谢福星，张召千，崔凯. 大采高采场超前支承压力分布规律及应力峰值位置研究［J］. 煤矿开采，2013，18（1）：80-83.

[21] 司荣军，王春秋，谭云亮. 采场支承压力分布规律的数值模拟研究［J］. 岩土力学，

2007 (2): 351-354.

[22] 刘金海，姜福兴，冯涛. C型采场支承压力分布特征的数值模拟研究 [J]. 岩土力学，2010，31 (12): 4011-4015.

[23] 任艳芳，宁宇. 浅埋煤层长壁开采超前支承压力变化特征 [J]. 煤炭学报，2014，39 (S1): 38-42.

[24] 刘家云，胡耀青. 旧采区复采过空巷群支承压力研究 [J]. 煤炭技术，2014，33 (11): 155-157.

[25] 浦海，缪协兴. 综放采场覆岩冒落与围岩支承压力动态分布规律的数值模拟 [J]. 岩石力学与工程学报，2004 (7): 1122-1126.

[26] 孟召平，彭苏萍，黎洪. 正断层附近煤的物理力学性质变化及其对矿压分布的影响 [J]. 煤炭学报，2001 (6): 561-566.

[27] 张通，袁亮，赵毅鑫，等. 薄基岩厚松散层深部采场裂隙带几何特征及矿压分布的工作面效应 [J]. 煤炭学报，2015，40 (10): 2260-2268.

[28] 谢广祥，杨科，常聚才. 综放开采煤层支承压力分布规律现场实测分析 [J]. 煤炭科学技术，2006，34 (3): 1-3.

[29] 谢广祥，杨科，常聚才，等. 综放采场围岩支承压力分布及动力灾害的层厚效应 [J]. 煤炭学报，2006，31 (6): 731-735.

[30] 张晓峰. 提高矿井回采率，延长矿井服务年限 [J]. 企业技术开发旬刊，2014，33 (17): 170-171.

[31] 姚六周，岳嵩. 提高矿产资源开发利用水平延长矿井服务年限 [J]. 中州煤炭，2009 (9): 78-79.

[32] 胡鑫蒙，蒋秀明，赵迪斐. 我国废弃矿井处理及利用现状分析 [J]. 煤炭经济研究，2016，36 (12): 33-37.

[33] 霍丙杰，侯世占. 关于提高回采率的思考 [J]. 矿业工程，2006 (5): 4-5.

[34] 杨永辰，王同杰，刘富明. 综放面顶煤回收率试验研究及提高回采率的途径 [J]. 煤炭工程，2002 (8): 51-53.

[35] 柏建彪，侯朝炯. 空巷顶板稳定性原理及支护技术研究 [J]. 煤炭学报，2005 (1): 8-11.

[36] 谢生荣，李世俊，魏臻，等. 综放工作面过空巷时支架-围岩稳定性控制 [J]. 煤炭学报，2015，40 (3): 502-508.

[37] 吴士良，马资敏. 千万吨综采面过平行大断面空巷“小煤柱等压”技术研究 [J]. 中州煤炭，2015 (4): 61-64.

[38] 杜科科. 千万吨综采工作面等压过空巷技术研究 [D]. 青岛: 山东科技大学，2011: 24-35.

[39] 刘畅，弓培林，王开，等. 复采工作面过空巷顶板稳定性 [J]. 煤炭学报，2015，40 (2): 314-322.

[40] 周海丰. 神东矿区大采高综采工作面过空巷期间的岩层控制研究 [J]. 神华科技，2009，7 (4): 22-25.

[41] 任建峰. 大采高工作面过空巷时的支承压力分布规律数值模拟 [J]. 山西煤炭，2009，

29 (3)：17-19.
[42] 段春生. 综采工作面过空巷支护实践研究 [J]. 煤炭工程，2010 (5)：37-39.
[43] 郑文翔. 长壁工作面过空巷顶板稳定性动态特征研究 [J]. 煤矿安全，2014，45 (4)：51-53，57.
[44] 张自政，柏建彪，韩志婷，等. 空巷顶板稳定性力学分析及充填技术研究 [J]. 采矿与安全工程学报，2013，30 (2)：194-198.
[45] 邓保平，王宏伟，姜耀东，等. 煤层破坏区工作面复采数值分析 [J]. 煤炭工程，2013，45 (7)：72-75.
[46] 郭富利. 综合放工作面空巷围岩控制理论研究 [D]. 太原：太原理工大学，2003.
[47] 王军国. 综放工作面旋转开采技术研究与应用 [J]. 煤炭科学技术，2015，43 (S1)：64-66.
[48] 陆伟，杨科，杨晓杰，等. 大倾角三软厚煤层综采工作面旋转开采技术 [J]. 煤炭科学技术，2014，42 (7)：18-21，25.
[49] 孟国胜. 近距离煤层综采工作面过大断面空巷开采技术 [J]. 煤炭工程，2017，49 (10)：87-90.
[50] 宋立兵. 哈拉沟煤矿 22528 综采面调斜开采设计 [J]. 中国煤炭，2014，40 (7)：50-52，85.
[51] 李冬伟. 调斜工作面回采巷道变形规律及支护对策研究 [J]. 煤炭技术，2017，36 (9)：32-34.
[52] 何晓青，丁学贤，董勤凯. 11308 综采工作面调斜实践 [J]. 山东煤炭科技，2014 (4)：71-72，82.
[53] 吴小国. 低综采工作面大拐点中调斜开采的应用 [J]. 能源与节能，2015 (8)：162-163.
[54] 宋杰. 综采工作面调斜开采设计 [J]. 山东煤炭科技，2017 (1)：37-39.
[55] Wilson A H. The stability of tunnels in soft rock at depth [J]. Proc. Conf. on Rock Engineering University Newcasale upon Tyne，1987，18 (3)：511-515.
[56] 王宏伟，姜耀东，邓保平，等. 工作面动压影响下老窑破坏区煤柱应力状态研究 [J]. 岩石力学与工程学报，2014，33 (10)：2056-2063.
[57] 贾岗，弓培林. 长壁工作面过斜交空巷围岩稳定性研究 [J]. 山西煤炭，2015，35 (4)：32-35，43.
[58] 李生生，李光勇. 复杂条件下综采工作面调斜开采技术与实践 [J]. 煤矿开采，2016，21 (3)：43-45.
[59] 方新秋，许瑞强，赵俊杰. 采空侧综放工作面三角煤失稳机理及控制研究 [J]. 中国矿业大学学报，2011，40 (5)：678-683.
[60] 罗辉，杨仕教，陶干强，等. 基于 FEM-ANN-MCS 动态模糊可靠度的矿柱稳定性分析 [J]. 煤炭学报，2010，35 (4)：551-554.
[61] 郭晓胜，张明斌，任文涛，等. 深部不规则煤柱影响下旋采工作面冲击危险区的划分 [J]. 煤矿开采，2016，21 (3)：106-108，146.
[62] 张科学，郝云新，张军亮，等. 孤岛工作面回采巷道围岩稳定性机理及控制技术 [J].

煤矿安全，2010，41（11）：61-64.

[63] 董海亮，范文胜. 孤岛综采工作面矿压显现规律研究［J］. 内蒙古煤炭经济，2014（10）：174，176.

[64] 申晓东. 屯兰矿孤岛综采面矿压观测及显现特征研究［J］. 煤炭工程，2011（2）：58-60.

[65] 席志渊. 孤岛综采工作面覆岩运动特征及矿压显现研究［D］. 焦作：河南理工大学，2015.

[66] 杨光宇，姜福兴，王存文. 大采深厚表土复杂空间结构孤岛工作面冲击地压防治技术研究［J］. 岩土工程学报，2014，36（1）：189-194.

[67] 张俊飞，姜福兴，杨建博，等. 冲击煤层孤岛煤柱可开采性研究［J］. 采矿与安全工程学报，2016，33（5）：867-872，879.

[68] 冯宇，姜福兴，李京达. 孤岛工作面围岩整体失稳冲击危险性评估方法［J］. 煤炭学报，2015，40（5）：1001-1007.

[69] 窦林名，何烨，张卫东. 孤岛工作面冲击矿压危险及其控制［J］. 岩石力学与工程学报，2003，22（11）：1866-1869.

[70] 曹安业，朱亮亮，李付臣，等. 厚硬岩层下孤岛工作面开采“T”型覆岩结构与动压演化特征［J］. 煤炭学报，2014，39（2）：328-335.

[71] 张恒. 孤岛工作面覆岩运动破坏规律研究［D］. 青岛：山东科技大学，2004.

[72] 李佃平. 煤矿边角孤岛工作面诱冲机理及其控制研究［D］. 徐州：中国矿业大学，2012.

[73] 孙超. 孤岛工作面采场结构特征及其对巷道的影响［D］. 淮南：安徽理工大学，2013.

[74] 刘正春，李伟利. 孤岛工作面顶板破断的薄板模型分析［J］. 矿业安全与环保，2014，41（2）：104-106，110.

[75] 庞绪峰. 坚硬顶板孤岛工作面冲击地压机理及防治技术研究［D］. 北京：中国矿业大学（北京），2013.

[76] 王恒斌. 软煤孤岛面大倾角仰采矿压显现规律及煤壁加固技术研究［D］. 北京：中国矿业大学（北京），2014.

[77] 曹永模，华心祝，杨科，等. 孤岛工作面沿空巷道矿压显现规律研究［J］. 煤矿安全，2013（1）：43-46.

[78] 曹永模，华心祝，杨科，等. 顾北煤矿半孤岛工作面矿压显现规律研究［J］. 煤炭工程，2012（7）：71-73.

[79] 刘长友，黄炳香，孟祥军. 超长孤岛综放工作面支承压力分布规律研究［J］. 岩石力学与工程学报，2007（S1）：2761-2766.

[80] 刘长友，刘奎，郭永峰，等. 超长“孤岛”综放面大煤柱护巷的数值模拟［J］. 中国矿业大学学报，2006（4）：473-477.

[81] 王同旭，刘传孝，王小平. 孤岛煤柱侧向支承压力分布的数值模拟与雷达探测研究［J］. 岩石力学与工程学报，2002（S2）：2484-2487.

[82] 秦忠诚，王同旭. 深井孤岛综放面支承压力分布及其在底板中的传递规律［J］. 岩石力学与工程学报，2004（7）：1127-1131.

[83] 秦忠诚，王同旭. 孤岛综放面跨采软岩巷道附加压力分析 [J]. 矿山压力与顶板管理，2002 (4)：35-37.

[84] 秦忠诚，王同旭. 深井孤岛综放工作面跨采软岩巷道合理支护技术 [J]. 煤炭科学技术，2003 (5)：7-9，4-10.

[85] 蒋凌强，沈建波，王友席，等. 阳城煤矿 1304 孤岛工作面矿压显现规律研究 [J]. 煤矿现代化，2013 (6)：21-22，25.

[86] 王沉，屠洪盛，白庆升. 孤岛短壁煤柱综放工作面矿压显现规律 [J]. 煤矿安全，2013 (10)：27-29，33.

[87] 王沉，白庆升，屠洪盛，等. 孤岛短壁综放工作面护巷煤柱宽度研究 [J]. 矿业安全与环保，2013，40 (6)：32-35.

[88] 邓康宇. 孙疃矿 1026 孤岛采场覆岩运动规律及矿压显现研究 [D]. 淮南：安徽理工大学，2016.

[89] 邓康宇，武腾飞. 孤岛工作面回采巷道的破坏机理及端头超前支护技术 [J]. 矿业安全与环保，2016，43 (3)：67-70.